敬　　启

尊敬的各位老师：

感谢您多年来对中国政法大学出版社的支持与厚爱，我们将定期举办答谢教师回馈活动，详情见我社网址：www. cuplpress. com 中的教师专区或拨打咨询热线：010 – 58908302。

我们期待各位老师与我们联系

·高等政法院校系列教材·

新编现代科技概论

（第二版）

李净　唐红洁　编著

中国政法大学出版社

作者简介

李　净　女,现任中国政法大学副教授,校科学技术教学部副主任;物理化学、法学双学士;环境工程硕士;北京科技大学博士在读。教授《现代科技概论》、《自然科学概论》、《科学技术史》、《信息网络法》等课程。

唐红洁　女,现任中国政法大学副教授,校科学技术教学部自然科学教研室教师。1984 年毕业于太原理工大学获工学学士学位,1995 年毕业于大连理工大学获工学硕士学位。

内容简介

　　本书由导论和十一章内容组成。导论主要介绍了科学素养、科学精神、科学创造和科学的思维方法;第一章讲述了现代科学技术的含义和对社会的影响;第二章讲述了自然科学的六大基础学科的发展;第三至第十章介绍了现代科学技术领域中材料、能源、信息、环境、激光、生物、空间、海洋科学技术的学科结构、前沿及发展;第十一章介绍了现代科技中的法律问题。

　　本书可作为大学生、公务员、各级党政干部培训的教材使用,也可以作为其他人员了解现代科学技术知识,提高科学素质的学习参考资料。

出版说明

本系列教材是中国政法大学教材编审委员会,根据普通高等政法院校的教学实际需要组织编写的,其特点在于:一是突出教学的实用性。既重视法学教材的理论性,又重视其操作方法,使学生在学习过程中始终处于理论结合实际的氛围中。二是具有较高的信誉。本系列教材的主编皆经教材编审委员会反复筛选,他们均有较强的教学、科研能力,又具有丰富的司法实践工作经验,他们都有从事律师、检察、立法等工作经历。由他们主编教材就使教材的质量建立在一个较高的起点上。三是本系列教材注重知识性,注重学生思想方法和分析能力的培养,注意将现代分析方法、思维方式渗透于教材之中,使教材更具方法论特色。总之,我们努力使本系列教材尽可能符合当今社会对法学教育的需求。

我们在组织编写本系列教材过程中,由于时间仓促,书中难免存在不足,望各位同仁多提出批评意见。我们将继续努力为学生组织编写更多更好的教材。

中国政法大学教材编审委员会

第二版说明

　　科学巨匠爱因斯坦曾说过:"科学对于人类事物的影响有两种方式。第一种是大家熟悉的:科学直接地、并且在更大程度上间接地生产出完全改变人类生活的工具。第二种是教育性质的——它作用于人的心灵。"科学教育不仅是知识的教育,更应该是思维方法的熏陶和科学精神的提升。

　　科学技术的飞速发展影响着社会的各个领域,身处高科技时代,我们在享受科学技术创造的物质和精神成果的同时,作为大学生更应该了解科学技术的基本知识,具备与科学技术发展同步的思维方式和行为方式,了解科学技术是每一个大学生必需的素质。

　　文科学校的大学生在告别了高中的数理化时代进入大学后,便逐渐疏远了自然科学知识的学习,我校在通识课程改革中,要求学生需选修2学分的自然科学类课程,《现代科技概论》作为一门自然科学类通识选修课程已在我校开设了十几年。一门课程的好坏,其中很重要的因素之一就是教材的建设,为此,2001年我们根据多年的教学经验,编写了主要针对政法和其他文科专业的大学生掌握、了解现代科学技术基础知识和国内外现代科学技术发展的教材《新编科学技术概论》。科学技术的发展日新月异,经过几年的教学实践,在《新编科学技术概论》的基础上,一方面是增加了科学思维方法等内容,另一方面在原有的内容基础上进行了修订、更新,希望使学生在较短的时间内了解现代科学技术的全貌,提高科学素养,培养科学精神。本书最大的特点是:在讲述自然科学知识时,避免过于高深和专业化,而重在扩大信息的容量,尽可能以介绍最前沿的自然科学研究和现代科学技术基本知识为主。本书也可以作为科普图书,帮助读者了解现代科学技术的发展。

全书由李净统稿,具体写作分工如下:导论、第一章、第二章的第一至三节、第三章、第五章、第七章、第十一章由李净编写;第二章的第四至六节、第四章、第六章、第九章、第十章由唐红洁编写;第八章由李净、唐红洁共同编写。

在本书的再版过程中,得到了中国政法大学和中国政法大学出版社的各位领导和同仁的关心和支持,选课的部分同学也提出了一些修改建议,在此表示衷心的感谢。在编写本书的过程中,参阅了大量的文献资料,在此向有关的作者表示衷心的感谢。

由于学科跨度大,书中不妥之处恳请各界专家、学者及广大读者批评指正。

编　者

2008 年 6 月于北京

第一版说明

当今世界,各国综合国力的竞争,实质上就是现代科学技术的竞争。"科教兴国"已被定为我国现代化建设的基本战略,这是关系到中华民族存亡兴败的重大决策。科教兴国的意义不仅在于必须以科学进步带动技术的发展从而提高我国的经济实力和国防能力,还在于从根本上提高我国的国民科学文化素质,只有这样我们才能牢牢地站稳脚跟,自立于世界民族之林。

增强全民的现代科学意识,是培养造就高素质人才群体的基础条件。培养人才,最重要的手段之一是加强现代科学技术的普及宣传,广泛传播科技知识,提高人们的高科技意识和科学文化水平。

《新编现代科技概论》就是为了广泛传播科技知识而编写的一本具有开拓性、前瞻性的教材。主要针对政法或其他文科专业的大学生的特点而编写,希望他们在缺乏深厚的理工科知识基础上,通过较短时间的学习,了解现代科技的全貌,以利于配合他们专业课程的学习和今后所从事的工作。

本书对学习了解现代科学技术基础知识,透视国内外现代科学技术发展,有着重要意义和参考价值。本书不仅介绍了自然科学的基础学科,而且介绍了现代科学技术的基础知识及发展趋势,内容融科学性、知识性和趣味性于一体,是加强现代科学技术普及教育的实用教材。

本书共十一章,第一章、第二章的第一至三节及第三、五、八、十一章由李净编写;第二章的第四至六节及第四、六、七、九、十章由唐红洁编写。

在本书的出版过程中,得到了中国政法大学和中国政法大学出版社的各位领导的关怀和支持,在此表示衷心的感谢。在编写本书的过程中,参阅了大量的文献资料,在此向有关作者表示衷心的感谢。

由于时间仓促,学科跨度大,书中的不妥之处恳请各界专家及广大读者批评指正。

编 者
2001 年 9 月于北京

|目 录|

导 论

　　从 19 世纪开始，科学技术迅猛发展，对社会产生了巨大的推动力。"科学技术是一把双刃剑"，现代科学技术在造福人类的同时，也在影响着人类的身体、心理健康和生存环境。身处高科技时代，我们在享受现代科学技术创造的物质和精神成果的同时，也应具有与现代科学技术发展同步的思维方式和行为方式，更应确定科学技术的发展和应用，充分发挥科学技术的积极作用，减少消极作用。

　　科学巨匠爱因斯坦曾说过："科学对于人类事物的影响有两种方式。第一种方式是大家熟悉的：科学直接地、并且在更大程度上间接地生产出完全改变人类生活的工具。第二种方式是教育性质的——它作用于心灵。"科学教育不仅是知识的教育，更应该是思维方法的熏陶和科学精神的提升。

一、科学素养

（一）科学素养

　　科学素养是由文化素养引申而来的。科学素养一词译自英文 scientific literacy。素养和素质含义接近，但素养与素质相比更强调后天修习涵养的作用，即学习提高的重要性。判别一个人是否具备科学素养，与如何给科学素养下定义、如何界定科学素养的内涵密切相关。然而，迄今为止，学者们对科学素养的理解仍然是不统一的。

　　科学素养是指能运用科学原理和方法解释或处理生活和工作中的常见问题，其重点在于对科学的态度，观察和思考问题的科学性，以及批判精神。

　　科学素养的内涵主要涉及三个部分：科学术语和科学基本观点、科学的探究过程、科学对个人和社会的影响。

　　科学素养是可以度量的。美国国家科普作家协会于 1957 年进行了世界上第一次科学素养调查。近年来，我国高度重视公众科学素养的提高，中国科协于 1990 年开展了我国公众科学素养的试验性调查，并于 1992 年、1994 年、1996 年、2001 年和 2003 年在我国进行了五次全国性的公众科学素养调查。历次调查显示，我国公众科学素养虽然逐渐提高，但状况不容乐观。我国具备基本科学素养的公众比例 1996 年为 0.2%，2001 年为 1.4%，2003 年为 1.98%。1992年，欧共体公众科学素养水平达到 5%；1989 年，加拿大达到 4%；1991 年，日本达到 3%。在美国，1990 年的这一数据接近 7%。2000 年，美国公众的科学素养比重已达到了 17%。相比之下，我国的国民科学素养处于非常落后的状况。

（二）科学素养教育

科学素养的缺乏主要表现在科学方法和创新意识、创新能力上的弱点，科学素养是可以通过后天的教育、学习来提高的。那么，如何来进行科学素养教育呢？

一般情况下，科学素养教育至少应该包括以下内容：

（1）科学技术教育课程应该包括科学技术的一般原理。这些原理应该从形式到现象的方法进行解释。

（2）应该了解科学具有局限性，技术具有副作用。理性地看待科学和技术是科学技术素养的重要组成部分。

（3）应具备的科学方法和科学精神包括：科学的事业、科学的本质、科学在人类社会中的地位和作用、科学的研究过程和方法、怀疑精神、论证精神、公开性、接纳不同意见和看法的价值观、社会的正义感等。

（4）在科学素养教育中，应该注重对本民族文化的研究，比如社会习俗、信仰、文化内涵、科学发展史等的研究，并以这些研究成果作为科学素养教育方法的依据。

二、科学精神

（一）科学精神

科学精神若用一句话来概括，就是实证精神，是人们在长期的科学实践活动中形成的共同信念、价值标准和行为规范的总称。

科学精神就是指由科学性质所决定并贯穿于科学活动之中的基本精神状态和思维方式，是体现在科学知识中的思想或理念。它一方面约束科学家的行为，是科学家在科学领域内取得成功的保证；另一方面，又逐渐地渗入大众的意识深层。

中国科学技术协会把科学精神具体化为"求实、创新、协作、献身"八个字。

（二）科学精神的主要特征

科学精神主要具有如下特征：

（1）执着的探索精神。根据已有知识、经验的启示或预见，在自己的各种活动中总是既有方向和信心，又有锲而不舍的意志。

（2）创新、改革精神。这是科学的生命，科学活动的灵魂。

（3）虚心接受科学遗产的精神。科学活动有如阶梯式递进的攀登，科学成就在本质上是积累的结果，科学是继承性最强的文化形态之一。

（4）理性精神。科学活动必须从经验认识层面上升到理论认识层面，或者说，要有一个科学抽象的过程，因此必须坚持理性原则。

（5）求实、求真精神。科学必须正确反映客观现实，实事求是，克服主观臆断。在严格确定的科学事实面前，要勇于维护真理，反对独断、虚伪和谬误。科学从不迷信权威，并敢于向权威挑战。

（6）实证精神和严格精确的分析精神。科学的实践活动是检验科学理论真理性的唯一标准。科学不能只停留在定性描述层面上，确定性或精确性是科学的显著特征之一。

（7）协作精神。由于现代科学研究项目规模庞大，必须依靠多学科和社会多方面的协作与支持，才能有效地完成任务。

（8）民主精神、开放精神。科学无国界，科学是开放的体系，它不承认终极真理。

三、科学创造和科学思维方法

（一）科学创造及其类型

科学创造是科学研究中的创造性活动，是人类运用科学知识和技能，通过脑力劳动和体力劳动，改造、控制物质客体，创造出前所未有的精神的或物质产品的社会实践活动。

独创性、新颖性和显著的效果性是科学创造的基本特征。

科学创造的基本类型包括：科学发现和技术发明。科学发现是指把已经存在却不为人知的事物找出来，或把客观存在的规律加以阐述。直觉起着不可忽视的作用。技术发明是指创制或制造出过去不曾存在的器物、技术、方法等。想象起着重要作用。

（二）科学思维方法

科学的思维方法不仅可以帮助提高科学素养，提高科学的鉴别力，认识科学发展的主流和趋势，而且可以指导我们运用智慧进行创造性的工作。

科学思维的方法包括逻辑方法和非逻辑方法。

科学思维的逻辑方法有：归纳和演绎、分析和综合、类比方法、公理化方法等。

归纳是由个别到一般的推理，演绎是由一般到个别的推理。在认识过程中二者是相互联系、相互补充的。演绎所依据的理由，来自对特殊事实的归纳、概括，归纳的结论是演绎的前提，演绎离不开归纳；而归纳对特殊现象的研究，又必须以一般原理为指导，才能找出其特殊的本质，从而进一步补充、丰富这种共同本质的认识，故归纳也离不开演绎。

科学思维的非逻辑方法有：形象思维、直觉思维、科学灵感等。

形象思维是依靠形象材料的意识领会得到理解的思维。直觉思维是指对问题未经逐步分析，仅依据内因的感知迅速地对问题答案作出判断、猜想或者在对疑难百思不得其解，突然对问题有"灵感"，或对未来事物的结果有"预感"等都是直觉思维。

第1章

总 论

第一节 科学与技术

科学和技术是两个不同的概念，随着社会的发展，科学和技术在人类认识自然、改造自然的过程中既存在着区别，又呈现出相互依存、相互作用、相互渗透、相互转化的密切关系。

一、科学

（一）科学的概念

"科学"一词来源于拉丁文，是知识和学问的意思。在明治维新时期，日本著名科学启蒙大师、教育家福泽瑜吉将其翻译为"科学"，后经康有为、严进等人翻译和引进，"科学"一词在中国得到普及和广泛应用。

科学是人类对客观世界的认识，是反映客观事实和规律的知识体系。

科学作为一个知识体系应由以下五部分组成：①实验事实。实践出真知，实验事实是整个知识体系的基础。②基本概念。从实验事实中抽象出概念，再从概念中提炼出基本概念。③原理及定律。一般通过逻辑的或非逻辑的方法以假说的形式提出。它们是理论体系的逻辑基础。④逻辑演绎系统。由逻辑基础出发，利用逻辑法则或数学运算推理。⑤一系列具体结论。是逻辑演绎的结果，可以与实验事实直接比较。

（二）科学的特征

科学具有如下特征：

1. 客观性。万物运动都有自然的规律性，不以人的意志为转移。科学是经过人类长期实践得出来的最基本的也是最原始的规律。

2. 严谨性。人类认识自然的过程是由表及里、由浅入深、由简入繁、由中间向两头扩展的，这是一个理性的认识过程，也是科学的核心所在。但是，理性认识要经过考验、论证来确立，科学不承认没有事实依据的先验论。实践是检验真理的唯一标准。现在常用的方法包括：通过实验室试验论证或模拟试验直接论证；利用自然环境进行各种因素的观察和分析；触类旁通和举一反三，取得旁证。但一些初料不及的异常现象往往是发现新事物、新规律的源泉。

3. 同一性。不同的学科在理论问题上的提出各有特点，而在相邻和交叉学科中，必然出现理论上的相互覆盖和相辅相成，决不应出现互相矛盾的地方，各种学术派别的形成往往会出现这类问题。学术上的进步表现为理论上的同一和统一。

二、技术

（一）技术的概念

几乎是自从人类存在就有了技术，技术是一个涉及自然、社会和人类的复杂产物。18 世纪末，法国科学家狄德罗在他主编的《百科全书》条目中开始列入了"技术"条目。他指出："技术是为某一目的共同协作组成的各种工具和规则体系。"这是较早给技术下的定义，这个定义至今仍具有指导意义。

阐明技术概念可用以下几个要点：①技术与科学是相区别的，技术是"有目的的"；②强调技术的实现是通过广泛"共同协作"完成的；③指明技术的首要表现是生产"工具"，是设备，是硬件；④技术的另一重要表现形式——"规则"，即生产使用的工艺、方法、制度等知识，这就是软件；⑤和科学一样，把定义的落脚点放在"知识体系"上，即技术是成套的知识系统。直到现代，许多辞书上的技术定义，基本上没有超出狄德罗的技术概念范畴。

总之，技术泛指根据生产实践经验和自然科学原理而发展成的各种工艺、操作方法与技能的知识体系。

（二）技术的本质

技术的本质是设计和控制。

技术增加了人类改造世界的能力，技术使人类控制了自然并按照自己的意愿重新设计自然、改造自然。但也出现了一些可以预料和无法预料的副作用。

三、科学与技术的关系

（一）科学与技术的区别

1. 目的和任务不同。科学以认识自然界为目的，以揭示自然现象的本质和规律为任务，科学回答的是"是什么"、"为什么"，技术是以改造世界为目的，以利用自然规律，控制自然，实现自然人工化，并协调人与自然的关系为任务，技术回答的是"做什么"、"怎么做"。

2. 研究成果不同。科学研究成果一般表现为新规律、新事实的发现，或新理论的提出。技术成果一般表现为新工具、新设备、新工艺、新方法的发明。

科学提供物化的可能，技术提供物化的现实。

3. 研究内容不同。科学是创造知识的研究，技术是综合利用知识于需要的研究。

4. 发展过程不同。追溯人类的科学技术史，早期有铁器、青铜器替代石器的技术革命，但此时没有大范围的科学革命。在近现代，科学革命通常是技术革命的先导，技术革命又为新的科学研究奠定了基础。因此，科学和技术并非同步，而是此起彼伏，既相互联系又相互分离。

5. 科研价值不同。科学通常有文化的、哲学的价值，它的经济价值也是长远的，一时难以体现。而技术则直接追求实用性，因此它的经济价值是宏大的、直接的。

（二）科学与技术的联系

1. 根本目标的一致性。虽然，科学和技术存在上述不同，但它们并不矛盾，科学与技术相互依存、相互促进，两者认识世界、改造世界的根本目标是一致的。

2. 科学和技术的一体化。科学与技术是辩证统一的整体，两者相互渗透、共同发展。科学中有技术，如物理学有实验技术；技术中也有科学，如杠杆、滑车等也有力学。科学可以从技术中产生，科学也能派生出技术；技术是科学的延伸，科学是技术的升华，科学和技术的融合是现代科学技术发展的趋势和特点。

四、科学技术的功能

（一）科学技术的认知功能

科学技术对人类战胜迷信、愚昧，提高认识能力，对文化教育的发展及对改变人的精神和道德面貌都能起到促进作用，这些改变和促进就是科学技术认知功能的体现。

首先，科学对自然界本质的认识，通过人类的概括和总结，揭示了自然界的客观规律。技术是人类对自然的利用和改造，是科学物化的结果。从它们诞生起，科学技术与迷信、愚昧就是不相容的。其次，科学技术的发展改变着文化教育的内容，不断为教育提供先进的设备和手段，并且往往决定着教育改革的方向，从而为全面提高人类智能状况，开发人类的智力资源创造了条件。最后，在科学研究的历史过程中，人们形成了尊重实践、实事求是、不迷信权威、追求真理、勇于创新的科学精神，这种科学精神随着科学技术的进步，对整个社会精神面貌和人们的道德观念都产生了深刻影响，大大推进了人类社会精神文明的发展进程。

（二）科学技术的生产力功能

近代资本主义制度确立后，资产阶级依靠科学技术进步，使社会生产力得到前所未有的发展。19世纪中叶，马克思做出了"生产力中也包括科学"，"社会劳动生产力，首先是科学的力量"的精辟论断，在历史上第一次揭示了科学技术的生产力功能。进入20世纪后，科学技术逐步成为了生产力诸要素的主导要素。尤其是第二次世界大战以后，科学技术已成为现代经济发展中最主要的驱动力。在新的历史条件下，邓小平继承马克思的思想，极其深刻地指出了科学技术作为第一生产力的地位和作用，进一步阐明了科学技术的生产力功能。

（三）科学技术的批判创新功能

科学技术的发展需要永无止境地探索未知领域，探索的过程首先在运用原有理论时发现问题，然后在批判的基础上对原有理论重新认识与评价，最终提出新理论，即科学创新。

创新是科学技术的生命和灵魂。科学的创新主要包括知识创新和技术创新。科学发现导致知识创新，发明创造导致技术创新。

（四）科学技术的社会变革功能

马克思的"把科学首先看成是历史的有力杠杆，看成是最高意义上的革命力量"，在历史上首次揭示了科学技术的社会变革功能。科学技术变革社会的作用首先表现在对生产力的促进。生产力的大发展本身就是社会变革表现的一个方面，而且它还是其他社会变革的前提和基础。另外，科学技术促进生产力发展的结果，或迟或早会引起生产关系和社会制度的变革。近代欧洲科学技术的采用，不仅在封建社会内部产生了新的资本主义生产关系，而且最终导致资本主义生产关系取代封建生产关系，资本主义制度战胜封建制度。当然，社会制度的变革不可能仅仅依靠科学技术的力量，科学技术的作用就在于给新的社会制度的产生奠定物质技术基础。我国改革开放以来，科学技术创造了空前巨大的社会生产力，经济得以高速发展，人民生活水平不断改善，社会主义政治和经济制度日益巩固。随着科学技术的继续发展，我国的社会主义制度必将由初级阶段逐步上升为更高级的阶段。

五、影响科学技术发展的社会条件

科学技术的发展是在由各类社会活动和各种社会关系构成的社会大系统内进行的。因此，在研究科学技术对社会发展的推动作用的同时，也应当研究对科学技术的发展起重要作用的各种社会条件。这些条件可以概括为三方面，即社会生产、社会制度和社会思想文化。

（一）社会生产决定科学技术的发展

物质生产是人类社会赖以存在和发展的基础，是决定其它社会活动的最基本的实践活动。科学的发生和发展一开始就是由生产决定的。人类早期的生产活动，是产生原始科学知识和生产技能的源泉。近代科学技术的迅速发展也是由社会生产的需要所决定的，如 18 世纪的蒸汽技术革命，就是在英国以人力为动力和手工劳动为基础的社会实践已不能满足大规模的世界贸易市场需求的时候发生的。在现代社会中，生产实践对科学技术的需求越来越迫切，要求也越来越高，从而不但促进了科学技术突飞猛进的发展，还导致科学技术研究成为独立的社会事业和社会部门。社会生产对科学技术发展的决定作用，主要通过以下途径实现。其一，生产实践为科学技术提供研究课题和认识材料，同时科学技术成果的真理性和实用性也通过生产实践得到检验。因此，社会生产是科学技术最根本的基础。其二，从一定意义上说，仪器设备和各种物质技术手段，标志着科学技术发展的水平，决定着科学技术发展的状况。而科学实验所需的这些物质技术手段是通过社会生产活动创造出来，并由工业生产所提供的。因此，社会生产是科学技术最重要的物质保证。其三，科学技术的研究经费也要靠社会生产提供。一个国家和社会能够筹集多少资金用于科学技术，固然与认识水平和其他社会因素有关，但最根本的还是取决于社会生产发展的状况和水平。因此，社会生产又是科学技术发展的资金来源。其四，物质生产发展水平的高低，决定着在物质生产中能够在多大程度上利用新的科学技术成果，决定着科学技术物化为直接与现实的生产力的可能性和速度。

（二）社会制度制约科学技术的发展

科学技术存在于社会环境之中，同社会相互作用而向前发展。因此，科学技术必然受到社会制度的制约和影响。一定社会的政治和经济制度主要反映占统治地位的阶级的意志和利益。在历史上，科学技术成果总是被当时的统治阶级所占有、掌握和利用，并为巩固一定的政治和经济制度服务。一些国家的政府和财团，或者为科学技术研究提供物质条件和经济支持，或者通过各种方式影响、干涉、甚至遏制某些科学技术的研究和开发应用。其目的无非都是为了让科学技术满足他们的经济和政治需要的同时，不危及他们自身的利益。因此，尽管科学技术本身是没有阶级性的，但它在不同的社会制度下可以被不同地加以利用，用来达到不同的目的。忽视科学技术受社会制度、阶级关系的制约，认为科学技术可以与社会制度相脱离的观点是不正确的。

社会制度对科学技术的制约，还突出表现在社会制度的变革往往为科学技术的发展扫平前进的道路。英国 17 世纪资产阶级革命的成功确立了资本主义制度，为英国成为近代科学革命的中心，以及发生 18 世纪的产业革命创造良好的社会条件。近代日本在科学技术上的崛起，不能不说是同 19 世纪 60 年代明治维新导致的社会制度变革密切相关。而中国古代科技文明走在世界前列，到近代却大大地落后于西方，这在很大程度上是由于腐朽而又顽固的封建制度桎梏科学技术的发展的结果。

（三）社会思想文化影响科学技术的发展

社会思想文化主要是指哲学和宗教思想、伦理道德观念以及文化教育等。这些社会因素对科学技术的发展往往起着相当重要的影响作用。

在历史上，先进的哲学思想指导推进着科学技术的发展，而落后保守的哲学思想往往对科学技术的发展起阻碍作用。比如 17 世纪英国培根和 18 世纪法国狄德罗等人的唯物主义哲学思想，就对近代欧洲的自然科学提供了进步的世界观和有效的方法论，大大促进了自然科学的发展。而明清时期的以传统的儒家哲学为核心的文化专制主义，在一定程度上成为了导致中国科学技术衰落的重要社会原因。宗教本质上是与科学不相容的，欧洲中世纪基督教的黑暗统治使科学技术停滞几百年，近代科学正是在与宗教势力的斗争中产生和发展的。但宗教与科学的关系也有复杂的一面，16 世纪欧洲的宗教改革对近代科学技术的发展客观上又起过一定的促进作用。伦理道德观念对科学技术的影响，首先表现在如果一个社会形成了尊重知识、热爱科学、追求真理的良好道德风尚，那么就能有力地推动科学技术进步。反之，如果是鄙薄科学技术，像中国传统观念中视科学技术为"奇技淫巧"的社会风尚，那就不利于科学技术发展。其次，道德对科学技术的作用还表现在，它是通过影响科技工作者的行为而实现其作用的。在长期的科学研究的历史过程中，科学家在践履社会道德的同时，形成了一套科学的道德规范。科学道德不仅是用来调整科学家之间、科学家与社会之间关系的行为规范，它还能激励科学家克服困难，勇攀科学技术高峰，从而对科学技术的发展产生深远的影响。科学技术的发展还有赖于文化教育事业的进步，教育具有传授文化和科技知识以及培养人才的职能，科学技术研究所需要的研究人才和管理人才，要依靠教育部门培养和提供，教育是推动科学技术发展的一个重要社会因素。一个国家的教育质量、规模、发展速度和水平，反映着这个国家的科学技术水平，同时也直接影响科学技术发展的进程。

第二节 现代科学技术与革命

一、现代科学技术的概念和体系结构

(一) 现代科学技术的概念

关于现代科学技术概念，目前尚无公认的、完全统一的科学定义。现在社会上流传着两种不甚确切的说法：

按时间划分：认为只要是在20世纪40年代以后取得的科研成果，都属于现代科学技术的范围。

按难易程度来划分：认为近代取得的一切高难度的科研成果都属于现代科学技术的范围。

上述两种说法的缺点在于，20世纪40年代以后取得的科研成果，只有部分属于现代科学技术，而另外一部分属于基础理论研究范围。同样，取得的高难度的科研成果也有一部分是属于基础理论研究范围。

此外，还有一种"高新技术"的提法，把信息技术，微电子技术、材料技术、纳米技术、光纤通信技术、激光技术、生物技术、基因工程、机器人与自动化技术等并列为一个新技术群。的确，上面所列举的各项技术，被公认为属于现代科学技术的范围，但层次略显混乱。如生物技术与基因工程属于包容关系而并非并列关系。

现代科学技术，是以材料科学技术、能源科学技术和信息科学技术为三大支柱，在20世纪40年代以后兴起的世界新技术革命发展过程中，逐渐形成的一个高新科学技术群。材料科学技术提供了物质基础、能源科学技术提供了动力、信息科学技术提供了智慧，除此之外，空间科学技术、激光科学技术、生物工程、海洋工程和环境科学等均是高新技术群的主要成员。

(二) 现代科学技术的体系结构

现代科学技术的分类方法很多，一般把科学技术分为：基础科学、技术科学和应用技术。

基础科学是由自然科学基础理论和基础实验技术组成，是科学技术整体结构的基石，也是科学技术发展的前沿理论。它包括数学、物理学、化学、天文学、地球科学和生物学等。

技术科学是科学技术整体中通用技术理论，是科学技术整体结构的桥梁。技术科学包括：材料科学技术、能源科学技术、信息科学技术、激光技术、生物技术、空间技术等。

应用技术是生产的平台，是科学技术整体中应用理论和应用方法部分。应用技术的目的是直接利用和改造自然，它包括各种工程技术、农业技术、医疗技术、交通技术等。

二、现代科学技术的特点

（一）高新技术群

前两次工业革命的新技术都是一个一个地出现的，如第一次工业革命中的纺织机是 1764 年发明的，而瓦特发明蒸汽机在 1769 年。现代科学技术革命出现的是一个群体，形成了一个高新技术群。所涉及的技术领域非常广泛，如信息科学技术、材料科学技术、能源科学技术、激光科学技术等。

（二）发展创新速度快

20 世纪的后 30 年，人类所取得的科技成果，比过去 2000 年的总和还要多。20 世纪中叶人类的科技知识每 10 年增加 1 倍，当代，每 3 至 5 年增加 1 倍。以此推算，人类在 2020 年所拥有的知识当中，有 90% 现在还没有创造出来。今天的大学生到毕业的时候，他所学的知识有 60% 到 70% 已经过时。

人们把当前人类知识增长的趋势用指数函数来描绘，也就是在媒体里面经常提到的知识爆炸现象。伴随着知识爆炸现象的出现，科学技术研究的规模也呈指数函数增长。全世界用于科研的经费已经达到每年 5000 亿美元，人数已经达到 5000 万人，预计在今后 100 年，从事科研工作的人数，将占世界总人口 20%，创造性的科学工作将会成为本世纪末人类的主要活动。

以往一个新技术的出现往往要经过几十年，甚至更长，例如从 1904 年发明真空二极管到 1948 年发明晶体管经历了 44 年。而现在时间缩短了很多，有的新技术几年就换代。例如，1960 年小规模集成电路研制成功，1967 年大规模集成电路研制成功，1980 年超大规模集成电路研制成功，分别只有几年、十几年的时间。

（三）科学和技术互相渗透、交叉、融合

当前科学技术相互渗透、交叉和融合，集中表现在科学技术正在宏观和微观两个尺度上向着最复杂、最基本的方向发展。一方面，建立在多学科基础上的复杂系统研究已经列入科学研究的重大议程，如对社会系统、经济系统、大脑和生命系统、生态系统、网络系统的研究，将对经济、社会和人类自身的发展产生重大影响；另一方面，对微观系统的深入探索，如对基本粒子研究和受控核聚变、基因、微机械、微加工和纳米材料的研究，可能引起全新的技术革命。

从新技术开发角度看，部分技术之间是相互作用发展的。例如，计算机辅

助设计（CAD），促进了集成电路（IC）向高密度、高容量发展，而集成度更高的集成电路的开发又使计算机体积更小、成本更低、可靠性更高，因而促进了计算机的发展。

科学与技术之间相互作用，相互发展。例如，半导体理论的研究促进了微电子技术的发展。不同的技术领域相互渗透。例如，电子科学技术与机械结合发展了机械电子技术。不同科学领域之间的相互渗透，出现了边缘科学和交叉科学。例如，生物物理学、生物化学等。

（四）科学技术与人文、社会科学的结合

科学的发展提示了自然科学和人文社会科学所存在的内在的紧密联系。"混沌理论"的研究表明，在复杂的非线性相互作用的巨系统中，初始条件的微小变化会带来以后状态的巨大偏离。科学家举例说，假如在大气环流中，北京有只蝴蝶扇动一下翅膀，有可能几星期后导致纽约的一场暴风雨，也就是微小的不确定因素或系统外一个微扰有可能导致巨大的、不可预测的波动。这种科学观念启示我们，当代人类所面临的环境问题、社会问题、经济问题，都可能由于微小的不确定性因素的干扰而引发重大事件。人的及时干预和调控极为重要，这就要求自然科学与人文、社会科学的密切结合。

同时，人类面临的一些问题都具有综合性质，如环境问题（温室效应、臭氧层破坏、污染）、资源问题（能源、粮食）等，既是科技问题，也是经济问题、社会问题。这些问题的解决超出了自然科学技术能力的范围，必须综合运用各门自然科学、各种技术手段和人文、社会科学的知识去研究解决。所以加强科技工作者和人文、社会科学家的联系具有重大的现实意义。

（五）研究与开发的国际化趋势明显加快

全球性的信息网络，促进了世界各国的科研人员、科研机构以及仪器资料等基础设施的流动和信息共享，大幅度降低了研究开发的成本，使得全球的研究开发资源有了可以充分流动和利用的巨大空间，出现了虚拟实验室等多种新型的研究组织形式，逐步形成一个"全球研究村"。

研究与开发的国际化现已成为发达国家之间争夺市场和资源，开展全球竞争的新形式。在这个进程中，发达国家无疑是最大的受益者，对于发展中国家来说，首先是一个挑战，因为这有可能加剧科技人员的流失；同时，跨国公司的产品还将更具有针对性和本土化的特征，有可能对民族产业产生更大的冲击。但另一方面我们也要看到，研究和开发的国际化有可能成为一个机遇，也就是通过技术扩散和人才的流动，加速提高自身的科技实力。

（六）现代科学技术已经成为经济和社会发展的主导力量

首先是对国民经济的影响，现代科学技术对所有的经济部门都产生了巨大的影响，这些部门从工业、农业、林业、畜牧业、渔业乃至卫生、教育及服务行业，其影响之大，意义之深远，速度之快为历次工业革命所不及。其次是对世界的影响，它不但推动着发达国家的经济腾飞，使工业化国家向信息化国家过渡，而且也将促进发展中国家的经济起飞。

在 20 世纪以前，科学技术一直在经济发展中处于从属地位，基本的模式就是生产的实际需要刺激技术的发展，并进一步为科学理论的形成奠定了基础。例如：在生产力发展的驱动下，人们在 1782 年制造出往复式蒸汽机，但作为蒸汽机理论依据的热力学原理，直到 19 世纪中叶才建立起来。

时至当代，生产、技术和科学的相互作用机制出现了逆转的现象。科学理论不仅走在技术和生产的前面，而且为技术生产的发展开辟了各种可能的途径。比如，先有了量子理论，而后促进了集成电路和电子计算机的发展；又如，运用相对论和原子核裂变原理形成和发展了核技术；运用分子生物学和遗传学的最新成就，形成了生物技术。所以，当代重大技术、工艺或工程往往是理论超前性的，也是知识密集型的。现代科学技术这种特点，就决定了它在经济发展中成为主导力量。

实践已经证明，高新技术及其产业是当代经济发展的火车头，它可以促进劳动生产率大幅度提高。我国手工业人均年产值大约 2000 元，传统工业人均产值大约 2 万元，而高新技术产业的人均年产值超过 20 万元甚至上百万元。20 世纪 80 年代以来，发展高新技术及其产业已经成为一股世界性的潮流，高新技术及其产业的发展水平已经成为一个国家综合国力的主要因素，成为衡量一个国家发达与否的重要标志。

除此之外，现代科学技术还具有它的发展是以智力为中心，而非依赖靠近原料产地、交通枢纽、廉价劳动力而发展的等特点。

三、现代科学技术发展大事记

现代科学技术的发展，对世界各国的国民经济、世界人民生活水平等具有重大的影响。在现代科学技术的发展中，一些重大事件又对现代科学技术的发展具有重大作用，在此列举出一些现代科学技术发展中的大事。

（一）能源科学技术领域

1942 年 12 月，在美国芝加哥大学建成第一座原子能反应堆。

1954 年，前苏联建成实用型原子能发电站。

1954 年，前苏联研制成"托卡马克"（TOKAMAK）装置。

1954 年，第一个半导体硅太阳能电池在美国贝尔实验室诞生。

1980 年，欧洲 9 国合作在意大利建成太阳能发电站。

1991 年，我国第一座核电站——秦山核电站发电试验成功。

1996 年，我国第一台太阳能热水器在山东诞生，拉开了太阳能热水器生产的序幕。

2003 年，三峡水利工程正式下闸，蓄水，并网发电。

2005 年，中国第一条跨境输油管道——中哈原油管道主体工程顺利完成。

2006 年 1 月 1 日，《中华人民共和国可再生能源法》正式实施。

2007 年，美国研制成可用液体燃料在常温下汽化的新型燃料电池。

（二）信息科学技术领域

1941 年，研制出机电计算机。

1945 年，美国研制出世界首台电子计算机（建成第一台电子计算机的也有可能是英国人）。

1947 年，制成半导体三极管。

1958 年，美国物理学家基尔比研制出世界上第一块半导体集成电路。

1959 年，制成第一台晶体管电子计算机。

1976 年，美国建立了世界上第一条实用化的光纤通信线路。

1989 年，美国 IBM 公司用独立的氙原子摆出了 IBM 三个字母。

1991 年，日本发现碳纳米管。

1993 年，我国第一个数字移动电话通信网在浙江省首先开通。

1999 年，美国发明了单分子开关器件。

2007 年，科学家发现了挑战人类智力的电脑程序。

（三）空间科学技术领域

1926 年，成功发射了世界上第一枚液体火箭。

1957 年 10 月 4 日，前苏联成功发射了世界上第一颗人造卫星。

1961 年，前苏联发射了世界上第一个载人航天器。

1964 年，美国发射了世界上第一颗地球静止轨道通信卫星。

1969 年，美国两名宇航员登月成功。

1970 年 4 月 24 日，我国发射了第一颗人造卫星。

1971 年，前苏联把世界上第一个空间站送入轨道。

1981 年，美国哥伦比亚号航天飞机首次升上太空。

2003 年 10 月 15 日，我国发射了"神州五号"载人飞船。

2007 年 10 月 24 日，我国第一颗绕月探测卫星——"嫦娥一号"成功发射。

（四）生物工程领域

1965 年 9 月 17 日，我国成功地用人工方法合成了结晶牛胰岛素。

1969 年，酶的固定化技术在日本开创。

1971年，美国科学家第一次把两种不同的DNA联结在一起。

1973年，首次完成了遗传基因的人工剪切与重组。

1980年，美国科学家成功地使大肠杆菌生产出胰岛素。

1997年，克隆羊多莉诞生。

2007年，我国科学家成功破译了黄种人生命密码。

2007年，美、日研究组分别用人类皮肤细胞仿制出胚胎干细胞。

（五）其他领域

1960年，美国科学家制成第一台红宝石激光器。

1962年，美国女作家卡逊发表了《寂静的春天》一书。

1970年，研制出石英型光导纤维，奠定了光纤通信的基础。

1972年，召开了联合国人类环境会议。

1992年，通过了《里约宣言》等。

四、现代科学技术的发展趋势

第二次世界大战结束以来，科学技术发展速度之快，发展规模之大，发生作用范围之广，影响之深远，是历史上前所未有的。现代科学的发展明显地表现出这样的趋势：

（1）学科的分支越来越细，学科的门类越来越多。

（2）学科相互交叉的情况越来越复杂，涌现了大量所谓边缘学科，这些边缘学科往往成为最活跃的生长点。

（3）出现了许多综合性的学科，所综合的范围越来越大，即所谓科学整体化的趋向。

（4）科学技术发展的国际合作，现代科学技术许多前沿问题的研究，需要通过广泛的国际协作来共同完成。如人类基因组计划的实施、空间技术的开发等，使得科学技术的发展不断超越区域和国界的限制。

五、现代技术革命

技术革命是旧技术体系的扬弃，新技术体系的确立。近代以来历史上发生了三次技术革命。

（一）第一次技术革命

近代第一次技术革命开始于18世纪中叶，是以牛顿建立的经典力学体系为背景，以纺织机械革新为起点，以蒸汽机的发明和广泛使用为标志，从而实现了工业生产从手工工具到机械化的转变。这场革命发端于英国，而后遍及整个欧洲，在世界范围内产生了深远影响。

（二）第二次技术革命

19 世纪中叶以后，随着科学技术的迅速发展，又在世界范围内兴起了第二次技术革命。这次技术革命是在电磁理论形成、发展的基础上完成的。第二次技术革命以电力技术为主导，极大地推动了化工技术、钢铁技术、内燃机技术等其他技术的全面发展。这次技术革命创造了巨大的生产力，给整个社会带来了广泛而深远的影响，使人类进入了"电气化时代"。

（三）现代技术革命

现代技术革命开始于 20 世纪 40 年代，现在正以迅猛的速度向前发展着，这次技术革命的主要标志是通信技术、核能、空间技术、电子计算机技术、激光等现代科学技术的广泛应用。如果说第一次、第二次技术革命主要表现为能源动力方面，那么第三次技术革命就主要体现在控制方面，可以称为信息控制技术革命。

六、现代科学技术革命的主要特点、方向和研究方法

纵观人类发展史，科学和技术始终是促进社会变革的重要因素。马克思早在 100 多年前就曾经说过，"科学是最高意义上的革命力量"，他还指出"社会的劳动生产力，首先是科学的力量"。我们考察现代科学技术就会发现，大约从 20 世纪中叶起，科学技术发生着巨大的变化，它在社会中起着重大而特殊的作用。

20 世纪 40 年代电子计算机研制成功，并被迅速广泛地运用于科研和生产，使社会面貌发生了巨大变化。1957 年前苏联发射了第一颗人造地球卫星，标志着人类开始进入空间时代，它开创了人类直接研究宇宙的新纪元。20 世纪 40 年代中期，人类解决了原子核裂变问题，制造了原子反应堆和原子弹。现代自然科学革命的成果，使人们的各种物质观发生了根本性变化，西方发达国家，特别是美国政府开始对科学技术高度重视，促使科学技术迅速发展。这时，不同学科之间的联系和相互作用大大加强了，知识综合化的趋势和科学同技术的联系也同样加强了，科学指导技术改造，成为新技术产生的依据。这样，人类于 20 世纪 40 年代到 50 年代进入了现代科学技术革命时期。

科学和技术对人们生活的影响越来越大，人们随时随地可感受到这种影响。这种感受发生在人们的劳动和日常生活中，发生在所使用的物品中，发生在运输和通信中，发生在时间概念中和心理现象中。这种现象称为现代科学技术革命。

现代科学技术革命构成了我们这个时代最重要的特征，是一种世界性的全球问题。新材料、新能源是现代科学技术革命的物质基础和重要条件。信息活

动的社会意义和经济意义急剧地提高，人们普遍认为我们的时代是"信息革命的时代"。生物工程显示着越来越重要的作用，有学者认为"将来是生物操作时代"。当今世界，各国综合国力的竞争，实质上就是现代科学技术的竞争。

现代科学技术革命的实质是：科学技术革命是一个在科学转化为技术进步和生产发展的基础上，对社会生产力进行质的改造的过程。这样一种过程必然触及人的科学意识，使能力得到了革命性发展，它影响着现代社会的诸多方面。例如，日常生活、文化、心理、自然和社会相互作用等方面。

1. 主要特点。

（1）科学的大发展正在成为促进技术进步、生产力的大发展和改进管理的主导因素。

（2）现代科学技术发展迅速，研究范围在不断扩大。

（3）生产、管理的自动化，使劳动的内容和性质发生了变化，更改变了人们的生活方式。

（4）科学技术的发展，使国际交往越来越密切，国际化趋势急剧加快。

（5）作为社会的个体，个人的文化修养、科学意识的要求越来越高，"信息"的地位越来越重要。

2. 主要方向。

（1）新材料的研究，仍占据重要的基础地位，以新功能材料为中心的"材料革命"，将生产出更多的应用特定性能的新材料。

（2）以清洁能源、再生能源为中心的"能源革命"，将开发出有利于环境保护和解决能源危机的新能源。

（3）以信息化为中心的"信息革命"，将实现生产管理的自动化，使通信等发生巨大变革。

（4）以基因工程为中心的"生物革命"，将对人类的健康、生产等产生巨大影响。

3. 研究方式。现代科学技术发展的研究方法问题，仍是一个大的研究课题，主要有以下四种：① 系统方法；② 信息方法；③ 价值方法；④ 科学预测方法。

七、各国对现代科学技术革命的反响

鉴于现代科学技术革命对世界经济和社会发展的巨大作用，世界各国对此都十分重视，积极采取各种措施，以迎接现代科学技术革命的挑战，主要表现在以下几方面：

1. 制订发展高科技计划。我国制定的高科技计划称作"863"高科技发展计划（简称"863"计划）。由中科院的四位著名科学家王淦昌、王大珩、陈芳

允、杨嘉墀等提出，经邓小平同志于 1986 年 3 月 6 日作出批示，200 多名专家、学者论证、修改后，由中共中央政治局扩大会议和国务院批准制订。该计划所涉及的高科技领域有信息、生物、航天、激光新材料和新能源等领域。"863"计划实施以来，我国在高科技领域中取得了举世瞩目的成就，在生物工程、航天技术、通信技术等领域的某些技术已经达到或接近国际先进水平。

美国在 1983 年 3 月制订了"星球大战"计划，又称"战略防御倡议"，这是一个军事色彩浓厚的计划，其主要构想是建立一个具有多层拦截作战特点的弹道导弹防御系统。1993 年 5 月，鉴于世界形势的变化和美国的实际情况，美国政府宣布取消"星球大战"计划，但还保留了战略导弹防御部分。

除此以外，英国在 1983 年 4 月制订了英国信息技术计划——阿尔维计划；欧共体在 1985 年 4 月制订了"尤里卡"计划；日本在 1984 年 11 月制订了科技振兴基本对策等。

2. 制定各种发展现代科学技术的优惠政策和措施。为了促进高科技的发展，很多国家制定了一系列优惠政策和措施。如我国对新产品开发给予减免税，政策上鼓励外商和私营企业投资高科技产业等。

3. 增设科研机构，大力培养和吸引人才，加强国际合作与交流。如我国为吸引人才，特别是吸引海外学子，回国报效祖国，或搞科研，或搞实业，一概欢迎，且待遇优厚。现代科学技术具有高投入、高难度、高风险等特点，加强国际合作和交流有利于减少投资风险，技术共享，加快产品开发速度和实现技术互补。

4. 创造良好的投资环境，鼓励风险投资，吸引外资。创造良好的投资环境，鼓励风险投资是吸引外资的有效措施。我国尚处于社会主义初级阶级，资金比较缺乏，改革开放以来，我国采取了一系列有效措施，吸引外资。自 1995 年至 2002 年，我国吸引外资仅次于美国居世界第二位，外商投资来自 170 多个国家和地区。2002 年以来，中国在吸引外国直接投资排行榜中一直居于榜首。

八、高新技术产业

高新技术的实用化和商品化形成了高新技术产业。高新技术产业对当今社会发展起着巨大的推动作用，改变着工业的生产方式，人民的生活方式，推动着世界经济的发展。

为开发高新技术、开拓新产业，促进科研、教育和生产相合，推动科技与经济、社会协调发展，世界各国大都开办了高新技术产业开发区。

高新技术产业开发区是在发展高新技术和高新技术产业中所涌现出来的科技与经济相结合，科研机构、大专院校与企业三位一体的新型组织形式。根据高新技术产业开发区特点、范围的不同，名称各异，也有称作"科学工业园"、"科学城"、"硅谷"等。

我国大陆高新技术产业开发区最早建立于 1985 年的深圳科学工业园，随后几年发展迅速，截至 2007 年，我国建成的国家级高新技术开发区 54 个，截至 2005 年，全国高新技术企业达 41990 家。

目前世界上各类高新技术开发区达 400 个之多，主要分布在北美、欧洲及亚洲。比较著名的有：美国的硅谷、费城科学中心、新加坡的科学园等。

九、我国科学技术发展的战略、方针和政策

（一）我国科学技术工作的基本战略与方针

我国科技工作最重要的是坚定不移地实施科教兴国战略。我国发展科学技术的基本战略是：增强全民族科学意识，提高劳动者的素质，动员和吸引大部分科技力量投身于国民经济建设主战场；注重技术创新，努力吸收和尽快应用世界先进的适用技术，加速国民经济各领域的技术改造；在今后相当长的时期内，科学技术的发展要以促进产业技术和装备的现代化为主要目标，同时有计划、有重点地发展高新技术及其产业，持续稳定地加强基础研究，增强科技储备，形成创新力量。

我国科学技术发展的战略目标，必须以国家经济、社会发展的目标和部署为依据，着眼于运用现代科学技术增强综合国力和提高人民生活水平，着重解决工农业商品生产中的现代化问题，有效控制和缓解人口、资源和环境的压力。在若干我国具有优势的科技领域，必须勇于创新，保持发展势头，继续在世界先进行列中占有一定地位；在高新技术和基础研究的若干重点领域有所突破，达到世界先进水平，并形成部分具有国际竞争力的高新技术产业。我国科技工作的战略布局分为三个层次，是为实现科学技术发展的战略目标服务的。第一个层次是面向国民经济主战场的科技工作；第二个层次是高技术研究和发展高技术产业；第三个层次是基础性研究。这三个层次是相互联系的有机整体，它们各自具有明确的内涵，但又是紧密配合、互相依赖和相互促进的。这三个层次是在国家宏观调控下的长期科学实践中逐步形成的，它符合我国国情，顺应世界科学技术发展潮流，也反映了科学技术发展纵深配置的规律。

20 世纪 80 年代以来，我国科技工作根据党中央、国务院统一部署，按照"经济建设必须依靠科学技术，科学技术工作必须面向经济建设"的战略方针，紧紧围绕促进科技与经济相结合，加速了科技经济一体化的步伐。

"十一五"规划制定的科技工作的指导方针是：自主创新，重点跨越，支撑发展，引领未来。自主创新，就是从增强国家创新能力出发，加强原始创新、

集成创新和引进消化吸收再创新。重点跨新，就是坚持有所为、有所不为，选择具有一定基础和优势、关系国计民生和国家安全的关键领域，集中力量、重点突破，实现跨越式发展。支撑发展，就是从现实的紧迫需求出发，着力突破重大关键、共性技术，支撑经济社会的持续协调发展。引领未来，就是着眼长远，超前部署前沿技术和基础研究，创造新的市场需求，培育新兴产业，引领未来经济社会的发展。

到 2020 年，我国科学技术发展的总体目标是：自主创新能力显著增强，科技促进经济社会发展和保障国家安全的能力显著增强，为全面建设小康社会提供强有力的支撑；基础科学和前沿技术研究综合实力显著增强，取得一批在世界具有重大影响的科学技术成果，进入创新型国家行例，为在本世纪中叶成为世界科技强国奠定基础。

（二）我国科学技术规划

制订科学技术长远发展规划和中短期科技计划，是建国以来政府分配科技资源、组织科技活动的主要方式。

科学技术长远发展规划，是国家在较长时期内（5 年～15 年或更长）为科学技术事业的总体发展提供的一个蓝图，为研究与开发活动提供的一个总框架，它规定了国家科技发展战略、重点科技任务、优先发展领域、主要科研课题、关键技术以及政府为发展科技事业所安排的重点建设项目和配套政策措施等。中短期科技计划规定了国家在较短时期内特定科技领域的发展目标、任务、措施和管理办法等。规划和计划，对我国科技事业的发展和新型科技体制的形成和不断完善，起到了关键性作用。

新中国成立以来，由政府部门直接组织，先后制订了若干对国家发展产生过重要影响的科技发展长期规划，如：《1956～1967 年全国科学技术发展远景规划》、《1963～1972 年科学技术发展规划》、《1978～1985 年全国科学技术发展规划纲要》、《1986～2000 年科学技术发展规划》、《1991～2020 年国家中长期科学技术发展纲领》、《1991～2000 年科学技术发展十年规划和"八五"计划纲要》、《"十五"期间国家高技术研究发展计划》等。其中《1991～2020 年国家中长期科学技术发展纲领》，是国务院根据中国共产党第十三次全国代表大会的建议，责成国家科委和有关部门制订的。《纲领》突出了邓小平"科学技术是第一生产力"的思想，全面总结了 40 多年来我国科技事业发展的成就、经验和教训，分析了我国面临的形势、国情和现状，阐明了我国中长期科技发展的战略目标、方针、政策和发展重点，以及科技体制改革、国际科技合作的政策措施。作为我国科学技术发展的中长期纲领和政策性文件，《纲领》对以后制订的规划和计划起到了重要的宏观指导作用。

（三）国家科技计划

按时间跨度的不同，我国科技计划体系可以分为长期计划、中期计划和短期计划。长期计划为 10 年以上的计划，也称科技发展规划，它是科技发展计划工作的重点。中期计划一般为五年计划。它是长期计划的分期计划，也是制订年度计划的重要依据。中期计划在整个计划体系中占有非常重要的地位。也包括一些特定目标的两至三年中短期计划。科技发展五年计划纳入到国民经济和社会发展五年计划之中，主要包括属于国家重点的科技项目计划、科技攻关计划、基础研究项目计划、工业性实验项目计划、科技事业发展项目计划、技术引进和消化吸收项目计划等。短期计划，一般是指年度计划。短期计划是发展科技的行动计划，也是中长期计划的具体执行计划。

依据执行机构隶属关系的不同，我国科技计划体系可分为国家、部门和地区、基层三级计划。国家科技计划是国家发展科学技术的总体战略目标，是最高层次的科技发展计划，它包括综合计划和各种专业计划。部门和地区计划是国务院各部门，各省、自治区、直辖市的科技发展计划。基层计划一般是指科研机构、大专院校和企事业单位的科技发展计划。

从 1982 年起，由国家计委、国家科委等综合管理部门牵头，先后组织制订了一系列国家级科技计划，形成了一个具有多功能（研究开发、中间试验、技术成果推广应用）、在三个层次上（传统产业改造、高新技术及其产业化、基础性研究）全面部署的较完整的科技计划体系。这些计划主要有：国家科技攻关计划（是国民经济和社会发展五年计划的重要组成部分）；国家重点工业性试验计划；国家重点实验室计划；"星火计划"；高科技发展研究计划（"863 计划"）；国家科技成果重点推广计划；高新技术产业发展计划（"火炬计划"）；国家基础性研究重大项目计划（"攀登计划"）等。

为了迅速抢占一批 21 世纪科技制高点，力争在加入世界贸易组织后的过渡期内取得重大技术突破和实现产业化，科技部经国家科教领导小组批准，"十五"期间全面启动实施了 12 个重大关键技术攻关与产业化示范科技专项，即超大规模集成电路和软件、信息安全与电子政务、电子金融、功能基因与生物芯片、电动汽车、高速磁悬浮列车、创新药物与中药现代化、主要农产品深加工、奶业发展、食品安全、节水农业、水污染治理、重要技术标准等。

过去在计划经济体制下，科技发展优先解决的是国防和国家安全等问题。现在就要转到为经济建设服务，要改变科技与经济脱节的状况，使科学技术的发展适应市场经济发展的需要。

第三节 现代科学技术与人文、经济、军事

一、现代科学技术与人文

科技与人文是现代人类面临的一个基本的难题，如何处理好两者的关系，将严重影响到我国科学技术和教育事业的发展，影响到我国社会主义精神文明的建设。

1. 科学技术的进步促使人文精神更科学、健康、丰富。

（1）科学技术促进了科学世界观的形成。例如19世纪自然科学的三大科学成就：细胞学说、达尔文的进化论以及能量守恒与转化定律对马克思主义的世界观的形成起到了非常重大的作用。

（2）科学技术的发展改变了人类的价值观。价值观是一个人个人的选择，但是这种选择会受到科学技术的发展的影响。例如，创新、效率等都是价值观念，这些观念在几百年以前是没有的，它们是由于科学技术的进步逐渐产生的。

（3）科学技术的进步改变了人们的思维、生产和生活方式。科学技术的进步会使旧的职业被淘汰，新的职业不断产生。科学技术的进步，使生产力得到提高，休闲已成为生活中重要的一部分。

（4）科学技术使社会的发展更理性化。在人类几千年文明史中，绝大部分是神本位和君本位，社会发展非常缓慢，科学技术的发展，使我们用规律意识、理性精神观察社会的发展，因此，现在的决策，科学技术的作用非常大。

2. 人文精神是科技进步的推动力、领航员。①高尚的人文精神是促进科学技术进步的精神动力。②科技创新需要良好的文化、体制作保障。③科学技术的发展需要人文精神的指引。

科学技术只能解决客观性问题，人文科学可以给出价值判断，可以解决应不应该做的价值判断。科学技术是一把双刃剑，在造福人类的同时，也可能对社会造成危害，这就需要正确的人文科学认识的指引。

把人文与科学对立，不注意弘扬科学精神或不注意弘扬人文精神都是错误的，只有科学和人文联姻并重发展才是正确的道路。

二、现代科学技术与经济

科学技术的发展使社会的政治、经济出现了深刻的变化。科学技术是经济腾飞的翅膀，科学技术推动着人类社会各种结构发生了巨大的变革。

（一）科学技术是经济腾飞的翅膀

在历史上，每一次重大科学技术的突破，都使生产力得到迅速的发展。现代科学技术在经济发展中的作用越来越显著。现代科学技术的应用，不但出现了一批现代化的高新技术产业，而且现代科学技术对传统产业进行的改造和更新换代，也带动了国民经济的高速发展。

（二）科学技术促进高新技术产业的兴起

科学技术的发展使一大批技术密集和智力密集型的产业崛起，产生了巨大的经济效益和社会效益。例如，电子技术和计算机技术的发展，使电子信息产业成为世界上最有生命力的产业；航天技术的发展导致空间产业兴起；激光技术和新材料技术导致了光电子产业的发展；同时生物技术产业、超导体产业、软件产业、智能机械产业、生物医学产业、太阳能产业、海洋产业等高技术产业群也迅速兴起，并不断成熟。

航天技术的发展，对促进人类文明、推动技术进步、增加社会财富具有巨大的作用。地球轨道上现有的各种军事侦察卫星、通讯卫星、海事卫星、地球资源卫星、气象卫星等，对地球进行反复、细致、深入的观察，帮助人类找矿藏、找水源、观察环境变化，使人类获得了大量有用的有关资料，人类通过地球卫星获得了巨大的经济利益。有关资料显示，美国航天产业的投资收益比为1：14，地球资源卫星的投资收益比为1：28。

生物技术开辟了一条开发和生产新药物的道路。目前，利用生物技术已经开发出了干扰素、胰岛素、生长激素、尿激素、疫苗类等多种药物，这种研究和开发的项目还在不断增加。生物医药品种将以每年百分之几十的速度增加。生物药品市场的占有份额将会越来越大。利用生物技术对分子进行重新设计的合成药物，有着更为广阔的前景，生物技术将成为未来医药产业快速发展的基础。

（三）科学技术实现了对传统产业的改造和优化

在产业的发展过程中尽管会有跳跃性发展，但技术含量较高的产业更多的则是在传统产业基础上发展形成的。先进的科学技术也不能脱离传统产业而凭空实现，它必须以传统产业为后盾。在产业的发展过程中，我们必须把传统产业与现代科学技术相结合，用先进的科学技术对传统的产业进行改造，实现产业经济的持续发展。科学技术对传统产业的改造和优化表现为以下几种情况。

现代科学技术对传统的产业进行渗透，使钢铁、汽车、纺织、石油、化工、轻工、机械、建材等传统产业发生了巨大的变化，推动了传统产业的优化和升级。用先进的科学技术改造传统企业的技术装备和生产工艺，达到了减员增效、降低成本、提高产品质量的目的。先进的生产工艺和技术装备，能提高对资源的加工和利用程度、提高工作效率、保持产品的质量。如很多老企业将微电子技术应用于生产过程中，不但减轻了工人的负担，也使产品质量得到了大幅度的提高。

科学技术在传统产业中的应用，改变了这些产业的产品结构，使之趋于高档次、高效率、多用途、多种类、低物耗和低能耗。如将微处理机引进机床工业，生产出了数字机床，大大地提高了市场竞争力。再如，将计算机辅助设计系统应用于服装工业，能按顾客的需要进行服装的设计、加工，使服装质量和档次不断提高。

科学技术为传统产业提供了各种先进的自控、自检、自测装置。这不仅改变了传统企业那种凭经验、靠感觉管理的落后管理模式，而且大大地提高了工作效率。先进的管理理论、管理方法、管理手段，极大地激发和调动了人们的工作热情和工作积极性。依靠科学技术及时了解周围环境和工人的情况并适时做出恰当、正确的决策，使传统企业焕发出青春。

（四）科学技术是实现经济全球化的重要力量

科学技术的发展，大大刺激和加快了经济全球化的进程，促进国际分工的内容和性质不断发生变化。在当前，世界各国、各地区的经济密切相关，自给自足的小市场经济很难发展，只有参与国际经济、在国际分工和国际大市场中占一席之地，才能使本国的经济得到较快的发展。

科学技术使人类从工业化走向信息化。利用计算机技术、通信技术和全球信息网络，建立了全球性的统一的国际贸易市场、金融市场、技术市场和信息市场。信息的资源化、产业化和国际化，促进了世界经济、科技、贸易的互相交流和合作。另外，随着科学技术研究与开发在深度和广度的提高及扩展，使得重大研究项目，需要多个国家科学家互相合作。高技术的时效性和日益激烈的市场竞争，也要求不同国家的科研机构和生产厂家之间，共同合作、共担风险、互利互补、共享成果。

目前，作为经济全球化主角，跨国公司已经遍布世界各地，而且在继续增加。西方跨国公司的年产值已经达到整个西方世界年产值的50%，其贸易额也占世界贸易额的一半。经济学家分析认为，各种因素推动跨国经营是一个世界性的浪潮，这种趋势只会扩大和向前。大型跨国公司将变成无国籍的全球公司，中小企业也正在向跨国经营发展。在这种发展过程中，科学技术将起到越来越大的作用，在国际化经营中科学技术也将扮演越来越重要的角色。

三、现代科学技术与军事

20世纪90年代以来，有3场战争十分引人注目，这就是美军主导的1991

年1月爆发的海湾战争、1999年3~6月一场以远程和高空精确打击为主的"非接触性战争"——科索沃战争和2001年10月阿富汗战争。这3场局部战争充分展示了高技术条件下现代战争的基本特点和发展趋势。

（一）现代科学技术带来武器装备的变化

目前，现代科学技术的各项成果被军事领域广泛吸收和运用，这些技术被用于制造和改进武器装备，使武器装备日益呈现出高科技化，为现代战争提供了有力的物质基础。

现代高科技武器包括：核武器、精确制导导弹、定向能武器、电子战武器、太空武器、先进的侦察装置、作战平台等。这些高科技武器具有杀伤效能高、命中精确度高、作战反应速度快、隐蔽程度高、全天候作战能力强的特点。

（二）现代科学技术引起作战方式、方法上的深刻变化

1. 空中力量的发展促进了战争的空中化，空中及空间力量正在成为未来战场的主力，空天战场正在确立自己新的主导地位。如在海湾战争中构成美军高技术兵器群的56种兵器中，空中武器装备或通过空中发挥作用的武器就达44种，约占78%，而科索沃战争则表现为一场纯粹的大规模空袭战。

2. 以巡航导弹等防区外发射武器和带卫星导航系统的航空兵器为主导的精确制导武器成为高技术局部战争的基本打击手段和主攻武器，使得防区外远程精确打击成为主要作战方式。在阿富汗战争中，美军共投掷各类弹药2.2万余枚，其中精确制导弹药1.3万多枚，使用比例由海湾战争的9%、科索沃战争的35%大幅上升到此次战争的60%，并创造了一次打击任务在20分钟内投掷100枚联合直接攻击弹药的历史纪录。

3. 指挥手段的不断完善大大提高了作战效能。如美军在海湾战争中从发现一个机动目标到发动袭击需要一天的时间，在科索沃战争中这个时间差已经缩小到一个小时。在阿富汗战争中，由于信息系统与作战系统的高度一体化，从发现一个机动目标到发动袭击仅需10分钟的时间。

（三）信息技术已成为战争的焦点

信息作为现代战争的战略资源，其重要性日益上升。现代高技术战争将围绕信息的搜集、处理、分发、防护而展开，信息化战争成为高技术战争的基本形态，夺取和保持信息权成为作战的中心和焦点。在海湾战争开战前24小时，美军实施宽带强功率压制式干扰，即"白雪"行动，造成伊军大部分通信联络中断，达到了空袭的突然性。在科索沃战争中，北约充分发挥卫星功能和优势，自始至终掌握着空天信息权。北约在空袭中还使用了各类性能先进的预警飞机和专用电子战飞机，分别对南军的预警、火控雷达和指挥控制系统实施"致盲"、"致聋"。通过软硬兼施的电子攻击，北约始终掌握着作战地区的信息权，

使南联盟的军队处于被动挨打、无力还手的境地。在阿富汗战争中，美军实现了信息系统与作战系统的高度一体化。为实现在信息获取系统和空中打击系统的信息实时传输，美军专门在沙特的苏丹王子空军基地建立了一个新型联合空战中心。美军"捕食者"无人机既具备情报搜集功能，又具备对发现目标的攻击能力。在阿富汗战场上，"捕食者"无人机曾多次对所发现的机动目标进行即时攻击。

（四）战争的发起经常是由高技术优势方决定

在高科技优势下，发达国家，在选择战略突击时机、目标、方式上具有更大的主动性。这就要求处于战略防御地位、又不占有技术优势的国家和军队，把防范突袭的着眼点，由传统的战略伪装和欺骗条件下的一般突袭，转移到应付危害大、难对付的集中使用现代科学技术兵器的突袭上来。

（五）不对称战争成为了现代科学技术战争的基本模式

随着战争技术含量特别是高技术含量日益提高，各国经济技术发展水平的不平衡使各国军事技术发展差距日益拉大，甚至出现技术上的"代差"。强的一方更加重视发展自己的技术优势，弱的一方也力争从技术以外寻找出路。因而，非对称作战日益成为作战双方的选择。如科索沃战争中，战争的一方是由19个发达国家组成的世界上最强大的军事集团——以美国为首的北约，其总体经济实力是南联盟的700倍，总体军事实力是对手的400倍。而南联盟只不过是一个人口刚过千万的国家，军队10余万人，武器装备总体质量至少落后对方一至两代，数量上也极为悬殊。这场战争是强大的军事集团对弱小的主权国家、高技术对中低技术、主要使用航空兵和导弹的空袭战对主要使用一般武器防空作战的非对称作战。美国对阿富汗实施的军事打击也是一场典型的非对称作战。美军事实力为当今世界之最，拥有人员和军事技术、武器装备的全面优势。而阿富汗塔利班和"基地"组织只是由一些伊斯兰激进分子在简单的单兵武器系统的基础上组织起来的群体，其实力根本无法与拥有绝对优势的美军对抗。

第一章

第2章
自然科学基础学科

现代科学技术是在自然科学的六大基础学科，即数学、物理学、化学、生物学、天文学和地球科学的基础上逐渐发展起来的。为了使大家能很好地学习现代科学技术知识，在此首先简单介绍六大基础学科的发展。

第一节　数　　学

一、数学的研究对象、分支

数学是研究数量关系和空间形式的学科。"数"和"形"是数学研究的两大基本对象。

数学分类的方式有多种，最常用的是将数学分为纯粹数学和应用数学。纯粹数学研究从客观世界中抽象出来的数学规律。包括几何类、代数类、分析类等。应用数学研究与实际问题相联系的数学规律。包括数理方程、概率统计、运筹学、计算数学等。

二、数学的发展

（一）古代数学的发展

原始社会时期人们对数的认识还十分模糊并且非常粗略，只有"多少"和"大小"这样的认识。进入奴隶制社会以后，一方面是社会生活的实际需要，另一方面是人们的思维能力大大提高，数的概念逐渐明晰起来。记数法是数的运算基础。古埃及人用的是十进制记数法，两河流域的人们用的则是十进制与六十进制并用的记数法，算术运算已趋成熟。此时几何学和代数学亦有了开端。现如今通用的把周角分为360°，1°分为60′，1′分为60″的方法就源自古代两河流域。古希腊后期的欧几里得是初等几何学的集大成者，他的《几何原本》一书全面总结了以往几何学知识并使之条理化，经他的严密逻辑推理，把几何学组织成一个理论体系，被后世称为"欧氏几何学"。我国汉代成书《九章算术》被公认为世界数学史上的名著，这部书涉及到算术、几何、代数等许多方面的问题，其中一些概念和运算方法在世界上处于遥遥领先的地位，如正负数的概念和正负数的运算规则。

（二）近代数学的发展

揭开数学史新篇章的主要动力来自欧洲经济的发展与社会的进步，来自自然科学发展的需求，特别是天文学、力学这些当时的前沿学科的迫切需求。16～19世纪是数学发展史上的重要时期，从对数的发明到代数学、解析几何学、数学归纳法、微积分学、概率论、非欧几何学、逻辑代数学等的建立和发展，展现了十分绚丽多彩的画面。

1. 代数学的成熟。古代人已能解一些特殊形式的三、四次方程，直到15世纪末人们还认为一般三、四次方程不能解，但在现实中又常常会出现三、四次甚至更高次的方程。于是，三次和三次以上方程求解问题就成了数学家们研究的课题。

法国数学家吉拉尔于1629年和笛卡尔于1637年先后提出 n 次方程有 n 个根的猜想，后来经过许多数学家的努力，才在1799年由德国科学家高斯作出证明，被称为代数学的基本原理。到18世纪70年代，法国数学家拉格朗日找到了一种方法，这种方法对解一般的二、三和四次方程都很有效，但对解一般的五次和五次以上方程还是无能为力。1824年，挪威数学家阿贝尔证明了高于四次的一般方程是不可能用根式来求解的。其后，法国数学家伽罗瓦引进了崭新的概念——群。代数学由于群论的出现而获得新生，它不再仅仅研究代数方程，而更多地研究像群这样抽象的事物。19世纪中叶以后，这种抽象的"对象"层出不穷：矩阵、向量、域、环……代数学的研究对象确是空前扩大，古老的代数学已经面貌一新了。

2. 解析几何学的创立。解析几何是把点和数联系在一起，把曲线和方程联系在一起，从而能够利用代数方法来研究几何学。

解析几何学的创立归功于费马和笛卡尔。解析几何学的发明不仅带给物理学一种描述运动变化的极好手段，而且使变量的描述成为可能，这是数学发展史上的一次质的飞跃，并为微积分的发展铺平道路。

3. 微积分与数学分析学的产生。微积分是微分和积分的合称，是牛顿和德国科学家莱布尼兹几乎同时建立的。建立的背景主要是想解决以下四种类型的问题：①已知物体多少时间走了多少距离，求物体的速度和加速度；②求曲线的切线；③求极大值和极小值的问题；④曲线的长度，曲线围成的面积，曲面围成的体积等。

如我们用微分的方法来求某一时刻的速度。假定我们已知一物体的运动时间（t）与距离（s）的函数关系，即 $s=f(t)$。如图2-1设 t_1 时物体到达距离为

s_1（P 点），经 Δt 时间后物体到达 $s_1 + \Delta s$（Q 点）如果 Δt 数值很小，则 Δs 也很小，物体这段时间可看作匀速运动，它的速度 $v = \Delta s / \Delta t$。经过运算我们可得：$v = ds/dt$（ds、dt 分别是 Δs 和 Δt 趋于零时的表示）v 就是该物体在 t 这个时刻的速度（瞬时速度）。这就是微分的方法。

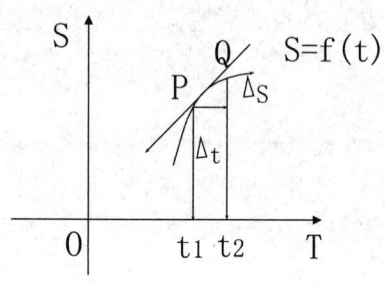

图 2-1

　　积分方法是微分方法的逆运算。假如已知变速运动的速度（v），与时间（t）的函数关系 $v = F（t）$，如图2-2，要求求出某一时间间隔（自 t_1 至 t_2）中该物体所经过的距离，我们可把 t_1 至 t_2 分为很多很小的时间间隔 Δt，这样，物体自 t_1 至 t_2 所经距离就近似地等于图中各小矩形面积之和。若 Δt 趋于无限小，这些矩形面积之和就是自 t_1 至 t_2 间曲线下的面积。换句话说，t_1 到 t_2 所经过的距离可以用积分来表示：

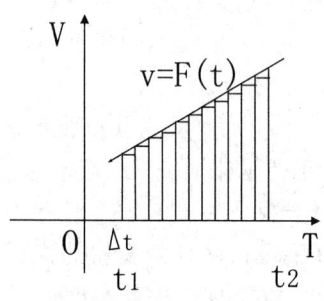

图 2-2

$$S = \int_{t_1}^{t_2} F(t)\,dt$$

　　微积分在物理学和天体力学的应用上取得了极大的成功，很快成为普遍应用的处理变量的数学工具。随后，在微积分基础上形成了包括许多分支的数学分析学，其中主要有微分方程、积分方程、无穷级数、复变函数论等，它们在物理学和工程技术中都有重要的用途。

4. 概率论的建立。现实中存在的数量，有时表现为不精确的数值而只有统计意义，概率论就是研究这类问题的一个数学分支。在大量具有偶然性的事物中寻找其统计上的必然性，或者说寻找其中出现某事件的概率。概率论应用范围十分广阔，不仅在自然科学上有重要的效用，而且已经渗透到国民经济、生产技术、商品流通等领域，成为描述内含众多事件和存在偶然性客观现象的有效工具。

（三）现代数学的发展

20 世纪以后数学发展速度更快。这时数学发展总的趋势是，一方面数学更加理论化，它所研究的对象更加抽象；另一方面数学与自然科学和其他知识领域的关系更密切。现代数学主要有以下一些分支：

1. 抽象代数学。抽象代数学所研究的是非特定的任意元素集合和定义在这些元素之间的、满足若干条件或公理的代数运算。迄今为止，数学家们所研究的有"群"、"环"、"域"、"模""泛代数"等一些结构。尽管抽象代数研究越来越抽象，但它的成果被广泛应用于电子计算机技术和其他一些工程技术中，并形成了代数编码学、语言代数学、代数语义学、代数自动机理论等许多分支。

2. 解析数论。解析数论是以分析的方法来研究数论的问题，大致有三类：①用分析证明整数的一些定性的性质，其中最著名的是德国数学家哥德巴赫于1742 年所提出的猜想："每个大于或等于 4 的整数能表示成两个素数之和。"我国数学家陈景润证明了：每个大偶数都是一个素数及一个不超过两个素数的乘积之和。②用分析建立定量的结果。③用算术性质分析和阐明解析的问题。这些问题属于数学的基础理论，对推动数学的发展有积极意义。

3. 数理逻辑。数理逻辑是运用数学的方法来研究逻辑，数理逻辑的思想起源于莱布尼兹，他曾设想把逻辑推理转化为代数运算。首先成功地建立逻辑演算的人是英国数学家布尔，他在 1854 年发表的重要著作《思维规律研究》中成功地将形式逻辑归结为一套代数演算，即今天所谓的布尔代数，也叫逻辑代数。在这种代数中，变量只取 0 和 1 两个值。布尔的思想后来与数学基础问题结合起来，发展成数理逻辑。在 20 世纪，数理逻辑为现代计算机技术的发展提供了不可缺少的理论基础。

4. 数理统计学。数理统计学是以概率论为基础的数学分支，其任务在于研究有效地收集、整理和分析带有随机性的数据，从而作出推断或预测，为人们的决策和行动提供建议。数理统计学发端于 19 世纪末，到 20 世纪上半叶趋于成熟，英国学者费希尔是现代数理统计学的主要奠基人之一。

数理统计学是一门实用性很强的、应用范围十分广泛的数学分支，它的形成和发展大大地扩展了人类认识客观事物的能力。如某厂生产某种产品，需了解产品合格率，逐一检验是不可能的，就可以用数理统计来解决这个问题。

5. 运筹学。运筹学可被称为运用和筹划的科学。运筹学的理论和实践近年来都有很大的发展，并且形成了规划论、图论、库存论、搜索论、排队论、决策论和对策论等一系列分支，下面选其中部分略作介绍。

（1）规划论是运筹学中发展最迅速的分支，研究的是如何用最少的人力、物力去完成确定任务的问题。在这里，事先要求满足的条件称为约束条件，衡量指标称为目标函数，规划论就是研究某一目标函数在一定约束条件之下的最大（或最小）值的问题。

（2）库存论是研究各类存贮活动的最优方案。库存论所需要处理的有下列各因素：需求、货物补充时间、货价、存贮费、短缺将造成的损失等，这些因素或许是确定的或许是随机性的，以这些数据为基础，建立适当的数学模型，经过综合分析就有可能得出存贮的最优方案。

（3）决策论又称决策分析，是一种随机运筹方法，其任务在于运用数学和统计的方法，帮助人们在有些因素还不确定的情况下作出决策。决策可分为确定型、风险型、不确定型几种，决策分析的内容和步骤大体上是确定目标、拟定方案、造损益值表、建立数学模型、综合分析和选择最优方案。

现代数学除了上面介绍的几个主要分支外，还有：优选学、解析数论、拓扑学、模糊数学等重要分支，在此不再一一介绍，可参看有关书籍。

第二节　物　理　学

一、物理学的研究对象及分支

物理学是研究物质运动最基本、最一般的规律和物质的基本结构，以及它们在实践中的应用的科学。

物质的最基本、最一般的运动形式有机械运动、热运动、电磁运动、原子中微观粒子的运动等，这些都是物理学的研究对象。

物理学分为普通物理学和理论物理学。普通物理学包括力学、热学、分子物理学、电磁学、光学、原子物理学等。理论物理学包括理论力学、热力学、统计物理学、电动力学、量子力学等。

二、物理学的发展

(一) 古代物理学的发展

古代物理学的发展主要是以我国和古希腊为代表的一些文明古国对物理学的研究。古希腊人对物理现象的研究以亚里士多德的工作最为系统，影响也最大。他的《物理学》一书是世界上最早的物理学著作，所讨论的物理问题涉及到时间、空间以及一些力学现象。其后的阿基米德弄清楚了杠杆原理和浮力定律，还解决了许多形状复杂的物体求重心的问题。他的研究方法已接近现代的研究方法，被后人誉为"力学之父"。

古希腊人对光现象也有所研究。欧几里得弄清了光的反射定律，开创了"几何光学"。

我国北宋沈括在《梦溪笔谈》里首次提到了指南针，并提到人工磁化制造指南针的方法。明代的朱载在《律吕精义》中提出了"新法密律"，与现今世界通用的十二等程律相同，是古代声学研究的重大成就之一。

(二) 经典物理学体系的形成

14世纪意大利出现了手工工场，市场竞争和生产的发展迫切需要科学技术。15世纪欧洲航海和探险活动开拓了欧洲人的眼界，积累了经验，航海和通商带来的巨额利润，有利于文化教育事业的发展。伴随着欧洲新生产关系的出现，开始于14～15世纪的欧洲"文艺复兴运动"，使人们摆脱了封建制度及意识形态的束缚，标志着近代自然科学将在此诞生。

16世纪初至19世纪末是经典物理学的发展阶段。1543年波兰天文学家哥白尼发表了《天体运行论》，全面阐述了他的日心地动说。意大利物理学家伽利略开创了通过实验和运用数学研究物理规律的方法，使科学摆脱了神学的羁绊而取得了独立的形态，在科学思想和科学方法上开辟了全新的道路，标志着现代意义的自然科学的诞生。伽利略对物体运动状态变化原因的研究，为以后牛顿建立动力学理论准备了条件。1665～1666年间牛顿推出了万有引力定律，1687年牛顿又发表了《自然哲学之数学原理》，书中阐述了牛顿力学三定律，并把力学知识整理成为一个演绎知识体系，标志着经典力学的成熟。

17世纪以后光的波动说兴起。荷兰科学家惠更斯是近代光的波动说的主要倡导者，在1687年完成的《论光》一书中阐述了光的波动说。

另外笛卡尔认为光是由大量弹性微粒组成，主张光的微粒说。牛顿也倾向于微粒说。19世纪初英国学者托马斯·杨做了"干涉现象"实验，微粒说无法解释。1808年法国工程师马吕发现了"偏振现象"，而波动说正确解释了这一现象，是使之取得胜利的重要一步。1850年法国科学家傅科通过实验测得光在空气中的速度与在水中的速度之比接近于 4：3，宣告了波动说的胜利和微粒说的终结。

19 世纪 40 年代至 50 年代之间，焦耳、开尔文（即威廉·汤姆逊）、克劳修斯、卡诺等科学家建立了"能量守恒与转化定律"及"热力学三定律"，形成了热力学基础。

19 世纪 20 年代至 90 年代之间，克劳修斯建立了气体分子运动论，使物理学产生了一个新的分支——统计物理学。英国物理学家麦克斯韦、德国物理学家玻耳兹曼、美国理论物理学家吉布斯等都为统计物理学的建立做出了贡献。

1807 年，丹麦科学家奥斯特研究得知电流具有某种磁效应。法国物理学家安培发现电流与磁针转动方向关系服从右手定则。1851 年，法拉第提出场和力线的概念。1873 年，麦克斯韦发表了《电磁通论》，终于建立了电磁学理论的基本框架。

在经典力学、热力学、统计物理学、经典电磁学以及声学和光学等基础上，形成了系统完整的"经典物理学"。

（三）现代物理学

到 19 世纪末，物理学似乎已经达到很完善的地步但还有两朵小小令人不安的乌云，即"紫外灾难"和以太零检测结果。在物理学领域里接连发生了三个重大发现，即 1897 年 J. J. 汤姆逊发现电子、1895 年伦琴发现 X 射线和 1896 年法国科学家贝克勒尔发现放射性。这三项伟大发现猛烈冲击着物理学的经典理论和传统观念，导致了认识论上的革命性变化，揭开了物理学革命的序幕，从而使经典物理学迈入到现代物理学阶段。

1. 量子物理学的建立和发展。量子物理学是研究如分子、原子和电子等一类微观客体的结构及其运动规律的科学，是现代物理学中一个革命性理论。

量子物理学的理论是从研究黑体辐射开始的。德国著名的物理学家普朗克为了解决"紫外灾难"，通过大量研究于 1900 年发表了他的辐射公式，后人把这公式称为普朗克公式。此公式为假想公式，要想从经典物理理论中解释这个公式的物理意义是不可能的，普朗克大胆提出了与经典物理不相容的能量量子化假说。这个假说认为物体在发生辐射和吸收辐射时，能量不是连续变化的，而是不连续变化的。这种分立变化不是任意的，而是处于分立的等间隔变化，即只能取某一能量的最小单元整数倍。这个最小单元被普朗克称为"能量子"。能量子的能量 $\varepsilon = h\gamma$。能量子假说是 20 世纪物理学革命中建立起来的一个革命性理论之一，它与相对论一起构成物理学革命中的两块基石。

1905 年，物理学家爱因斯坦提出了光量子理论。他发展了普朗克把能量的不连续只限于能量辐射和发射这一过程的思想，提出辐射在空间传播过程中也是不连续的，是由不可分割的能量子组成的。光在空间传播时，也具有粒子性，即一束光是一粒一粒以光速运动的粒子流，这些光粒称为光量子，简称光子。1909 年，爱因斯坦深思熟虑后，明确提出光不但具有粒子性，也具有波动性，即微观粒子具有波粒二象性。光具有波粒二象性很好地解释了光电效应，但直到 1916 年，美国实验物理学家密立根实验测定了光电效应的普朗克常数（h）后，才得以承认爱因斯坦提出的光电效应方程。

但光子能量不连续，仅由频率决定，那么它就不遵守牛顿力学规律。法国物理学家德布罗意经过分析、对比，提出了实物粒子也具有波粒二象性。

1897 年汤姆逊发现电子后，提出了"葡萄干蛋糕原子模型"。1909 年英国物理学家卢瑟福做了有名的"α粒子散射实验"，否定了汤姆逊的原子结构模型。1911 年卢瑟福详细地向人们介绍了他的原子有核模型，称之为"原子的行星模型。"但他的原子结构模型和经典物理学产生了尖锐的矛盾，如原子的稳定性问题。

丹麦物理学家玻尔把原子有核模型和普朗克能量子理论以及爱因斯坦光量子理论结合起来，在 1913 年提出了"原子结构模型"的基本假设。

玻尔假设 1：稳定态假设。原子只能处于一些不连续的稳定状态，这种稳定状态称为定态。处于定态中的电子，虽作加速运动，但不向外辐射能量。

玻尔假设 2：跃迁假设。当原子从能量较高的状态变为能量较低状态时，它辐射出一个光子，这个过程称为辐射跃迁。反之，当原子能量从较低的状态变为能量较高状态时，它从外界吸收一个光子，这个过程称为吸收跃迁。

玻尔假设 3：轨道角动量量子化条件。玻尔提出了一个限制轨道存在的条件，即轨道也是分离状态的。

根据玻尔理论，电子处于可能轨道的最内层轨道，能量最小，原子最为稳定，这种状态称为基态。其它各轨道上，离原子核愈远，能量愈大，把稳定态以外的各态叫激发态。当电子由基态跃迁到激发态时，必须吸收一定的能量，相反的过程将发射一份电磁能量（光子）。

奥地利物理学家薛定谔，在 1926 年 1 至 6 月期间完成了波动力学的创立工作，给出了描述物质粒子运动的具体方程，即薛定谔方程。该方程是量子力学的基本方程。

德国物理学家玻恩提出了波函数的统计解释，波函数在空间某一点的强度与在该点找到粒子的几率成正比。描述粒子的波是一种几率波。用几率波把物质的粒子性和波动性统一了起来。

德国物理学家海森伯建立了矩阵力学，是量子力学的另外一种形式。另外，他还提出了测不准关系，是微观粒子波粒二象性的一种表现。

2. 相对论的建立。相对论是关于物质运动和时间、空间的理论，分为狭义相对论和广义相对论。

1905 年，爱因斯坦发表了《论运动物体的电动力学》，这是第一篇关于狭义相对论的著名论文。狭义相对论要点如下：①一个物体相对于观察者静止时，它的长度的测量值最大；②一个时钟相对于观察者静止时，它走得最快；③在惯性系中，任何物体的运动速度都不能超过真空中的光速。光速是物体运动速度的极限；④如果物体运动的速度比光速小很多，相对论力学就还原为经典力学。

狭义相对论从根本上改变了经典物理，突破了牛顿的绝对时空观，把空间、时间和物质运动联系起来。

1906 年爱因斯坦又发表了一篇文章，讨论了物体的质能关系问题，即：

$$E = mc^2$$

E 物体的能量，m 物体的质量，c 是光速。

为日后的核能开发利用做出了巨大的贡献。在完成上述工作之后，爱因斯坦又将相对论由惯性系推广到非惯性系，于 1916 年建立了广义相对论。广义相对论已成为现代宇宙学基础理论之一，它所预言的引力场和黑洞的存在正为许多科学家所研究着。

3. 原子结构和基本粒子的探讨。1914 年，卢瑟福用阴极射线轰击氢原子，发现了质子。1919 年，用 α 粒子轰击氮原子核，转化成为氧并放出了一个质子，这是人们用人工方法第一次使一种元素转化为另一种元素。

当发现了电子、质子后，人们首先设想到原子核由质子组成，但除氢原子之外，原子核中质子质量的总和都不等于原子质量数。有人提出了"质子—电子"假说，但后来证明原子核内不可能存在电子。随着同位素的发现，1920 年卢瑟福提出了原子核存在中子的假说，并且在 1930 年被实验所证实。1932 年，海森伯和前苏联物理学家伊万年柯分别独立提出了原子结构的"质子—中子"假说。

1934 年，居里夫妇用 α 粒子轰击铝，实现了以人工方法使得一种非放射性元素转变为放射性元素。后来又发现了重核裂变，使人类社会从此迈进利用原子能的新纪元。

在 20 世纪，物理学家又发现了除电子、质子、中子等以外比原子核更小的物质单子，如反粒子等。到目前为止，核物理中尚未研究的领域比已研究过的领域广阔得多。核力、核结构等一些长期研究的基本问题还没有真正解决，核技术的应用还远远没有穷尽。

第三节 化 学

一、化学的研究对象及分支

化学是研究物质（单质及化合物）的组成、结构、性质及其变化规律的科学。

化学在近代发展迅速，出现了许多分支，其中最基础、最重要的有四大分支，即：无机化学、有机化学、分析化学和物理化学。

二、化学的发展

（一）古代化学的发展

古代还不可能产生今天意义的化学，但在实践中也积累了许多化学知识，这些知识主要来源于某些生产工艺和炼丹术。从很早就开始的烧炼陶瓷、冶金、酿造等实际上都包含了不少关于化学变化的知识。炼丹术的用意则是寻找使普通金属转变成贵重金属，或是炼出能使人长生不老之药的方法，但这当然都是不可能的，但可使人们接触到许多化学性质，认识到许多化学变化。现存世界上最早的炼丹著作是我国东汉魏伯阳的《周易参同契》，这部书中记载了许多化学变化，其中说到汞可与硫化合。

（二）近代化学的发展

英国著名科学家玻义耳认为科学的化学的基础应是实验和观察，他改进了许多当时常用的化学仪器，一生设计和亲自做了成百上千种实验，使化学走上了科学的轨道。1661 年他发表的《怀疑的化学家》把化学确立为科学，玻义耳被称为近代化学的奠基人。

另一个在近代化学史上做出贡献的是法国科学家拉瓦锡。他在 1777 年提出了燃烧氧化学说，1787 年与他人合著的《化学命名法》一书，规定了化合物的命名原则。1789 年拉瓦锡出版的《化学基础论》以他的观点对当时已知的各种化学现象作了系统解释，被认为是近代化学形成时期最重要的典籍。

17 世纪末建立了一系列化学定律，道尔顿在此基础上，提出了化学元素由原子组成的原子学说，成为说明化学现象的统一理论，奠定了物质结构理论的基础。

1811 年，意大利科学家阿伏伽德罗提出了"分子"概念，他认为原子是参加化学反应的最小质点，单质分子由相同元素原子组成，化合物分子由不同元素原子组成，形成了原子—分子学说，成为化学中关于物质结构的最基本的理论。

1824 年，德国化学家维勒人工合成尿素，使有机化学真正起步。化学家们也开始对有机结构理论进行研究，并提出了立体有机结构理论和苯环结构学说等。

1869 年，俄国化学家门捷列夫发表了《元素属性和原子量的关系》，展示了他的第一个化学元素周期表，为研究化学元素和化学变化过程提供了重要的依据，为进一步揭开原子内部秘密做了必要准备，是人类关于自然界知识一个层次的伟大综合。

（三）现代化学的发展

1. 元素周期律的重新认识与现代无机化学的发展。20 世纪科学家们不仅填补了原先周期表的空缺，而且发现了许多前所未知的元素。进入近代社会后，无机化学产品生产逐渐工业化，无机化学研究领域迅速发展，出现了大量边缘学科，如生物无机化学、有机金属学、无机固体化学等。

2. 物理化学的建立与分析化学的发展。由于科学的发展，20 世纪出现了多种学科相结合的边缘科学，物理化学就是以物理学的理论和方法来研究化学现象和化学过程的一个分支学科。它包括结构化学、化学热力学、化学动力学、胶体化学等多方面内容。

以往的分析化学所要解决的是一般的化学成分的定性和定量分析的问题，进入 20 世纪面临很多复杂的问题，不仅要弄清楚样品的元素及其组成，还要提供结构、价态、元素的空间分布；不仅要求给出样品整体状况，还要求给出微区或表面、薄层的状况。这些问题传统的化学分析方法无法解决。现代化学分析已发展成为以仪器分析为主要手段的方法，如光谱分析、质谱分析、比色分析、极谱分析等。

3. 有机化学的新时代。20 世纪不仅以石油为原料来生产醇类、合成橡胶、合成树脂，而且人工合成药物在有机合成产品中占有重要的地位，如抗生素的提取成功等。

天然有机物的研究也迅速发展起来，逐渐形成了糖化学、蛋白质化学和核酸化学等分支，与食品科学、医药学、生命科学的关系甚为密切。如我国在1965 年 9 月首次人工合成了结晶牛胰岛素；1953 年美国化学家沃森和英国晶体学家克里克提出了 DNA 的双螺旋结构模型。

20 世纪化学家们还开始了对有机高分子化合物的研究。首先是对天然高分子化合物的化学改性的研究。如用硝酸和硫酸混合处理纤维素从而得到火药棉；以炭黑作橡胶的补强剂，改善橡胶制品的强度和耐磨性。其次是人工合成高分子化合物，最早人工合成的高分子化合物是酚醛树脂，现在三大合成材料合成橡胶、合成纤维和塑料在现代社会中的作用和地位越来越重要，它们的技术水平和发展程度已成为衡量一个国家的技术进步和经济实力的一个重要依据。

第四节　天文学

一、天文学研究的对象、特点和内容

（一）天文学研究的对象

天文学是研究宇宙中各类天体和天文现象的科学。这里天体的含义是极其广泛的。太阳和太阳系内的八大行星、小行星、慧星、流星体、行星际介质、银河系以及组成银河系的各类恒星、恒星集团、星云、星际介质、河外星系以及由它们集聚而成的各种星系团和超星系团，星系际物质和宇宙背景辐射，以至宇宙作为一个整体都是天文学的研究对象。

（二）天文学的特点

从本质上说，天文学首先是一门观测科学，人们通过各种方法观测天体，发现它们的存在，并运用数学、物理学、化学理论来测量它们的位置，研究它们的结构、运动、物理和化学性质，以及起源和演化规律，从而不断地深入和扩大对宇宙中物质世界的探索和认识。主要依靠观测来进行研究是天文学实验方法的基本特点。因此，天文学上一些新的、重大的发现也就往往同新观测手段的出现紧紧地联系在一起。可以说，没有观测就没有天文学。天文学的发展，离不开观测仪器的进步。

天文学的观测工作是"被动的"。天文学家既不能解剖星星，也不能培育新品种天体，或者改变天体的某种性质以验证自己的理论，甚至无法接触到自己的研究对象。除了对陨石以及载人登月取回的少量月面样品进行直接分析外，人们只能通过接收天体发出的光和其他辐射信号来观察天体，取得资料，进而研究天体。尽管如此，浩瀚宇宙中的各类天体从许多方面为天文学家开展研究工作提供了极为广阔的实验舞台。他们可以从千千万万个天体所表现出来的个性或共性特征中摸索规律、发展理论、认识自然。

（三）天文学研究的内容

从研究方法来看，天文学主要分为天体测量学、天体力学和天体物理学三大分支学科。天体测量学的主要任务是测定和研究天体的位置和空间运动，建立基本参考系，以及确定地球表面点的精确坐标。天体力学主要研究天体的力学运动，包括天体质量中心的空间运动和天体绕质量中心的运动（自转），以及天体的力学平衡形状及其变化规律。天体物理学是应用物理学的技术、方法和理论来研究天体的形态、结构、化学组成、物理性质和演化规律。

从观测手段来看，天文学又可分为光学天文学、射电天文学、红外天文学、紫外天文学、X射线天文学和γ射线天文学等。其中光学天文学研究的历史最为悠久，而其他各个分支则是20世纪才发展起来的新兴学科。

天文学的发展同其他学科一样，也不是孤立的，它同许多种学科互相借鉴、互相渗透、互相促进，并形成了若干边缘学科，其中主要有天体生物学、宇宙化学以及天文地球动力学等。

二、天文学的发展

天文学是最古老的自然科学之一。早在人类文化的萌芽时期，农业和牧业生产就需要确定时间、安排季节、编制历法和指示方向。为此，古代天文学家测量和研究太阳、月亮和星星在天空中的位置及其随时间和季节的变化规律，并为生产实践服务，从而诞生了天文学的最早分支学科——天体测量学。17世纪初，开普勒在前人对行星运动的观测资料的基础上发现了行星运动三大定律。之后，牛顿把力学概念用于行星运动研究，发现并验证了万有引力定律和力学定律，从而开创了天体力学。天文学开始从单纯研究天体的运动状况发展到研究天体运动的力学机制。19世纪中叶，随着物理学的发展，人们对天体的结构、化学组成和物理状态的研究日趋完善，天体物理学逐渐成为天文学的一门独立分支学科，使天文学从对各类天体和天文现象的解释，发展到阐明天体的物理、化学性质和演化规律。

从古代到中世纪，人们对宇宙的认识充满了科学与宗教之间、唯物主义和唯心主义间的斗争。这首先表现在日心说和地心说的较量上。公元140年左右，托勒密继承了亚里士多德等人的观点，完整地提出了地球位于宇宙中心的地心体系思想。到16世纪，随着观测技术的进步，波兰天文学家哥白尼提出了日心说，由于日心说违背了教会的思想统治，罗马教会对宣传日心说的科学家进行公开、残酷的迫害。然而，经过开普勒、伽利略、牛顿等人的工作，以及后来的天文观测结果的证明，日心说终于被人们所接受。事实上太阳只是太阳系的中心，而不是宇宙的中心。

与此同时，人类的视野逐渐由太阳系扩展到更为广阔的恒星世界。1718年，哈雷指出所谓恒星不动的概念是错误的。1783年赫歇尔通过对恒星运动的分析，提出了银河系具有透镜形的正确模型。1924年，哈勃发现仙女座大星云中的造父变星，根据周期—光度关系推算出它远在银河系之外，是尺度同银河系相当的巨大恒星系，这一重大发现，将人类认识的宇宙范围从恒星组成的银河系扩展到由星系组成的更广阔的世界。这个包括银河系在内众多星系组成的世界，就是我们今天所了解的宇宙。

20世纪40年代以来，随着科学技术的不断进步和发展，大型光学望远镜在世界各地相继建成，特别是射电天文学和空间天文学的相继诞生，使天文观测手段不但具备空前的探测能力，而且使获取信息的窗口从可见光逐步扩展到包括射电、红外、紫外、X射线、γ射线在内的整个电磁波段。与此同时，从20世纪初开始相继创立和发展起来的量子论、相对论、原子核物理学、粒子物理学、等离子体物理学给天文学提供了锐利的理论武器，使人们对天体的认识从机械运动推进到物理性质、化学组成等更深的层次，从而为勾勒出太阳系、银河系以至整个宇宙的起源和演化奠定了坚实的基础。

第五节　地　球　科　学

一、地球科学研究的对象和内容

地球是人类在宇宙中生存、发展的唯一家园，是生产和科学研究的基地，因此，了解地球的特点及其活动规律是极其重要的。

（一）地球科学研究的对象

地球科学以整体地球作为研究对象，包括从地心到地球外层空间十分广阔的范围，是由固体地球、水圈、大气圈和生物圈组成的一个开放的复杂系统，称为地球系统。

（1）固体地球。根据地震波在地球内部的传播情况推测，从地表到地心，固体地球可分为地壳、地幔和地核。组成固体地球物质的主要元素有铁、氧、硅、镁、镍、硫、钙、铝等。

（2）水圈。地球表面约70%是液态水或冰覆盖着的。水圈包括海洋、湖泊、河流里的水和土壤水、地下水以及冰川和南、北极的冰盖。

（3）大气圈。覆盖全球的大气，约占地球总质量的百万分之一。由于地心引力的作用，大气质量的90%集中在离地面15公里以下的大气层内。其成分为氮气（78%）、氧气（21%）、氩气（0.939%）、二氧化碳（0.039%）和微量气体氖、氦、氙和臭氧等。

（4）生物圈。生物及其周围的环境，包括整个水圈和地面附近的部分气圈与岩石圈，构成生物圈。

地球的各个组成部分——固体地球、水圈、气圈和生物圈不是孤立的，它们之间要通过物理过程、化学过程和生物过程而相互作用。我们应把它们之间的相互作用视为一个大系统来看待，最终揭示全球变化规律，提高人类认识和预测全球变化的能力。

（二）地球科学研究的内容

地球科学是一个庞大的超级学科体系群，根据实际研究的不同圈层范围、内容、目地，可将其划分为地质学、海洋学、大气学、地球物理学、地球化学、地理学、环境地学、土壤学和生态学等。

（1）地质学是研究地球的形成、演化、岩石圈的组成、结构及运动以及地质学原理在探矿、工程、水文等方面应用的一门学科。它包括古生物学、地层学、矿物学、岩石学、大地构造学和构造地质学、煤田地质学、工程地质学、水文地质学和地震地质学等。

（2）海洋学包括海洋物理学、海洋化学、海洋地质学、海洋生物学、海洋环境学等。主要研究海水与大气、岩石、生物相互作用的物理过程和化学过程，并研究人类生活、生产活动所引起的海洋环境的变化及其造成的影响以及保护海洋环境的途径。

（3）大气学是研究气圈的各种现象及其演变规律的一门科学，主要包括大气物理学、大气光学、声学、电学、大气动力学等。

（4）地球物理学是用物理学的原理和方法，通过地球的各种物理现象来研究地球的一门学科。主要包括地震学、重力学、地磁学、地球动力学、物探等。

（5）地球化学是研究地球内各种元素和核素的丰度，元素在各种地球化学相中的分布以及控制这些丰度与分布关系的规律的学科，主要包括岩石地球化学、水文地质化学、生物地球化学、大气化学和大气地球化学。

（6）地理学是研究气圈下部、岩石圈上部和整个生物圈各种自然和人文现象的分布规律与发生、发展过程的一门学科，是自然科学与社会科学交叉的一门学科。

（7）环境地学主要研究地质、地理环境的组成、结构、性质和演化，环境质量调查、评价和预测以及环境变化对人类的影响等。

（8）土壤学是研究土壤的物质来源、组成、结构和演变规律，研究土壤与生物生长和环境条件的相互关系，从而为合理利用和保护土壤资源，培育与提高土壤肥力，促进和指导人类生活环境的改善提供科学依据。

（9）生态学是研究生物与其环境相互关系的科学，是生物科学与地球科学的交叉学科。由于人类活动对环境的影响越来越受到人们的重视，因而生态学研究中也更加强调人与环境之间的相互关系。

随着地球科学研究工作的深入，地球科学与其他学科间有大跨度的交叉渗透，形成了一些综合性很强的学科，如环境科学，这充分显示了地球科学与人类生产、生活的需求关系日益密切，推动了地球科学研究领域广度和深度的不断发展。

二、地球科学的发展

地球科学与人类生产和生活有着极其密切的关系，是一门主要依赖对自然现象进行观测的科学，因此，它是随着生产和观测技术的发展而发展的。它的发展过程，大体上可分为四个阶段。

第一阶段：从公元前6世纪到17世纪上半叶，人类主要是通过自己的肉眼观察，认识了一些地面附近的地球科学现象。虽然他们大多是一些零散的、系统性不强的认识，但却为后来地球科学的奠基，积累了许多资料和某些卓越的见解，特别是在大地形状、地理和地图等方面取得了重大进展。

第二阶段：从17世纪中叶到19世纪下半叶，是地球科学的奠基阶段。在这个阶段里，由于技术的进步，地球科学观测逐渐装备了各种各样的仪器设备，如温度表、气压表、风速表、湿度表等大气观测仪器和磁力仪、钻机等地球物理和地质探矿仪器等等，使地球科学工作得到了迅速的发展。

第三阶段：20世纪上半叶，西方的科学技术随着生产的发展有着相当大的进步，出现了无线电探宝仪和地震波观测等高空和地球深部探测技术，地球科学研究向更广阔的空间发展。1909年～1936年，莫霍罗维契奇、古登堡和莱曼根据地震波在固体地球内的传播得出了固体地球分为地壳、地幔、地核的多层结构模型。德国、丹麦、美国海洋考察船于1925年以后进行的三次考察，在海底地貌等方面有新的发现，使海洋学成为一门公认的科学。地球物理、地球化学探矿方法得到了广泛的应用，并取得了极佳的经济效果。

第四阶段：从第二次世界大战之后起到现在，是对地球进行整体研究的一个新阶段。根据以往的地球科学研究成果，人们愈来愈认识到，要从根本上解决地球科学上的一些关键问题，就必须对地球（包括海洋、大气）进行整体观测研究，而20世纪50年代以来，航空、航天遥感和重力、磁力等航空地球物理观测、地震测深、超深钻探、深海探测技术以及电子计算机等新技术的发展，又为这方面的研究提供了必要的技术条件，因此，从50年代开始，进行了一系列以整个地球为研究对象的国际合作科研计划：如国际地球物理年计划、地壳上地幔计划、地球动力学计划、岩石圈计划、世界气象研究计划、热带海洋与全球大气、世界海洋环流试验以及国际地圈—生物圈计划等。通过这些研究计划，取得了许多重大的成就。如通过海洋磁测和深海钻探等手段，观测到了海底扩张和岛弧构造，提出了被认为是地质学上一次革命的板块构造学说；天气分析预报已由定性走上定量，而海—气相互作用的研究，又为世界气候变化的研究提供了重要依据；海洋资源的开发也达到了前所未有的程度。特别是关于

第二章

人类活动对环境的严重影响的认识越来越深入，提出了"全球变化"这一类重大的地球科学问题，将为地球科学的发展开拓更广阔的天地。

第六节 生 物 学

一、生物学研究的对象和内容

1. 生物学研究的对象。生物学是研究生命现象以及生物与环境之间的关系的科学。生物界的种类千差万别，但都具有新陈代谢、繁殖、遗传、发育和进化等共同特征。生物学研究的对象就是一切生物共有的这些基本生命现象。

2. 生物学研究的内容。生物学研究的内容非常广泛，按其研究对象和与其它学科的关系分为许多分支学科。按研究对象可分为动物学、植物学和微生物学。按结构层次可分为宏观的系统生物学、群体生物学、微观的细胞生物学和分子生物学。与其他学科交叉的有：生物化学、生物物理学、生物数学和生物地理学。

二、生物学的发展

生物学有悠久的历史。自人类文明以来，数千年间在植物栽培、动物驯养和医学实践中积累了大量的关于动、植物和人体的知识。但是在 19 世纪以前，对生物的研究方法还限于观察和描述。1859 年达尔文发表了《物种起源》一书，奠定了生物学的理论基础，生物学才发展成为一门独立的学科。自那时以来，生物学的发展经历了进化生物学、实验生物学和分子生物学三个时期，反映了对生命结构层次的认识不断深入的过程。

（一）古代至 19 世纪的生物学

在西方生物学的萌芽可追溯到古希腊时代，亚里士多德提出第一个科学的动物分类系统，总结了最早的动物学知识；他的学生狄奥弗拉斯特对植物分类，对解剖和生理有很大贡献；我国明代的药物学家和医学家李时珍撰写的《本草纲目》记载药物 1892 种，是我国古代药物学和动植物学知识的宝库，已译成多种文字，至今仍为世界药物学界所推崇；显微镜的发明，导致了细胞的发现，英国学者虎克用显微镜观察软木切片，发现许多小室，起名为"细胞"；瑞典植物学家林奈在 1735 年出版的《自然系统》一书中用双命名法对当时欧洲人已知的动植物作了系统的分类，采用了至今沿用的纲、目、属、种等分类方法，被视为生物学发展的里程碑；到了 19 世纪中叶，达尔文的《物种起源》的发表，标志着生物进化论的诞生，根据达尔文的理论，生存斗争和自然选择是生物界的普遍规律，他用大量的事实和严密的论证说明生物物种不是被造物主分别创造出来的，而是由简单的物种发展演化而来的；19 世纪生物学的另一重大成就是细胞学说，德国学者施莱登和施旺提出细胞学说，宣称一切生物，从单细胞到高等动、植物都是由细胞组成的，细胞是生物的形态结构和功能活动的基本单位，从而论证了生物界的统一性和共同起源。细胞学说和生物进化论一起奠定了近代生物学巩固的科学基础，引导生物学的各学科分支蓬勃发展起来。

（二）进化生物学时期

从 19 世纪中叶到 20 世纪初是进化生物学时期，这一时期影响最大的代表人物是德国生物学家海克尔和魏斯曼。海克尔总结了古生物学、比较解剖学和比较胚胎学的丰富资料，提出了生物进化的系谱树，形象地描述了生物种系的发展史。他在 1874 年出版的《人类起源》一书中，论述了生物进化和人类起源的历史，证明了人类是由猿猴进化而来的，正如猿猴是由低等哺乳动物进化来的一样。这一科学结论已被后来人类化石的发现不断地证实。魏斯曼提出遗传是生殖细胞的"种质"延续的结果。他设想"种质"是存在于细胞核内的颗粒，称为"决定子"。他的遗传思想合理的方面，即强调生殖细胞是上一代和下一代之间遗传连续性的唯一环节，并推测染色体是遗传性的物质载体，修正了达尔文关于"融合遗传"的概念，为染色体遗传学说奠定了理论基础。

（三）实验生物学时期

从 19 世纪末到 20 世纪中叶是实验生物学时期。对动物的结构和功能进行实验研究是从 17 世纪哈维对血液循环的研究开始的。以鲁克斯为代表的胚胎学家，主张研究发育现象应和研究一切自然现象相同，必须从严格的因果律出发，用实验方法加以分析和证明。显然，生物进化的历史是不能完全用实验方法验证的。他们强调胚胎学的任务是用实验方法分析发育的生理原因，而不是进化的原因。遗传学家则主张细胞核主宰全部发育过程，即使卵质的结构也是在卵发生过程中受母体基因决定的。

1900 年孟德尔定律的重新发现是遗传学发展的一个转折点。生物学家孟德尔早在 1866 年发表的《植物杂交实验》一文中就提出了遗传学的两个基本定律，但在当时没有引起学术界的注意，只是到了 20 世纪初才被重新发现。遗传学家摩尔根的《基因论》系统阐述了基因学说和染色体理论，论证了基因是染色体上的遗传单位。

生理学是实验生物学中历史最悠久的学科，这一时期生理学的一个重要方向是对生理过程的化学基础的研究，由此产生了生物化学。维生素、激素和酶的发现，以及肌肉收缩和呼吸过程的能量和物质代谢途径的阐明，代表着这一时期生物化学的成就。

第二章

（四）分子生物学时代

从第二次世界大战后到现在是分子生物学迅猛发展的时期。这一时期的特点是数学、物理学、化学的新概念和新方法对生物学的广泛渗入，使生命现象的研究深入到分子水平，从而更加深了对生命的物质基础的认识。著名理论物理学家薛定谔的名著《什么是生命？》对这时期的科学思想有很大影响，启发了许多物理学家和化学家从生物大分子体系的结构、能量和信息三方面来探讨生命的本质。

以 1944 年在细菌上证实遗传物质是 DNA 为开端，继之 DNA 双螺旋结构的阐明奠定了分子遗传学的基础。蛋白质生物合成中，遗传信息传递的中心法则的发现，揭示了生物的遗传、发育和进化的内在联系。同时，还发现了遗传密码的编码机理。通过比较研究证明，遗传密码对所有生物，从细菌到人，都是通用的，从而论证了生命的物质统一性和所有生物在分子进化上的共同起源。

分子遗传学的这一系列新成就，带动了分子生物学的兴起和发展。另一方面化学和物理学广泛渗入生物学领域，特别是现代结构化学、分析化学、物理化学和晶体学的理论和方法，促进了蛋白质、核酸等生物大分子的化学结构和空间结构的研究，从而为分子生物学的迅速发展奠定了基础。许多核酸、蛋白质（酶、激素和抗体等）的一级结构和立体结构已经阐明，有的已经人工合成，尤其惊人的是弄清楚了一些基因的全部一级结构，并加以人工合成。对于蛋白质、核酸等生物大分子的结构和功能进行了大量的研究，揭示了生物的遗传、发育、物质代谢、能量转换、神经传导、肌肉收缩和免疫等许多奥秘，使对生命本质的认识跃进到了一个崭新的阶段。分子生物学的成就使生物学的许多古典学科，如细胞学、胚胎学和进化的研究获得新生，同时也为化学、物理学甚至工程技术开辟了许多新的研究领域。当前生物学的发展已大大超出传统生物学的范围，从不同的生命现象和生命物质结构的不同层次，深入探索生命的本质，发展成为研究范围更加广阔和深刻的生命科学。

第3章

材料科学技术

人类的物质文明和精神文明的进步与材料科学技术的发展息息相关。自古以来，材料一直是大自然馈赠给人类的厚礼，人类对这些慷慨的赠物进行加工处理，然后用于人们的生产、生活。随着现代科学技术的发展，科学家可以对材料的基本结构和特性进行改造，使其更适合人们的需要。材料是人类赖以生存和发展的物质基础。20世纪70年代人们把信息、材料和能源誉为当代文明的三大支柱。80年代以高技术群为代表的新技术革命，又把新材料、信息技术和生物技术并列为新技术革命的重要标志。这主要是因为材料与国民经济建设、国防建设和人民生活密切相关，从超级市场的生活用品到航天飞机、人造卫星，无不依赖新材料的发展。可以预料，将来谁能在新材料的生产上走在前面，谁就将在高新技术领域中立于不败之地。

第一节　概　　述

一、材料科学技术中的一些基础名词

（1）晶体与非晶体。自然界的一切物质都是由原子构成的。根据原子在空间排列是否有规则，可将固态物质分为晶体和非晶体两种。原子杂乱无序排列的物质叫非晶体，如玻璃、沥青等。原子有规则排列的物质叫晶体，如盐、铁等。

（2）晶格和晶胞。为了便于描述晶体中原子的排列方式，可以用假想的线将各原子的中心连接起来，这就构成了一个空间格架。这种用以描述原子在晶体中排列方式的空间格架，叫做晶格。由于晶体中原子排列具有周期性，因此可从晶格中选取一个能完全代表晶格特征的最小几何单元，来描述晶体中原子排列的规律，该最小的几何单元叫做晶胞。常见的晶胞结构有体心立方晶胞、面心立方晶胞和密排六方晶胞。

（3）机械性能。它又叫材料的力学性能，是表明材料质量，研制新材料、变革老工艺、选择代用材料等的依据。包括：材料的强度、弹性、硬度、塑性、

韧性等。

（4）模量。是一个表征材料刚度的物理量，一般用材料所受的外力同在这个外力下材料所发生的形变之比来计算。弹性模量越大，说明这种材料越不容易发性形变，也就是说，其刚度越高。

（5）热处理。使固态金属通过加热、保温、冷却工序改变其内部组织结构，以获得预期性能的工艺过程。包括：淬火、回火、退火和正火等。

（6）淬火。将钢加热到临界温度以上给定的温度并保温一定时间，然后将其急速冷却的工艺。

（7）回火。将淬火工件加热到某一温度，保温一定时间，然后以一定方式冷却到室温的过程。

（8）化学热处理。将零件放在一定温度的特定介质中加热，使其表层的化学成分发生预期的变化，从而改变表层组织与性能的一种热处理方法。包括渗氮、渗碳、渗金属等。

（9）相。一个相，就是体系中具有相同物理性质的均匀部分。相与相之间有界面隔开，并且往往可以用机械方法把它们分离。

（10）相变。物质从某一相转变为另一相，称为相变。它通常由温度和压力等变化，甚至冷加工而引起。

除以上概念外，宏观性能、微观结构、合金等概念在后面将作介绍。

二、材料科学技术基础研究的发展

材料千差万别，但有一些共同性的规律。材料科学技术是一门综合性科学，以物质结构理论为基础，更需要各种实验手段的支持，同时又要考虑到诸多社会因素。

19 世纪，人们在显微镜下观察经过抛光或腐蚀的金属表面时，发现了金属表面的显微结构，从此开始了金属内部结构与它的拉力、延展性和其它性能关系的研究。尽管现在所使用的仪器和方法已经有了很大的进步，但显微结构的观察仍然是研究金属材料的重要手段之一。

热力学在 19 世纪诞生后，科学家就开始了材料的热力学平衡状态的研究。人们发现，当材料处于某一热力学平衡状态时，它便具有某种确定的和均匀的浓度分布与化学结构，称为具有某种确定的"相"，相与材料的性能直接相关。一种材料可能有单相、两相或多相，当温度发生变化时，还可能发生相变。因此，研究材料的相及其变化规律也是材料科学研究的重要内容。

研究材料机械性能也是材料科学的一个重要方面。其目的不仅在于准确地了解和合理地利用现有各种材料，而且在于研制和开发新的材料，以适应时代不断地增长和变化着的需要。材料的应用涉及到许多社会因素，例如各国的资源蕴藏和分布状况，社会的经济状况及其发展态势，材料的开发对于自然环境以及人类健康的影响，等等，所以材料科学的研究还必须与许多社会问题联系起来。

现代社会对材料的需求在量上有增无减，在性能上更是花样翻新，材料科学的研究已越来越受到社会的重视。可以预料，随着材料科学技术的发展，传统材料的开发利用将不断开拓，新型材料将不断涌现，并将为人类社会做出更多的贡献。

三、研制材料的新方法、新工艺

（一）新方法

在我们这个丰富多彩、千姿百态的物质世界中，琳琅满目的材料何止万千！除了少数材料，如石头、木材等是大自然馈赠的天然材料外，绝大部分是经过人们加工或由人们合成出来的人工材料。下面简单介绍一下目前研制材料的新方法。

人类从距今二三百万年前开始，先后经历了石器时代、铜器时代和铁器时代。在现代生产中，已由钢铁等金属材料为主的局面，逐步向着金属材料和非金属材料并驾齐驱的局面过渡，出现了越来越多的人工合成材料，形成了一个规模宏大的相互渗透的材料体系。材料、能源和信息科学技术共同组成了现代科学技术的三大支柱。

截止到 1983 年科学家发现了第 109 号化学元素，地球上已发现的化学元素总共才 109 种。凭借着化合、混合、溶解、复合等一切可以使元素之间相互作用的方法，对分子结构进行各种排列组合，形成了各种各样的材料。到 1976 年底，全世界已经注册的正式材料达到了 25 万种，并估计每年以 5% 的速度递增。如果这种估计符合实际情况的话，那么可推算出目前全世界材料的种数已经超过了 60 万种。

人类最初是利用"配方式"或"炒菜式"的经验方法来研制材料。但是，随着科技和生产的发展，人们已无法安于这种现状，他们从低效率的经验方法中醒悟过来，开始从宏观转向微观，向着物质微观世界的深度和广度进军，以寻求材料特性的客观内在规律，总结出一套崭新的研制材料的方法。

1. 宏观性能与微观结构。不同的材料具有不同的性能，例如，金属材料具有光泽，有较高的强度和塑性，有良好的导电性和导热性；陶瓷材料硬而脆，但耐高温、耐腐蚀；塑料等有机高分子材料密度小，耐腐蚀，电绝缘，但易老化，不耐高温。上述性能，以及材料的外形、色调和聚集状态等，都能直接地表现出来，为我们的感官所感受到，属于材料的宏观性能。

然而，材料的宏观性能是物质内部结构的反映。换言之，材料的宏观性能取决于物质的微观世界。

所谓物质的微观世界，是指材料内部结构的微观差别，包括原子核的外层电子排列方式、原子间的结合力、晶体结构、分子组成、分子结构等。只有认识了材料的微观结构，才能找到材料具有某种性能的根本原因，从而设计出我们所需要的材料。例如塑料、橡胶等高分子材料，其相邻原子间通常以因共有电子而产生的结合力即共价键结合，原子核外的电子只能在相邻的两个原子核之间移动，缺乏可以自由运动的电子，即使在电位差的作用下，也无法形成电流，因此表现出电绝缘性。掌握了上述微观结构同导电性的关系，我们可人为地使高分子材料导电，如设法在高分子材料中掺入铜粉、银粉等导电微粒，电子可以在其长分子链中运动，因而具有导电性。这样就可以按照我们的意图对材料进行改造。

应该指出，对材料的认识能够如此洞幽入微，是同生产力的发展、先进实验手段和仪器的产生分不开的。如微观结构的分辨能力用尺寸分辨率来表示，即能予以分辨而不致混淆在一起的两点间的距离。如人眼尺寸分辨率为 0.3×10^{-4} 米，而目前显微镜的分辨率为 $1 \times 10^{-10} \sim 5 \times 10^{-10}$ 米，相当于原子间的距离。用微探针和扫描电子显微镜等现代先进仪器还可对材料的微观结构进行化学分析，以确定组成物的化学成分。

2. 材料表面处理。现代材料表面处理主要利用新型的物理沉积技术（如离子镀）、离子束表面改性技术和激光表面处理等，使材料的耐磨、耐腐蚀、强度、装饰等方面的性能有很大的提高。由苏联首创的"激光——等离子体加工工艺"便是一例，由激光熔化金属表面的薄层，在原有金属表面形成一种新的化合物，并成为金属表面的一部分，而不像传统的工艺，只是把薄膜涂覆在金属表面，这使金属表面的物理性能得到了提高。

3. 材料破坏过程的研究。该研究主要包括断裂力学、氧化、腐蚀、脆化等研究。它可以提高材料的性能，尤其是使材料具有高的抗破坏能力。例如，对陶瓷材料的研究，在破坏过程研究中发现，如果适当提高应力集中处材料的塑性，就能避免脆断，是得到塑性陶瓷的途径。研究表明，氧化钇、氧化锆陶瓷的韧性较高，可避免脆断。

4. 分子设计。研究材料的终极目的，不仅是认识材料，更重要的是根据指定的性能，对已有的材料进行改造或重新设计出新材料。正如工程师设计和制造机器一样，材料技术人员也可根据指定的性能，设计出材料的晶体结构和分子组成，从而制造出所需的材料。这种按指定性能设计材料的新方法，称为分子设计。

人们对高分子材料的分子设计，取得了许多卓有成效的进展。如在合成高分子材料时，用定向聚合的方法，使高分子链节按一定方向排列，或在支链上引入稳定的、较大的基团，都能提高材料的强度、刚度和热塑性。在塑料的分子侧链上引入氟、氯等卤族元素，可提高其强度和耐热性。这些研究成果充分体现出分子设计对改进现有产品的质量和寻找新的聚合物都有实际的指导意义。

5. 电子计算机的介入。目前，应用先进的电子计算机进行材料设计，已成为材料科学研究的重要方法之一。因为材料的品种数以万计，材料的性能同其组成的关系错综复杂，影响合金性能的因素非常多，仅成分之间的排列组合就不胜枚举，依靠经验的筛选和实验，无论在人力物力上，还是在时间周期上都是令人无法承受的。

电子计算机的特点是容量大，具有记忆、逻辑推理和判断能力，运算迅速而准确。所以，在材料设计中可用电子计算机建立材料数据库，可确定材料的结构、成分和工艺的最佳方案。用电子计算机进行材料设计，首先要对材料的性能同微观结构的关系建立起一定的数学模型和一些定量表达式，并编制成计算机软件，根据指定的性能，使计算机开始一系列计算，提出各种材料的设计方案。如果运用多媒体技术，还可以在屏幕上显示出材料的立体分子结构，对结构进行"裁剪"。在这一过程中，计算机可根据设计人员的意图，对分子进行修改，并告诉材料的制造方法，预测它的各项性能指标。

这种按指定性能设计材料的方法，包括电子计算机在其中的应用，目前尚处于摸索的起步阶段，虽取得了一定的成果，但要取得突破性的进展，还要解决许多技术难题，这就需要材料科学家、工程师与计算机专家、数学家密切合作，攻克一个个难关。

"道路是曲折的，前途是光明的。"，分子设计必将使人类最终摆脱对天然材料的依赖，创造出更多的、更好的材料。

（二）新工艺

1. 快速凝固新工艺。这种工艺是利用多晶材料从熔融状态以每秒50万度以上的冷却速度急冷，从而获得一种非晶质材料。这种非晶质材料具有优异的力学、物理和化学性能。可用来制造优异的耐腐蚀材料、耐高温材料、超高强度材料及特殊功能材料，将在航天技术、汽车工业等方面得到广泛应用。

2. 离子注入新工艺。这种工艺不仅是半导体器件研制工作中的关键工艺（掺杂工艺），而且目前已经被成功地应用到金属和硬质合金工具及工件的表面处理等方面，用于改善它们的机械、化学、电学、光学性能。例如，人造多晶金刚石经注入氮和硼元素以后，其耐磨性平均增加70%左右。

四、材料的发展

人类社会的发展历程，是以材料为主要标志的。100万年以前，原始人以石头作为工具，称旧石器时代。1万年以前，人类对石器进行加工，使之成为器皿和精致的工具，从而进入新石器时代。新石器时代后期，出现了利用粘土烧制的陶器。人类在寻找石器过程中认识了矿石，并在烧陶生产中发展了冶铜术，开创了冶金技术。公元前5000年，人类进入青铜器时代。公元前1200年，人类开始使用铸铁，从而进入了铁器时代。随着技术的进步，又发展了钢的制造技术。18世纪，钢铁工业的发展，成为产业革命的重要内容和物质基础。19世纪中叶，现代平炉和转炉炼钢技术的出现，使人类真正进入了钢铁时代。与此同时，铜、铅、锌也得到大量应用，铝、镁、钛等金属相继问世并得到应用。直到20世纪中叶，金属材料在材料工业中一直占有主导地位。

20世纪中叶以后，科学技术迅猛发展，作为"发明之母"和"产业粮食"的新材料又出现了划时代的变化。首先是人工合成高分子材料问世，并得到广泛应用。先后出现尼龙、聚乙烯、聚丙烯、聚四氟乙烯等塑料，以及维尼纶、合成橡胶、新型工程塑料、高分子合金和功能高分子材料等。仅半个世纪的时间，高分子材料已与有上千年历史的金属材料并驾齐驱，并在体积年产量上已超过了钢，成为国民经济、国防尖端科学和高科技领域不可缺少的材料。其次是陶瓷材料的发展。陶瓷是人类最早利用自然界所提供的原料制造而成的材料。20世纪50年代，合成化工原料和特殊制备工艺的发展，使陶瓷材料产生了一个飞跃，出现了从传统陶瓷向先进陶瓷的转变，许多新型功能陶瓷形成了产业，满足了电力、电子技术和航天技术的发展和需要。

纵观材料的发展，按材料的性能和发展的水平，人为的大致分为"五代"：

（1）第一代天然材料。人类在原始社会，由于生产技术水平很低，所使用的都是存在于自然界的动物、植物和矿物，这些物质被称为天然材料。

（2）第二代烧炼材料。随着生产技术的进步，人们开始对天然材料进行加工、改造，在一万年之前发明了陶器，制陶技术的发展又为原始的冶金技术打下了必要的基础。原始社会后期人们发明了从铜矿石中冶炼出金属铜的技术，这是冶金技术之始。烧炼材料是烧结材料和冶炼材料的总称。

（3）第三代合成材料。合成材料包括化工合成、超铀元素和特种合金。化工合成出现在20世纪初，随着有机化学的发展，塑料、合成纤维、合成橡胶已广泛应用。超铀元素是指原子序数大于92的元素的统称，是人工方法制造出的一些放射性元素。特种合金是在钢铁中加入一些特殊元素如镍等使之有一些特异性能。

（4）第四代可设计材料。随着科学技术的发展，人类对材料要求更高，人们开始利用已知的物理、化学、材料加工工艺学等知识，根据自己的需要去设计特殊性能的材料。后面要介绍的复合材料就属于这一类。

（5）第五代智能材料。近三四十年研制出的一些新型材料，可根据环境等的变化而改变自己的形状、性能等。现在这一类材料占的地位越来越重要。

上述"五代"材料是为便于读者掌握而人为划分的，它们并非淘汰制，而是共存的。如天然材料现在还广泛应用于各个领域。

五、材料的分类

材料是人类用来制造机器、构件、器件和其他产品的物质。但并不是所有物质都可称为材料，如燃料和化工原料、工业化学品、食物和药品等，一般都不算作材料。材料可按多种方法进行分类。

（一）根据材料的来源分类

按照这种分类方法，将材料分为两大类：天然材料和人工材料。

这种分类方法较直观、通俗。天然材料是直接存在于自然界的各种物质，包括矿物、植物和动物材料。人工材料是以天然材料为原料，通过人为加工制造出的材料，是现代社会应用较为广泛且品种日益增多的材料。如陶瓷、玻璃、合金等。

（二）根据材料的用途和性能分类

按照这种分类方法，将材料分为两大类：结构材料和功能材料。

结构材料是指利用其强度、韧性、弹性等力学性质以承受一定负荷的材料，是机械制造、工程建筑、交通运输、能源利用等的物质基础。从现有结构材料的数量、品种和影响来看，如何提高结构材料的质量和增加品种，降低成本和损耗，仍是当前材料科学的重要任务。与此同时，开发新型结构材料，以满足高强度、高韧性、耐高温、耐磨、耐蚀等性能要求，也是亟待解决的问题。目前新型结构陶瓷、复合材料以及高分子结构材料的开发日益受到重视，并取得了巨大成就。

功能材料是利用物质的各种物理和化学特性发展起来的材料，在电子、激光、能源、信息等技术的发展中起着十分重要的作用。如电力工程中的导电材料和绝缘材料，电子技术中的半导体材料，固体激光器中的红宝石棒等。可以说，没有众多功能材料的研制成功，就不会有今日科学技术的发展。各种新型功能材料正待进一步开发，具有广阔的前景。

（三）根据材料的成熟程度分类

按照这种分类方法，可将材料分为两大类：传统材料和新兴材料（简称新材料）。

传统材料是指发现或发明比较早，开采和制造的技术比较成熟，已长期地大批量生产，目前广泛使用的材料。

新兴材料是指已研制成功，但由于技术等方面的原因，尚未大批量生产，未能广泛普及应用的材料。

传统材料和新兴材料并无稳定的严格界限，在不同的时代、不同的国家有不同的划分。新兴材料的研究开发，对现代科学技术的发展起着举足轻重的作用。

（四）根据材料的化学性质分类

按照这种分类方法，一般将材料分为四大类：金属材料、无机非金属材料、有机高分子材料和复合材料。

这四大类材料在后面几节中再做详细介绍。

除了以上介绍的四种材料分类方法外，还有很多分类方法。如按材料的应用领域来划分，可分为建筑材料、电力工业材料、信息材料、航空航天材料、能源材料等。按晶态分类，材料可分为多晶材料、单晶材料和非晶材料等。

六、材料科学技术的概念

材料是专指一些有用的物质，人们利用这些物质的结构、功能来制作器件、构件等产品，为生产、生活服务。早在原始社会人们就知道在制石器时要选质地适合的石块，这实际上就开始了对材料的观察和探究。

材料是早已存在的名词，但材料科学的提出则是在20世纪60年代。1957年，苏联人造地球卫星发射成功之后，美国政府及科技界为之震惊，并认识到先进材料对于高技术发展的重要性，于是在一些大学相继成立了十余个材料科学研究中心，从此，材料科学这一名词开始被人们广泛地引用。

材料科学是以力学、固体物理学、热力学、化学、晶体学等为基础，结合冶金、化工等科学技术，从总体上研究材料的种类、功能、基本结构和性能之间的关系以及新材料的研制和应用的科学。现在已登记的材料有40万种之多，它们都是材料科学研究的对象。

七、材料科学技术的重要性

1. 材料是人类社会存在的物质基础。人、物质、能量、信息构成了人类社会，材料为人类提供物质基础。世界本身是物质的，所有的物质都是材料构成的。没有材料就没有存在，没有材料就没有社会。

2. 材料是现代科学技术进步的前提。科技发展必须依靠发展新型优质材料。如果没有半导体材料的出现，就不可能发展起晶体管、集成电路和微电脑，也就不可能形成计算机技术。因此，材料科学技术作为物质发展的基础，是现代科学技术中的三大支柱之一。同样 20 世纪一些新的技术领域的开拓，如激光技术、环境科学技术等对材料又提出了许多前所未有的要求，大大刺激了材料科学技术的发展。

3. 新材料促进了工业产品升级换代。材料科学技术不仅促进了现代科学技术的发展，而且还渗透到传统产业中，带动传统产业的更新换代。例如，石英晶体的诞生使石英手表很快成为钟表行业中新兴的产业分支，也对传统的机械表带来冲击。

4. 新材料是克服能源短缺的重要途径之一。众所周知，克服能源短缺的措施通常有两条途径：一是开源，二是节流。新材料的开发在开源方面主要是开发太阳能电池，目前被广泛应用的非晶硅材料太阳电池。随着其转换效率的提高，应用的范围也在不断地扩大。新材料在节能方面，应用更加广泛，如利用超导材料可节约大量电能，而利用新型保温隔热材料，专家估计每年可节约 200 万吨标准煤。

第二节　金　属　材　料

一、金属材料的概念及其分类

铜和铁是古代文明赖以发展的最重要的材料，因为它们是古人用以制造生产工具的基本材料，如今金属材料品种更多，地位更重要。

金属材料是指金属单质及其合金构成的材料。金属单质是由一种金属元素组成的，而合金是指一种金属元素加入另外的金属元素或非金属元素融合成的具有金属特性的物质。

现在一般把金属分为"黑色金属"和"有色金属"两大类。

二、黑色金属

所谓黑色金属是指铁、锰、铬及其合金材料，因其色灰黑而名。黑色金属中最重要的是钢铁。

钢铁的资源丰富，价格低廉，工艺性能优越，用途广泛，至今仍是制造机具和作为结构的主要材料，钢铁业已成为现代工业的重要支柱，它的生产能力和生产水平是当今衡量一个国家国力的主要指标之一。

钢铁是铁和碳这两种元素所形成的系列合金的总称。含碳量低于 0.04% 的

第三章

是通常所说的熟铁，它有较好的韧性和塑性；含碳量大于2%的称为生铁，亦称铸铁，它硬而脆，几乎没有塑性，但有较高的硬度；含碳量在0.04%~2%之间的是钢，钢兼有熟铁和生铁的优点，它强度高，韧性和塑性也都比较好，机械的主要零部件以及工程结构大多采用钢材制成。

随着现代化工农业及科学技术的飞跃发展，对钢铁有了许多新的需求。如高速铁路需要特别耐磨和耐撞击的钢轨材料；海洋开发需要耐腐蚀和耐高压的钢材等，为了满足这些需要，一般可以采用的方法有：研制新材料和对钢进行热处理、加工工艺的改进等。

研制新材料可以利用物理、化学、金属学等方面知识，根据不同需要加入一些其它元素等方法。一般使用的元素有铬、镍、锰、钨、钛、钒、铝以及硅、硫、磷等。如在钢中加入少量锰可以提高它承受摩擦和碰撞的性能，加入少量铬既能够增加它的硬度又能使其成为耐腐蚀的不锈钢。除此之外，也可以利用极限条件如超真空、失重等方法来研制新材料。

钢的热处理，是指把钢加热到预定的温度，在此温度下保持一定的时间，然后以预定的速度冷却下来的一种综合工艺。热处理在我国有着悠久的历史。战国时期，已利用淬火来提高剑的硬度。现在除了淬火、回火、退火和正火这几种普通的热处理方法外，还出现了很多新的热处理方法如钢的化学热处理，钢的可控气氛与真空热处理等。

粉末冶金是从制取金属粉末开始，将金属粉末与金属粉末混合，经过成形、烧结，制成粉末冶金制品。粉末冶金由于其制品的优良性能，并可制成其他冶金方法不能生产的某些制品，如难熔金属制品、多孔性金属制品等。并且粉末冶金具有节能、省材和高效等经济效益，早已成为一门成熟的生产技术。

也有人提出新的设想，不用高炉、焦炭的炼铁方法，直接将矿石在固态下还原得到海绵铁，然后制成铁粉，经压制、烧结后制成粉末冶金制品，这样更能节能和减少环境污染等。如果这个设想能够实现的话，则将对冶金和机械工业进行根本的改造。

除上所述，改进钢铁性能的工艺方法还很多，如电镀、热喷涂、激光表面处理等，在此不再多讲，可参看有关书籍。

三、有色金属

黑色金属之外的80多种金属元素都是有色金属，按通常的说法可以把有色金属分为普通有色金属和稀有金属两大类。

（一）普通有色金属

常用的普通有色金属有铝、铜、镁、钛、锌、镍、锡、铅、金、银等，这里选取几种略述于后。

铝是当前有色金属中用途最广泛的一种，它的蕴藏量十分丰富，居所有金属的首位，它在地壳中的含量约占地壳总重量的8%。地球上几乎到处都有铝的化合物，普通泥土就含氧化铝，但从氧化铝中提炼铝很困难，直至1855年法国化学家德维尔用金属钠使氧化铝还原为金属铝，但价格昂贵，产量小，使用也很少。三十年后，美国化学家查·霍尔发明了电解法炼铝，才使铝的价格降低，而被广泛应用。铝密度小，质轻，表层与空气接触后很容易生成透明的氧化铝薄膜使其不易被腐蚀且外观明亮，很受欢迎。但纯铝质较软，强度欠佳，不适于作结构材料，在铝中加入少量铜或镁，就成为强韧的铝合金了，从此被广泛应用于航空和航天工业方面。现在铝的年产量约在200万吨左右，在金属中仅次于钢铁。

镁在地壳中蕴藏量约为地壳总重量的2.5%。镁的比重只有铝的2/3。纯镁的强度不高，但镁铝、镁锰、镁锌合金都有较高的强度和良好的塑性，镁合金适用于制造飞机、导弹、航天器、汽车、家用器具等，近年镁的产量也正在大幅度地增长。

钛的比重为铝的1.7倍，硬度比钢高，熔点为1675℃，比号称"不怕火"的黄金还高600℃。它不仅耐高温，而且有极强的耐腐蚀能力，甚至在水中也不会被腐蚀；它还有良好的塑性和韧性。目前，钛大部分用于航空、航天工业和化学工业，人们正在寻找提炼钛的新方法，希望大幅度降低钛的价格。有人预言钛有可能成为"未来的钢铁"。

（二）稀有金属

稀有金属并不是指在自然界中稀少，而是指那些发现较晚，形成独立矿物比较少，分布很分散，难于提取又不易提纯的金属。现被称为稀有金属的金属有50多种，可分成几类。

锂、铍、铷、铯原子量比较小，被称为"轻稀有金属"。用慢中子轰击锂可产生氢和氚，所以锂可成为热核反应燃料。铍熔点高，具有良好的导电性、导热性和高热容，在核反应中也有重要的应用。铷、铯的光电性能较好，是制造光电器件的好材料。

钨、钼、锆等属于"难熔稀有金属"，它们熔点都很高，是制造合金钢和高温构件的重要材料，它们的电性能优良，在电子工业中有重要的用途。

稀有金属中有一大类称为"稀土金属"，包括钪、钇、镧和镧系17种元素。稀土金属作为合金剂能改善合金的性能，因而有"冶金工业维生素"之称。稀土金属还可用于电子工业和核反应堆的材料等。我国作为稀土金属矿藏储量第一大国，开发、利用稀土金属是我国材料科学的重大课题和迫切任务。

此外，铀、钍被称为"放射性稀有金属"，是核反应堆的重要"燃料"；锗、镓、铟等称为"稀散金属"，是制造半导体器件的基本材料。

四、新兴金属材料简介

（一）彩色不锈钢

彩色不锈钢简称"彩钢"，它既保留了不锈钢优良的机械性能和耐蚀性能，又具有丰富多彩的美丽色泽，为本色不锈钢增添了赏心悦目的美感，同时它还具有优于基体的耐腐蚀等性能，因此在现代社会生活和国民经济的各个领域中得到了广泛的应用。彩色不锈钢是在不锈钢表面形成不同厚度的、透明的钝化膜，它具有反射、折射与吸收光的特性。由于光的干涉作用而在不锈钢表面呈显不同的颜色。实验表明：在不锈钢着色膜中 Fe、Cr、Ni 分别以 Fe_3O_2、Cr_2O_3 及 NiO 形态结构存在，不锈钢着色膜层的 Cr/Fe 含量比值高于基体的比值，因此着色膜形成了致密的钝化膜，它具有明显的优于基体的耐腐蚀性能。

1. 工艺方法。科学家根据光的干涉原理，设法在不锈钢表面形成一层无色透明的致密薄膜，研制成功了彩色不锈钢。他们所用的方法是酸性浴氧化着色法。这种方法主要包括着色处理和硬膜处理两个步骤。

着色处理是在热铬酸溶液槽中进行的。常用的着色液是由一定浓度的硫酸和三氧化铬配制而成的，着色液的温度应保持在 70℃～90℃。

将不锈钢浸渍在热铬硫酸液中，就在不锈钢表面生成一层薄薄的无色透明氧化膜。随着浸渍时间的延长，氧化膜厚度增加，不锈钢表面就呈现出不同的颜色。

经着色处理后的不锈钢应立即在水槽中将着色液清洗干净，否则又将引起颜色的变化。经着色处理的氧化膜比较柔软，存在微小的孔隙，不够致密，所以必须接着进行下一步的硬膜处理。

硬膜处理的目的主要是提高氧化膜的耐磨性、耐蚀性和耐热性。在含磷酸的三氧化铬的水溶液中，将已经着色处理过的不锈钢作为阴极，铅板作阳极，通电，可在阴极上生成三氧化二铬、氢氧化铬等稳定化合物，填塞了氧化膜的微小孔隙。

2. 优点及应用。彩色不锈钢最大优点是保持了金属的光泽，色调艳丽，不会因长时间紫外线的照射而褪去。还具有耐蚀性强、耐热性好、较好的耐磨性等优点。

彩色不锈钢不仅可用于高层建筑、桥梁结构、室内外装潢、商品广告、橱窗陈列、体育用品、工艺美术品，还可以制成机械零部件，适合于机器造型设计和包装，小轿车、摩托车、自行车、照相机、钟表和各种家用电器都可以用彩色不锈钢装饰。

（二）金属玻璃

又称非晶态合金。1960 年，美国科学家皮·杜威等首先发现某些液态贵金属合金（如金硅合金）在冷却速度非常快的情况下，当金属内部的原子来不及"理顺"位置，仍处于无序的紊乱状态时，便马上凝固了，成为非晶态金属。这些非晶体金属材料具有类似玻璃的某些结构特征，故又称为"金属玻璃"。

金属玻璃的制备主要采用"液体急冷法"（快速凝固工艺），用它可以生产带状和丝状金属玻璃制品。

制造厚的块体金属玻璃是很困难的，因为大多数金属在冷却时会突然出现结晶现象。金属玻璃一定会变硬，因为晶格成形时会改变，用纯金属（如铜、镍）去制作金属玻璃，将以每秒钟一万亿摄氏度的速率冷却。且它们只能制造成很薄的条状物、导线或粉末。20 世纪 80 年代，随着块体金属玻璃的问世（直径达到毫米级），非晶态金属的应用才有所推广。块体金属玻璃主要是以锆或铂等作为主要元素机体，成本非常高。科学家们近 20 年来一直在寻找制作便宜的大块金属玻璃的方法，直到现在才取得突破性进展。目前他们研究出来的这代金属玻璃，以 50％ 的铁，加上钼、钇、锰、碳、硼、铬和钴等化学元素，混合而成。其突破点在于：①在技术上，合金的玻璃形成能力大为增强，钇的加入使材料形成非晶态能力大大增强，合金材料的冷却速度放慢了许多；②合成材料用的铁等其他元素都比较便宜，所以成本较低；③产品的尺寸比过去大，过去金属玻璃棒直径只能以毫米计算，现在可以达到 1.2 厘米。更主要的是，通过他们对此种非晶态合金形成机理的详细研究，人们对此类材料的制备、形成能力以及所涉及的凝固过程都有了进一步的认识。

这种新型金属玻璃最主要的特点和优势是：硬度是常规钢材的两倍；由于它内在组合没有缝隙，所以有很强的抗腐蚀能力，不变质，重量轻；在一定的温度下有很高的柔性，它可以像泥巴一样，但完全冷却后又非常坚硬。其不足之处是韧性不够理想。

此类材料的用途非常广泛。由于它的超常坚硬，在军事上可以用于制造枪炮子弹、导弹和装甲车等。在体育上，适合于许多体育用品。比如用在高尔夫球杆上，就可以有更大的反弹力，使球能打得更远。它也可以用在电脑和手机的外壳上，轻便、美观、坚硬。它的性能和特点更为许多珠宝商带来商机。总之，它的用途不胜枚举。

第三章

第三节 无机非金属材料

无机非金属材料是以某些元素的氧化物、碳化物、氮化物、卤素化合物、硼化物以及硅酸盐、铝酸盐、磷酸盐、硼酸盐等物质组成的材料。

无机非金属材料的提法是在 20 世纪 40 年代以后，随着现代科学技术的发展从传统的硅酸盐材料演变而来的。无机非金属材料是与有机高分子材料和金属材料并列的三大材料之一。这一大类材料有高熔点、高硬度、耐腐蚀、耐磨损、高强度和良好的抗氧化性等基本属性，以及宽广的导电性、隔热性、透光性及良好的铁电性、铁磁性和压电性。无机非金属材料品种和名目极其繁多，用途各异，因此，还没有一个统一而完善的分类方法。通常把它们分为普通的（传统的）和先进的（新型的）无机非金属材料两大类。

一、传统的无机非金属材料

传统的无机非金属材料是工业和基本建设所必需的基础材料。如水泥是一种重要的建筑材料；耐火材料与高温技术，尤其与钢铁工业的发展关系密切；各种规格的平板玻璃、仪器玻璃和普通的光学玻璃以及日用陶瓷、卫生陶瓷、建筑陶瓷、化工陶瓷和电瓷等与人们的生产、生活休戚相关。它们产量大，用途广。其他产品，如搪瓷、磨料（碳化硅、氧化铝）、铸石（辉绿岩、玄武岩等）、碳素材料、非金属矿（石棉、云母、大理石等）也都属于传统的无机非金属材料。

（一）陶瓷

陶瓷是陶和瓷的总称，陶的出现比瓷早几千年。它们的制作工艺相同：利用瓷石、粘土、石英、长石等无机非金属天然矿物为原料，经粉碎、混合、磨细、成形、干燥、烧结等传统工艺制成。但它们在原料、烧制温度等方面不同，传统陶瓷在性能上有一个致命的弱点——脆，现在研制出了先进陶瓷和具备更优良性能的纳米陶瓷，陶瓷取代金属材料的时代已为时不远了。所谓先进陶瓷，是以高纯、超细的人工合成的无机化合物为原料，采用精密控制的制备工艺烧结而成的，比传统陶瓷性能更加优异的新一代陶瓷。先进陶瓷又称为高性能陶瓷、精细陶瓷、新型陶瓷或高科技陶瓷。

纳米陶瓷是指显微结构具有纳米量级水平的陶瓷材料。纳米是一种长度单位，1 纳米 $= 10^{-9}$ 米，在后面纳米材料一节中再作详细介绍。

（二）玻璃

玻璃以石英石为主，加入纯碱作为助熔剂和石灰石作为稳定剂，在 1500℃

左右的高温下烧制而成。过去的玻璃品种比较单一，现在人们已开发出许多新的品种，如光学性能优异的光学玻璃，热膨胀系数很小能耐骤冷骤热的钾玻璃，专门制造光导纤维的玻璃、导电玻璃等。玻璃已经从以往仅作为日用器皿和装饰品的一般材料转变为生产、科研等方面不可缺少的重要材料。

（三）水泥

水泥是以生石灰和粘土为主要原料烧制而成。水泥是一种遇水凝结而硬化的材料，主要用于建筑业。由于各项建设的需要，近年我国水泥工业的发展十分迅速，自1985年以来一直保持着水泥生产第一大国的地位。

（四）耐火材料

耐火材料是指能耐1580℃以上高温的材料，在工业生产中有重要的用途。金属冶炼炉、锅炉、窑炉等都必须使用耐火材料作内衬绝热层。

二、新型的无机非金属材料

新型无机非金属材料是20世纪中期以后发展起来的，具有特殊性能和用途的材料。它们是现代新技术、新产业、传统工业技术改造、现代国防和生物医学所不可缺少的物质基础。主要有先进陶瓷（如导体陶瓷、半导体陶瓷、生物陶瓷）、非晶态材料、无机涂层、无机纤维、超硬材料（如碳化钛、人造金刚石和立方氮化硼等）、人工晶体等。

第四节 有机高分子材料

一、有机高分子材料的概念及分类

有机高分子化合物简称高分子化合物或高分子，又称高聚物。高分子化合物是衣、食、住、行和工农业生产各方面都离不开的材料，其中棉、毛、丝、塑料、橡胶等都是最常用的。以往人们使用的高分子材料都取自天然产物。如今，天然高分子材料已经不能满足生产、生活和科技各方面日益增长的需要。近代化学化工科学技术的迅速发展，创造了许多自然界从来没有过的人工合成高分子化合物，对满足各种需求做出了重要贡献。

高分子是由一种或几种结构单元多次（$10^3 \sim 10^5$）重复连接起来的化合物。它们的组成元素不多，主要是碳、氢、氧、氮等，但是相对分子质量很大，一般在10 000以上，可高达几百万，因此才叫做高分子化合物。一般高分子化合物由一种或几种简单的低分子化合物聚合而成，所以又称为高聚合物。

高分子化合物的基本结构特征，使它们具有跟低分子化合物不同的许多宝贵性能。例如，机械强度大、弹性高、可塑性强、硬度高、耐磨、耐热、耐腐蚀、耐溶剂、电绝缘性强、气密性好等，使高分子材料具有非常广泛的用途。

随着化学化工的发展，高分子化合物的品种日益增加。对众多的高分子化合物可以从不同角度进行分类。通常的分类方法有：①根据来源分为天然高分子化合物、合成高分子化合物和半合成高分子化合物。天然高分子化合物如纤维素、淀粉等；各种人工合成的高分子如聚乙烯、聚丙烯等称为合成高分子化合物；醋酸纤维素等为半合成高分子化合物。②根据合成反应特点分为聚合物、缩合物和开环聚合物等。③根据性质和用途分为塑料、橡胶、纤维等。

最初人们对有机高分子材料仅限于对天然高分子化合物的改性研究。如对天然橡胶的化学改造，制成了硫化橡胶等。由于天然高分子化合物原料受到限制，在 20 世纪初开始人工合成有机高分子化合物，合成橡胶、合成纤维和塑料在人工合成的有机高分子材料中发展最快，应用最广，被称为三大有机合成材料，简称三大合成材料。

二、橡胶

橡胶根据来源可分为天然橡胶和合成橡胶两大类。

（一）天然橡胶

天然橡胶来自热带和亚热带的橡胶树。由橡胶树干切割口，收集所流出的胶浆，经过去杂质、凝固、烟熏、干燥等加工程序而形成的生胶料。

由于橡胶在工业、农业、国防领域中有重要作用，因此它是重要的战略物资，这促使缺乏橡胶资源的国家率先研究开发合成橡胶。

早期合成橡胶的发展是同当时的战争紧密联系的。第一次世界大战期间，德国合成了橡胶汽车轮胎，但由于质次价高，战后停止了生产。第二次世界大战期间，德国、前苏联等开始大规模生产合成橡胶，从此合成橡胶进入大发展阶段。

（二）合成橡胶

由石油化学工业所产生的副产品，依不同需求，合成不同物性的橡胶。通过对天然橡胶的化学成分进行剖析，发现它的基本组成是异戊二烯。于是启发人们用异戊二烯作为单体进行聚合反应，得到了合成橡胶，称为异戊橡胶。异戊橡胶的结构与性能基本上与天然橡胶相同。由于当时异戊二烯只能从松节油中获得，原料来源受到限制，而丁二烯则来源丰富，因此以丁二烯为基础开发了一系列合成橡胶。如顺丁橡胶、丁苯橡胶、丁腈橡胶和氯丁橡胶等。目前世界上有合成橡胶 40 多种，占橡胶制品大约 70% 以上。合成橡胶根据性能分为通用合成橡胶和特种合成橡胶两大类。

1956 年，高分子化学家瓦尔克发现了某些活性高分子在聚合中，只要加入单体就继续聚合，单体耗尽，则停止聚合。后来他的学生密尔苛维希开发了嵌段共聚技术，可使高分子化合物呈三个嵌段，头尾为硬段，即具有刚性，中段为软段即柔性。于是这种材料刚柔相济，后来人们把它叫做热塑性弹性体。

热塑性弹性体兼有塑料和橡胶的性能。在常温下，它很像橡胶，可以拉长到原长的 3 ~ 10 倍而不断；在高温下，它又像塑料那样便于塑化成形。这种热塑性弹性体，不需要硫化和加炭黑就具有橡胶的弹性和强度，又能像塑料一样加工和反复使用，省时省钱。人们把它誉为第三代橡胶。

有一种热塑性弹性体，它的分子结构是多个嵌段在一端相连，呈放射状的星形，就像神话中的千手观音那样，从身体上伸出许多条手臂。这种星形多臂的热塑性弹性体，臂数可有 5 ~ 29 个，它的一个好处是加工方便。我们知道，要提高材料的弹性和强度，就要求分子量增大，但一般高分子材料分子量一大，就导致粘度增大，难于加工。而这种星形材料却能够做到分子量很大而粘度并不太大，十分著名的 K 树脂就是其一，用它做的包装材料，透明性和韧性都无与伦比。

橡胶经历了从天然橡胶到橡胶改性、合成橡胶，再到特种橡胶和热塑性弹性体的发展过程，它的发展正是人类文明进步的一个缩影，清晰地反映出人类从利用大自然馈赠的现成材料，走向揭开材料结构的奥秘，创造自己所需要的材料，让大自然更好地为人类服务的过程，橡胶的不断发展也必将为人类做出更大的贡献。

三、纤维

纤维是聚合物经一定的机械加工（牵引、拉伸、定型等）后形成的细而柔软的细丝，具有弹性模量大、受力时形变小、强度高等特点。

纤维大体分人造纤维和合成纤维。

人造纤维是利用自然界的天然高分子化合物——纤维素或蛋白质作原料（如木材、棉籽绒、稻草、甘蔗渣等纤维或牛奶、大豆、花生等蛋白质），经过一系列的化学处理与机械加工而制成类似棉花、羊毛、蚕丝一样能够用来纺织的纤维。如人造棉、人造丝等。

合成纤维的化学组成和天然纤维完全不同，是从一些本身并不含有纤维素或蛋白质的物质（如石油、煤、天然气、石灰石或农副产品）中加工提炼出有机物质，再用化学合成与机械加工的方法制成纤维。

第三章

此图是由杜邦公司制造的最早的"尼龙"

目前世界上最常用的合成纤维有：锦纶、涤纶、腈纶、丙纶、维纶和氯纶。合成纤维具有强度高、防蛀等优点，已经成为人们生产和生活不可缺少的重要材料。据估计，现在世界上合成纤维制品已占全部纤维制品的三分之一以上。近年我国化学纤维工业发展十分迅速，1995 年的总产量达到 290 万吨，居世界第二位。

而纤维更大的作用不再停留在日常穿着上了，粘胶基碳纤维帮导弹穿上"防热衣"，可以耐几万度的高温；无机陶瓷纤维耐氧化性好，且化学稳定性高，还有耐腐蚀性和电绝缘性，航空航天、军工领域都用得着；聚酰亚胺纤维可以做高温防火保护服、赛车防燃服、装甲部队的防护服和飞行服；碳纳米管可用作电磁波吸收材料，用于制作隐形材料、电磁屏蔽材料、电磁波辐射污染防护材料和"暗室"（吸波）材料。

纤维还可用于环保领域。聚乳酸作为可完全生物降解性塑料，越来越受到人们重视。可将聚乳酸制成农用薄膜、纸代用品、纸张塑膜、包装薄膜、食品容器、生活垃圾袋、农药化肥缓释材料、化妆品的添加成分等。

纤维在医药方面的应用非常广泛。甲壳素纤维做成医用纺织品，具有抑菌除臭、消炎止痒、保湿防燥、护理肌肤等功能，因此可以制成各种止血棉、绷带和纱布，废弃后还会自然降解，不污染环境；聚丙烯酰胺类水凝胶能控制药物释放；聚乳酸或者脱乙酰甲壳素纤维制成的外科缝合线，在伤口愈合后自动降解并吸收，病人就不用再动手术拆线了。

四、塑料

塑料有单成分、多成分之分。单成分塑料仅含有塑料中必不可少的合成树脂。如有机玻璃就是一种单成分的聚甲基丙烯酸甲酯的塑料制成的，而大多数的塑料除有合成树脂外，还有填充料、硬化剂、着色剂以及其他添加剂，这就是多成分塑料。

第三章

在塑料中几乎都采用合成树脂。树脂是塑料中最主要的成分，起着胶粘剂的作用，能将塑料的其他成分胶结成一个整体。虽然加入各类添加剂可以改变塑料的性质，但树脂是决定塑料类型、性能及使用的根本因素。在塑料装饰材料中常用的树脂种类有：聚乙烯（PE）、聚氯乙烯（PVC）、聚苯乙烯（PS）、酚醛（PF）、脲醛（UF）、环氧（EP）、聚酯（PR）、聚氨酯（PU）、聚甲基丙烯酸甲酯（PUMA）、有机硅（SI）等。

关于塑料的分类。塑料的分类体系比较复杂，各种分类方法也有所交叉，常规分类主要有以下三种：①按使用特性分类。根据各种塑料不同的使用特性，通常将塑料分为通用塑料、工程塑料和特种塑料三种类型。②按理化特性分类。根据各种塑料不同的理化特性，可以把塑料分为热固性塑料和热塑性塑料两种类型。③按加工方法分类。根据各种塑料不同的成型方法，可以分为膜压、层压、注射、挤出、吹塑、浇铸塑料和反应注射塑料等多种类型。

五、氟树脂

氟树脂具有优异的热性能、化学性能、易清洁性能和无毒性能，应用广泛，很受人们的喜爱。氟树脂家族中的老大是聚四氟乙烯，它被誉为"塑料王"。聚四氟乙烯具有最好的耐化学腐蚀和耐老化的性能，在基础化学工业中做出了巨大贡献。除此以外，聚四氟乙烯是一种摩擦系数非常小的物质，在机械制造业等方面应用广泛。聚四氟乙烯还可作为人体器官的替代品，在医学领域广泛应用。

氟家族中除聚四氟乙烯外，其它的也都具有各自独特的优点。如 1990 年杜邦公司推出的新成员"特弗龙-AF"，具有优异的介电性能、良好的尺寸稳定性、高温下的刚性、光滑的表面和不被腐蚀的化学惰性。用它可制成新一代高速电子计算机的线路介质层和集成电路芯片。用它制成的薄膜经均匀掺杂后，可成为微米级、亚微米级的高绝缘理想材料。完全非晶态的"特弗龙-AF"有优异的光学清晰度，透过可见光的能力大于95%，可算是最好的透光材料之一。它可以成为制造光纤的最好材料，还可以用来作为微波、雷达系统中透镜的表面涂层和光学涂层。"特弗龙-AF"优异的生物相容性，使它在医学领域也能大显身手。

现代塑料除氟树脂外，还出现了如能导电的聚乙炔塑料等，各种新型塑料层出不穷，为现代科学技术的发展做出了贡献。

第五节　复合材料

一、复合材料概念

复合材料是以一种材料为基体，另一种材料为增强体组合而成的材料。各种材料在性能上互相取长补短，产生协同效应，使复合材料的综合性能优于原组成材料而满足各种不同的要求。如由水泥和砂石组成的混凝土虽然坚硬但韧性不足，在其中加上钢筋正好使之得到弥补，钢筋混凝土是较早被大量采用的复合材料之一。近数十年来复合材料深为人们所重视。近年来发展比较迅速的复合材料主要有玻璃钢、碳纤维复合材料和陶瓷复合材料等。

二、复合材料分类

复合材料按其组成分为金属与金属复合材料、非金属与金属复合材料、非金属与非金属复合材料。按其结构特点又分为纤维增强复合材料、细粒复合材料、层叠复合材料。

（一）纤维增强复合材料

纤维增强复合材料主要包括纤维增强塑料、纤维增强金属和纤维增强陶瓷。

玻璃钢是一种玻璃纤维增强塑料，它的比重只有钢铁的 $1/4 \sim 1/5$，强度则可与钢材相媲美，是目前产量最高，用途最广的复合材料。把玻璃纤维纺成纱，织成布，层层重叠放在热熔树脂里热压成形，就成为玻璃钢。玻璃钢具有耐高温、抗腐蚀、强度高等优点，被广泛用于机械、化工、建筑、航空、航天和日常生活等很多方面。

碳纤维是用聚合物纤维（如腈纶、粘胶纤维等）在隔绝氧气的条件下经高温处理而成，因它的基本组成元素是碳，所以称为碳纤维。用制造玻璃钢相似的方法使碳纤维与树脂结合成碳纤维复合材料，碳纤维复合材料也属于纤维增强塑料，由于碳纤维的强度比玻璃纤维高 4 倍，因此其性能比玻璃钢更加优越，现已在化工、机电、造船，尤其是在航空航天技术上得到广泛的应用。我国碳纤维的研究从 1960 年开始，主要以聚丙烯为原料。1990 年碳纤维总生产能力已达到 300 吨。

此外，碳纤维与陶瓷制成的复合材料也有极好的发展前途。

（二）细粒复合材料

细粒复合材料是用两种或两种以上不同类型材料的微小颗粒混合在一起，采用类似陶瓷的生产工艺制作出来的一种新型材料。金属陶瓷是细粒复合材料的典型代表，它是用金属和陶瓷原料进行混合、加压、烧结制成的。

（三）层叠复合材料

层叠复合材料是将两种不同类型材料的薄膜叠合在一起，使其具有双重性质的新型材料。

三、先进复合材料

现代材料发展很快，除了利用各种先进手段来制造一些新型材料外，我们也不断开拓传统材料，传统材料开拓的方法之一就是用复合材料来发现材料的新功能。现代生活中的简单复合材料比比皆是，如建筑用的钢筋混凝土，它是以钢筋为增强材料，以混凝土为基体材料，制成后比钢筋或混凝土都来的坚固，不易断裂损坏。但现代科学技术，尤其是在 20 世纪 60 年代以来，航空航天事业的飞速发展对复合材料提出了非常高的要求，我们称作"三高一低"。前面我们已经介绍了玻璃钢与普通的玻璃、塑料或金属等相比具有耐高温、抗腐蚀、强度高等优点，但它并不能满足我们航空航天事业的需要，主要原因是它刚性差，易变形，所以它逐渐被先进复合材料所代替。

先进复合材料主要具有"三高一低"的性能，即：高强度、高模量、耐高温和低密度。模量，在这里是指弹性模量。这是一个表征材料刚度的物理量，一般用材料所受外力同在这个外力下材料所发生的形变之比来计算。弹性模量越大，说明这种材料越不容易发生形变，也就是说，其刚度越高。

制造先进复合材料一般从两方面入手即增强材料和基体材料的改进。在增强材料方面，人们使用了多种纤维材料，主要有碳纤维、硼纤维、芳纶纤维、碳化硅纤维、氧化铝纤维等，这些都是比玻璃纤维更优越的纤维材料。在基体材料方面，用于先进复合材料的有树脂、金属和陶瓷等，因此先进复合材料可分为树脂基复合材料、金属基复合材料和陶瓷基复合材料。

先进复合材料的应用几乎涉及各个领域。在航天领域中，先进复合材料除了做导弹的头锥、火箭的喷管，航天飞机的机翼前缘等优良的热防护材料外，还广泛用作结构材料，如卫星天线及其支撑结构、太阳能电池翼和外壳、各种受力骨架、运载火箭壳体、航天飞机舱门等。在汽车工业中，先进复合材料可用来制造车身、底盘、悬挂结构、传动轴、发动机架等。用先进复合材料制造的轿车车身，比钢制的车身轻 60%。

先进复合材料的出现还使材料设计从常规设计转向仿生设计。例如，风力发电机的风翼和直升飞机的机翼所用的材料就是仿造了动物的骨骼结构：其内层结构是硬泡沫塑料，相当于骨骼中心的疏松泡沫组织；中层结构是玻璃纤维增强的复合材料，相当于骨骼中间质地较柔韧的骨纤维与骨质素的复合体；外

第三章

层结构则是刚度、强度都很高的碳纤维复合材料，相当于骨骼表面质地坚硬的骨纤维含量高的组织。仿生设计不仅提供了生动活泼、丰富多彩的设计思路，而且可以启发人们参照生物体的功能机制设计出新型的功能复合材料。

四、复合材料的应用

复合材料的主要应用领域有：①航空航天领域。由于复合材料热稳定性好，比强度高、比刚度高，可用于制造飞机机翼和前机身、卫星天线及其支撑结构、太阳能电池翼和外壳、大型运载火箭的壳体、发动机壳体、航天飞机结构件等。②汽车工业。由于复合材料具有特殊的振动阻尼特性，可减振和降低噪声、抗疲劳性能好，损伤后易修理，便于整体成形，故可用于制造汽车车身、受力构件、传动轴、发动机架及其内部构件。③化工、纺织和机械制造领域。由良好耐蚀性的碳纤维与树脂基体复合而成的材料，可用于制造化工设备、纺织机、造纸机、复印机、高速机床、精密仪器等。④医学领域。碳纤维复合材料具有优异的力学性能和不吸收 X 射线的特性，可用于制造医用 X 光机和矫形支架等。碳纤维复合材料还具有生物组织相容性和血液相容性，生物环境下稳定性好，也用作生物医学材料。此外，复合材料还用于制造体育运动器件和用作建筑材料等。

第六节　纳米材料

一、概念及其发展

（一）概念

"纳米"是一个尺度的度量，最早把这个术语用到技术上是 1974 年底，但是以"纳米"命名材料是在 20 世纪 80 年代。它作为一种材料的定义把纳米颗粒限制到 1～100 纳米范围内。广义地，纳米材料是指三维空间中至少有一维处于纳米尺度范围或由它们作为基本单元构成的材料。

如果按维数，纳米材料的基本单元可以分为三类：①零维，指在空间三维尺度均为纳米尺度颗粒、原子团簇等；②一维，指在空间有二维处于纳米尺度，如纳米丝、纳米棒、纳米管等；③二维，指在三维空间中有一维在纳米尺度，如超薄膜、多层膜等。纳米材料也存在于自然界中，但为数不多，大多是人工制造的。

（二）纳米材料的发展

纳米材料的发展，大致可划分为三个阶段。

第一阶段（1990 年以前）主要是在实验室探索用各种手段制备各种材料的纳米颗粒粉体，合成块体，探索纳米材料不同于常规材料的特殊性能。

第二阶段（1990～1994 年）人们关注的热点是如何利用纳米材料已挖掘出来的奇特物理、化学和力学性能，设计纳米复合材料。

第三阶段（1994 年至今）纳米组装体系，人工组装合成的纳米结构的材料体系越来越受到人们的关注或者称为纳米尺度的图案材料。

二、纳米材料的性质

（一）奇特的物性

纳米微粒具有大的比表面积，在热、磁、光等方面不同于正常粒子。纳米微粒的熔点、开始烧结温度等均比常规粉体低得多。纳米微粒还出现了常规材料不会出现的新的发光现象。如硅是具有良好的半导体特性的材料，但不是好的发光材料，随着纳米微粒的研究，人们看到了硅的"闪光"。

（二）扩散及烧结性能

当材料处于纳米晶状态时，材料的固溶扩散能力往往提高。扩散能力的提高，可使一些通常较高温度才能形成的稳定相在较低温度下就可以存在。扩散能力增强产生的另一结果是可以使纳米材料的烧结温度大大降低。

（三）力学性能

许多实验表明，与传统材料相比，纳米结构材料的力学性能有显著的变化。一些材料的强度和硬度成倍的提高。

（四）超塑性

超塑性是指材料在断裂前产生很大的伸长量。纳米材料具有很好的超塑性。

三、纳米材料

（一）纳米陶瓷

众所周知，传统的陶瓷材料通常是脆性材料。但是，纳米陶瓷材料则不同，它具有很好的韧性和延展性。

纳米陶瓷具有如此特性，主要是它的显微结构更加细微，具有纳米量级水平，即晶粒尺寸为 1～100 纳米。这种显微结构的微细变化会引起陶瓷在性能上的质变。例如，纳米陶瓷晶粒细化，有助于晶体间的滑移，从而导致了超塑性；因为晶粒细化，材料中的气孔和其他缺陷尺寸减小，可获得少缺陷甚至无缺陷的陶瓷，其力学性能大幅度地得到提高。总之，纳米陶瓷使陶瓷的原有性能得到很大的改善，以致在性能上发生突变，甚至出现新的性能或功能。

要获得纳米陶瓷，必须制备相应的甚至更细的陶瓷粉末，需要寻找新的粉料制备方法，探索成型和烧结新工艺等。

目前在陶瓷显微结构微细化方面，人们已经取得了一些研究成果。例如，晶粒非常细小的氧化铁陶瓷的力学性能得到了改善，亚微米晶粒的钛酸钡陶瓷的电学性能已有大幅度提高。预计到 21 世纪初，在研制纳米陶瓷方面会取得重大突破。

（二）纳米金属材料

一般来说，延展性好的金属材料强度较低，而强度高的金属材料的延展性较差。制备同时具有较高强度和韧性的金属材料，一直是金属材料学家的目标。随着纳米金属材料的出现，使这个目标得以实现。

纳米金属材料另一特点是熔点极低。这一特点使在低温条件下将纳米金属冶烧成合金成为可能，而且可望将一般不可互熔的金属冶烧成合金，可制做出质量轻、韧性好、强度高的特种合金。

纳米金属材料将广泛用于制造诸如速度快、容量高的原子开关和分子逻辑器件等高技术领域中。

除以上两种纳米材料外，还有可隐形的纳米聚合物材料和功能齐全的纳米复合材料，在此不再一一详述。

四、纳米材料的应用

材料是现代科学技术的物质基础，同样纳米材料在今后的信息科学和其它领域无疑将唱主角。纳米材料在高科技领域中的应用主要有：

（1）新型能源光电转换、热电转换材料及应用；高效太阳能转换材料及二次电池材料；纳米技术在海水提氢中的应用。

（2）环境。光催化有机物降解材料、保洁抗菌涂层材料、生态建材，处理有害气体减少环境污染的材料。

（3）功能涂层材料。具有阻燃、防静电、吸收散射紫外线、隐身涂层等功能。

（4）新型用于大屏幕平板显示的发光材料。

（5）超高磁能第四代稀土永磁材料。

除此之外，纳米半导体材料将展现出广阔的应用前景。

第七节　智能材料

智能材料的研制是近年材料科学的热点之一。智能材料的构想源自仿生，目标是要获得具有类似生物材料的结构及功能的"活"材料。它能够感知外界环境的刺激或内部状态所发生的变化，通过材料自身的信息处理和某种反馈机制，实时地改变材料自身一个或多个性能参数，做出恰当的、及时的反应，同变化后的环境相适应。

有些功能材料可以感知环境变化或执行某种驱动指令，但是其自身不具备信息处理和反馈机制，不具备顺应环境变化的自适应性，被称为机敏材料。它是智能材料的低级形式。

智能材料则具有顺应环境条件变化的一些特性，如信息选择性、结构和功能候补性、行为开关性，以及自诊断、自修复、自增强等性能。迄今为止，许多人对材料是否能真正具有智能存有疑问，但只要想一想最简单的、具有低级智能属性的材料———变色眼镜片，我们就可相信，赋予材料以智能，至少是部分智能属性，并非幻想。有关智能材料的研究刚刚开始，定义尚不统一，但其内涵一般应包括：①具有感知功能，能检测并可识别外界（或内部）的刺激强度。如应力、应变、热、光、电、磁、化学或核辐射等。②具有驱动特性及响应环境变化功能。③能以设定的方式选择和控制响应。④反应灵敏、恰当。⑤外部刺激条件消除后，能迅速回复到原始状态。

因此，智能材料应具备感知、处理和驱动三个基本要素。由于现有的单一均质材料通常难以具备多功能的智能特性，因此，往往需要两种或几种材料的复合，构成一个智能材料体系。它的设计、制备、加工及结构和性能表征均涉及材料科学中最前沿的领域，集中反映和代表了材料科学的最高水平和最新发展方向。

所谓智能材料是把光纤、传感器甚或微电脑嵌入某些结构材料之中，使其具有"神经"或"大脑"的功能。例如，把光纤和传感器嵌入制造飞机机翼的材料中，当机翼出现险情时可以及时将有关信息传送出来并自动报警。人们也正在研制内嵌微电脑的桥梁结构材料，希望它能在桥梁的一些部位出现裂缝时具有自动调节修复的能力。这样一些具有"智能"的材料将从根本上改变传统的材料的概念，不过目前还没有成为现实，相信不久将有所突破。现在研究出的只是有一些初级智能的材料，如感温磁钢、记忆合金等，下面就此两种材料作一个简单介绍。

一、形状记忆合金

形状记忆合金是一种能够记住自己原来形状的特殊金属材料。用这种记忆合金制成某种形状的器具后，如受到外力的冲击、弯折等作用而发生形变，只要用火焰、热水等对它加热，就能立刻恢复原状，好像通过加热使它"记忆"起原来的形状一样。难道金属也有"记性"吗？其实，只是形状合金具有与一般金属不同的新特性而已。

普通的金属形变一般有两种，即弹性形变和塑性形变。弹性形变就是我们在用不大的力拉一物体时，物体的伸长与所受到的拉力成正比，撤去外力，物体又恢复到原来的长度。如果我们的拉力过大，超过了材料的弹性范围，外力撤去后，物体就不能恢复到原来长度了，我们把这种形变称为塑性变形。普通的金属一旦产生了塑性变形，即使加热也不会恢复到原来的形状。

然而，形状记忆合金具有与一般金属不同的特性，它们虽然产生了塑性变形，但只要稍微加热（通常只要加热到20℃～30℃），便仿佛有记性似地恢复到原来的形状。这种特性对于传统的塑性变形概念来说，简直是不可思议。

那么，究竟为什么这类合金能"记住"自己以前的形状呢？要阐明它的机理需要冶金学、金属物理学等多种学科的知识，会涉及到许多专业术语和名词，这些都是科学家们锲而不舍、孜孜不倦研究的课题，至今还有不少问题未能完全搞清楚。

从根本上来说，形状记忆合金的特性是由它的内部晶体结构所决定的。这类合金在一定的温度范围内具有一定的外形，而且，合金内部的原子排列具有同外形相适应的可逆转变结构。形状记忆合金都有一定的转变温度，在转变温度以上，加工成欲记忆的形状，合金内部原子则排列成一种稳定的结晶构造。把它冷却到转变温度以下，施加外力改变它的外形，此时，它的原子结合方式并未发生变化，只是原子离开自己原来的位置，在邻近的位置上暂时地停留着。如果把这种变形后的记忆合金加热到转变温度以上，由于原子获得了向稳定结晶构造转变所需的能量，就又重新回复到原来的位置，从而又恢复了以前的形状。

记忆合金用途也是非常广泛的。首先为宇航事业立下了汗马功劳。如为了将月球上收集到的各种信息发回地球，必须在月球上架设直径为好几米的半球形月面天线。然而，要把这种庞然大物直接放进宇宙飞船的船舱中，几乎是不可能的。美国航宇局先用镍钛合金（这种合金非常强硬，刚度很好）在40℃以上制成半球形的月面天线，再让天线冷却到28℃以下。这时，合金内部发生了结晶构造转变，变得非常柔软，所以很容易把天线折叠成小球似的一团，放进宇宙飞船的船舱里。到达月球后，宇航员把变软的天线放在月面上，借助于阳光照射或其他热源的烘烤使环境温度超过40℃，这时天线犹如一把折叠伞那样自动张开，迅速投入正常的工作。

其次，记忆合金在医疗器械方面也有着广泛的应用。例如，在治疗骨折的外科手术中，用形状记忆合金制造人工骨骼拉杆，依靠人的体温即可将骨缝接合固定，大大加快了骨骼愈合的速度。同样，将形状记忆合金事先连接在弯曲的脊椎骨上，依靠人的体温使合金伸直，就可以达到矫正脊椎骨的目的。而用形状记忆合金来补牙，任蛀洞七弯八绕，也能镶嵌得十分紧密。此外，它还可用于人造心脏瓣膜、人造关节、人工肾微型泵等。

形状记忆合金还可以用于能源的开发和利用。美国、英国、比利时等国正在研究固体热能发动机，使形状记忆合金往返于温差为 20℃～30℃ 的两个水槽之间，利用它的变形、恢复产生的力量，推动主轴旋转，将机器发动起来。它不需要消耗煤、油等燃料，也不消耗电能，无废渣、废气，不污染大气环境，还可利用太阳能、海洋能、地热能等自然资源或工厂的余热。所以形状记忆合金在发生能源危机、公害横行的今天，确实值得开发和利用。

现在已研究出的记忆合金有：镍钛合金、铜锌铝合金、铜镍铝合金、铁铂合金等。目前，世界各国正在积极发展"生物记忆"、"材料记忆"和"计算机记忆"三大记忆技术，如将形状记忆合金和其他高技术相结合，它必将发挥更大的作用。

二、感温磁钢

感温磁钢是一种磁性随温度的高低而变化的磁性材料。

感温磁钢在室温时具有磁性，当温度升高到某一临界温度（称"居里点"）时，感温磁钢内部分子结构发生变化，而失去磁性。主要应用于"热自动控制"。

第八节　两种功能材料

按材料用途和性能可分为能源材料和信息材料等。

一、能源材料

（一）换能材料

换能材料是指能把一种形式的能量转化为另一种形式的能量的材料。它包括光电材料、热电材料、压电材料等。

1. 光电材料。是指可以将光能转化为电能的材料。光电材料目前主要用于制造太阳能电池。实际上，用于太阳能电池的光—电转换材料有许多种，它们各有优劣利弊。例如：硅（包括单晶硅、多晶硅、非晶硅）、硫化镉、磷化铟、砷化镓、砷化镓、砷化铝等。

磷化铟、砷化镓等材料的光—电转换效率高，但原料少、造价高，难以大量开发使用，目前主要用于卫星用的太阳能电池上。而一般常用的是单晶硅，它的转换效率也可达 13%～17%，超过了理论极限值 24% 的一半以上。

单晶硅的生产工艺很复杂，耗能多、价格贵。多晶硅效率较差，但制备比单晶硅容易。上述两种材料都有一定局限性。因此，各国又把希望转向比较廉价的非晶硅薄膜上。

采用非晶硅薄膜光—电转换材料，最好的是砷化镓。它主要有两大优点：一是价格低，包括材料便宜；用料少，单晶硅薄膜厚度要 100 微米，而非晶硅只要 0.5～1 微米即可，两者相差一二百倍；生产设备简单、耗量低；可连续大规模生产，因此是大幅度降低成本的重要材料之一。二是光—电转换效率可逐步提高。非晶硅材料如能达到转换效率 15% 以上的大面积制品，则将成为太阳能电池的主流材料。

光电材料可以将光能转化为电能的原理在"能源科学技术"的有关章节再做详细介绍。

2. 热电材料。是指可使热能和电能之间相互转化的材料。两种金属构成的闭合回路，若使两个接头处的温度不同，就会在回路中形成电动势而产生电流，这种现象为塞贝克效应。据此可制成温差热电偶，可用于测量温度。

与上述效应相反的过程是，两种金属构成的通电闭合回路，通电会使两种金属的两个结点处温度不同，一头发热，一头发冷，这种现象称为珀耳帕效应，据此原理可研制制冷设备。

3. 压电材料。是指可使机械能和电能之间相互转化的材料。压电材料能把机械能和电能相互转换，主要是它具有压电效应。压电材料在机械力作用下产生变形，会引起表面带电的现象，而且其表面电荷密度与应力成正比，这称为正压电效应。反之，在某些压电材料上施加电场，会产生机械变形，而且其应变与电场强度成正比，这称为逆压电效应。如果施加的是交变电场，材料将随着交变电场的频率作伸缩振动。施加的电场强度越强，振动的幅度越大。正压电效应和逆压电效应统称为压电效应。

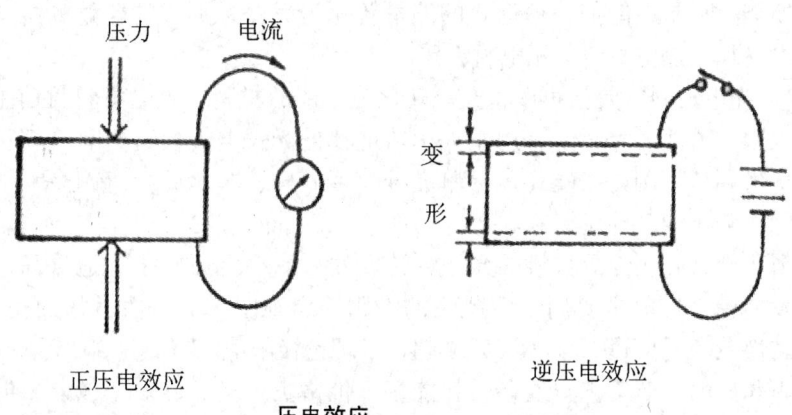

正压电效应　　　　　　　　　逆压电效应

压电效应

压电材料应用非常广泛，而且与人类的生活密切相关，应用归纳如下：

（1）能量转换。可将机械能转化为电能，可用于制造压电打火机、炮弹引爆装置等。还可把电能转换为超声振动，用于水下探寻，金属无损探伤，超声医疗等。

（2）传感。用压电材料制成的传感器可用来检测微弱的机械振动并将其转换为电信号。可应用于环境保护、气象探测等。

（3）驱动。利用压电材料的逆压电效应产生形变，以精确控制位移，可用于精密仪器加工、光纤技术及生物工程等领域。

（4）频率控制。可用来制造各种滤波器和谐振器。

其他换能材料还有电声材料、声光材料、光敏材料、热敏材料、光化学材料等，不再一一介绍。

（二）贮能材料

贮能材料是指能够贮存能量或能够贮存能源物质的材料。

广义地讲，在日常生活和自然现象中普遍存在着贮能现象。但现代科学技术中所谈的贮能材料，专指一些重点研制的新兴材料，例如贮电材料、贮氢材料等。如已研制成功的吸氢合金。

（三）输能材料

输能材料是指输送能量的材料。在生产和生活中存在着许多这类材料。在此只重点介绍"超导材料"。

1911年，莱顿大学低温物理实验室的领导者开默林—昂内斯在实验中发现了一个令人十分惊异的现象：若把汞、铅、锡这些金属导体置于10K（-263℃）以下的液氦中，它们的电阻会突然变得非常小，其数值接近零。这种现象称为"超导现象"，具有超导现象的材料称为超导材料。超导材料由于电阻接近于零，那么在电能输送过程中，就可避免由于输电线路存在着电阻，而使部分电能转化为热能而损耗掉。如果能研制出一些在温度不太低的条件下即具备超导性能的材料，将有可能节省大量能源。各国科学家正为此展开一场激烈的竞争，我国物理学家的成绩一直居于前列。如1990年初，中国科技大学用掺锑铋系材料取得了132K（-141℃）的临界温度，这是当时公认的最高临界温度。最近有报道称，美国得克萨斯超导中心的研究小组开发出一种可在153K时实现超导的材料。人们都期待着不久的将来取得根本性的突破，研制出常温超导材料，到那时超导材料必将为人类做出更大贡献。

众所周知，我们目前使用的导体主要是金属导体，而超导体不仅有金属超导体，还有陶瓷超导体、高分子超导体和碳素超导体。超导体除具有零电阻特性外，还具有完全的抗磁性，即只要消耗极小的电力，就可获得10万高斯以上

第三章

的稳态强磁场。利用这一特性可制造超导发电机、磁流体发电机等。因此，超导材料不仅在电力传输，而且在新电力能源的开发上都具有巨大功效。随着超导材料的进一步发展，必将对人类未来能源的应用产生更大的影响。

二、信息材料

信息材料是指能够制造信息设备的重要元件或能够传递、记录和贮存信息的材料。信息材料主要包括三类：半导体材料、信息传递材料、信息记录和贮存材料。

（一）半导体材料

所谓"半导体"，就是电性能介于导体和绝缘体之间的一种特殊物质。

半导体有三个显著特性：

（1）当光线照射在半导体上时，会马上有很强的导电性；当没有光照时，又呈现绝缘体状态。

（2）当外界温度改变时，半导体的导电性也随之明显变化。

（3）在纯净半导体中掺入微量（百万分之一）杂质时，就可使导电性增加百万倍（加入特定元素可形成两种不同的半导体，即 N 型半导体和 P 型半导体）。

半导体的种类很多，按其化学成分可以分为元素半导体和化合物半导体；按其是否含有杂质，可以分为本征半导体和杂质半导体；按其导电类型，可以分为 N 型半导体和 P 型半导体。此外，还可分为磁性半导体、压电半导体、有机半导体、玻璃半导体、气敏半导体等。

常用的半导体材料有：硅、砷化镓、锗等。

硅是目前半导体工业的主要材料。其资源丰富，禁带宽度较大，使用温度较高。一些高、中电阻率的硅单晶主要用来制造整流二极管和可控硅整流器。

砷化镓是目前应用最广的化合物半导体。适用于光电子器件和固体微波器件两个领域，在电子计算机和发光二极管中的应用都有较大的发展。

锗是一种发展得较早的半导体，虽在许多方面比不上硅，但迁移率较高，可制作高频低噪声和高速器件。锗又是一种良好的红外光学材料和光导纤维材料，故重新受到人们重视。半导体加工逐渐深入到原子级，超大规模集成电路的发展。

半导体材料现在成了制造晶体管、集成电路等电子器件的基本材料，为发展计算机技术、通信技术、航空航天技术等做出了巨大贡献。

（二）信息传递材料

信息的载体很多，可以通过电磁信号、声音、图像、文字、手势等多种方式来传递和表达，所以包括我们人的手、眼、嘴等身体各部位以及纸、笔等外部介质，因此说信息传递材料的种类很多，我们在此只对与我们现代科学技术有关的一些传递材料，简单做一介绍。

（1）传递电信号的信息传递材料。各类金属导体、同轴电缆、波导管等。

（2）传递光信号的信息传递材料。"光导纤维"——可利用光的全反射原理来传递光信号的玻璃纤维细丝。一般通信用的光导纤维主要由两部分构成，即纤芯和包覆纤芯的低折射率的包层。纤芯主要是由非晶态的石英玻璃所组成，并掺杂了锗、磷和硼的氧化物等，以改变折射率。光纤的包层，一般由高硅玻璃制成，其折射率低，并要与纤芯的折射率相匹配，以减少光的散射。为了保护光纤表面不受损伤，往往要包覆一层薄薄的塑料，一般为氨基酸乙酯和硅树脂。通信用石英光纤的光损耗已接近理论极限值，现又研究出了晶体光纤和塑料光纤。

（3）传递温度变化的信息材料。湿敏材料，如 $MgCrO_3$-TiO_2。

（4）传递温度变化的信息材料。温敏材料，如 $LiTaO_3$。

（5）传递光强度变化的信息材料。如光敏材料。

（三）信息记录和贮存材料

信息可以用表情、动作、声音、文字、图像、电磁波等形式表现，因此，记录和贮存材料的方法也多种多样。

我们日常生活中的纸、笔、照片、磁带、录像带、软盘等都是记录和贮存信息的材料。现在信息记录和贮存材料发展迅速。如计算机硬盘存贮量可达180GB 以上，数码相机内存卡目前最大 32G，而手机内存卡可达 8G，且数目还在不断翻新。

第九节　国内外开发的新材料及发展趋势

一、国内外开发的新材料

现代科学技术的发展日新月异，对材料工业提出了新的要求，除前面已介绍过的金属玻璃、先进陶瓷、高性能有机高分子材料、光导纤维、先进功能复合材料及超导材料外，国内外开发的新材料还有人造金刚石和环保型材料。

金刚石具有硬度高、耐磨、绝缘、无毒等优点，但天然金刚石价格昂贵，加工复杂，很难大规模生产。20 世纪 70 年代中期，发明了在常温常压下获得人造金刚石薄膜的技术，开创了人造金刚石生产的新局面。目前人造金刚石已被广泛应用于航天、电子工业等领域。

第三章

保护环境是人类当今的重要课题之一。自从泡沫塑料问世以来，由于其质轻、成型制造方便、低成本等优点而被广泛应用。但这种材料历时数百年也不会降解，所造成的白色污染越来越严重。近几年各国科学家在开发可降解塑料方面做了大量的研究工作，已经取得了可喜的成果。如巴西开发成功了一种"生物泡沫塑料"，由70%的粟米、大豆和蓖麻等多种油料制品，加30%石油提取物加工而成，这种材料不到两年就被降解到大自然中，并且不会造成任何污染。日本可降解塑料原料主要使用玉米淀粉、生薯和椰子壳等，年产量达5000吨。

二、材料研究的发展趋势

随着现代科学技术的发展，材料科学技术主要在以下几个方面得到发展。①复合材料是结构材料发展的重点，其中主要包括树脂基高强度、高模量纤维复合材料，金属基复合材料，陶瓷基复合材料及碳碳基复合材料等。表面涂层或改性是另一类复合材料，其数量大、经济实用，具有广阔的发展前景。②功能材料与器件相结合，并趋于小型化与多功能化。特别是外延技术与超晶格理论的发展，使材料与器件的制备可以控制在原子尺度上，这将成为发展的重点。③开发低维材料。低维材料具有一般材料不具备的性质。例如：零维的纳米级金属颗粒是电的绝缘体及吸光的黑体，以纳米微粒制成的陶瓷具有较高的韧性和超塑性；纳米级金属铝的硬度为块体铝的8倍；作为一维材料的高强度有机纤维、光导纤维，作为二维材料的金刚石薄膜、超导薄膜等都已显示出广阔的应用前景。④信息功能材料增加品种、提高性能。这里主要是指半导体、激光、红外、光电子、液晶、敏感及磁性材料等，它们是发展信息产业的基础。高温超导材料将会继续得到重视，并预计在不久的将来实现产业化。⑤生物材料将得到更多应用和发展。一是生物医学材料，可用以代替或修复人的各种器官、血液及组织等；二是生物模拟材料，即模拟生物的机能，如反渗透膜等。⑥传统材料仍将占有重要位置。金属材料在性能价格比、工艺及现有装备上都具有明显优势，而且新品种不断涌现，今后仍将有很强的生命力；高分子材料还会大大发展，性能会更优异，特别是高分子功能材料正待开发；工程陶瓷将在性能提高、成本降低的条件下得到发展；功能陶瓷已在功能材料中占主要地位，还将不断发展。⑦C_{60}的出现为发展新材料开辟了一条崭新的途径。利用原子簇技术可能发展出更多的新材料。

第4章
能源科学技术

　　能源科学技术是现代科学技术的基础之一，能源消费水平的高低是衡量一个国家国民经济发展水平的重要标志之一。我们开采的煤炭、石油和天然气这些化石能源都是数千万年或几亿年前地球上生物的遗产。这些资源是有限的，据科学家估算，在目前的开采和耗费的速度下，石油和天然气储藏要在百年内用尽，煤炭资源也不可能永续。同时，燃煤还会带来许多问题：运输、排放大量有害气体。从长远看，人类还要在这个地球上长期生存和发展下去，化石能源不可能永续利用。只有"可再生能源"实际上才是无限的。所以关于再生能源的研究、开发利用是人类科学技术永恒的主题。

第一节　概　　述

一、能源的概念

　　能源是指能够提供某种形式能量的资源。它包括提供某种形式能量的物质资源和提供某种能量的物质运动形式。例如：燃料燃烧时可以放出热能；空气和水流动可以驱动机器，提供机械能，机械能又可以转变为电能；太阳的热辐射发出光和热等，所以，燃料、风力、水力、太阳能都是能源。

二、能源的演变与发展

　　能源是人类进步和经济发展的标志和动力。能源的生产及消费构成的演变与发展大致经历如下几个阶段：

（一）火和燃烧薪柴时期

　　人类在原始时代，穴居野处，茹毛饮血。后来学会钻木取火，焚烧植物，将有机物的化学能转化为热能，用火烧煮食物、取暖和照明。熟食增强了人的体质，为身体发育，特别是脑髓的发育提供了更多的营养。可以说，火是创造人类文明的碑刻，火使得人类叩开了能源世界的大门。

（二）煤炭时期

煤炭作为燃料使用至少已有两千年历史。然而到 16 世纪中叶之前，各国使用量都不是很大。直到 17 世纪中叶，煤炭的大量开发利用为 18 世纪工业革命提供了物质基础。而蒸汽机在工业和交通领域的广泛采用，又刺激了煤炭工业的发展。直到 20 世纪 60 年代中期以前，煤炭始终占居世界能源的主导地位。

（三）石油和天然气时期

石油作为普通燃料使用，是从 19 世纪后半期开始的，到 20 世纪初随着汽车工业的发展和汽油发动机的运用，各工业部门才纷纷采用石油作为燃料。另外石油和天然气的发热值比煤高，使用方便、洁净，价格低廉，故在整个世界能源领域占据了统治地位。

（四）新能源时期

现在，人类又处于一个新的能源过渡期，即由以化石能源为主的常规能源过渡到以可再生能源为主的新能源时期。1992 年 9 月，在西班牙首都马德里召开了第十五届世界能源大会，其主题为"能源与生命"。大量的事实证明，地球上积存的化石能源资源确实有限，而能源对环境的污染更令人忧虑。我们应该尽可能限制化石能源消耗量的增长，注重多种能源的开发及各种节能新技术的发展，特别是发展新能源和可再生能源，改变能源结构。

三、能源的分类

世界上能源种类很多，分类方法也不少。可以按不同的目的和开发利用要求，进行多种方式的分类。

按能源的生成方式，可以分为一次能源和二次能源。一次能源是指自然界现成存在，并可直接获取利用而不改变其基本形态的能源，如煤炭、石油、风能、水能、地热能等。一次能源也叫天然能源。二次能源是指作为提供能量的物质的一次能源经过加工转换成另一种形态的能源产品，如电能、氢能、汽油、柴油、煤气等。二次能源也叫人工能源。

按能源的形成和再生性，可以分为可再生能源和非再生能源。可再生能源是指不会随其自身的转化或人类开发利用而递缩的能源。如太阳能、风能、潮汐能等。这些能源一般而言是取之不尽，用之不竭的。非再生能源是指随着人类的利用而越来越少。如煤炭、石油、核燃料等，这些能源总有一天会被我们人类消耗殆尽。

按能源的来源，可以分为来自地球外部天体的能源，来自地球内部的能源及来自地球和其它天体相互作用而产生的能量。来自地球外部天体的能源是指太阳辐射能及其它天体发射到地球上的各种宇宙射线的能量。来自地球内部的能源是指地球本身蕴藏的能量，如地热能以及地壳和海洋中储存的核能等。来自地球和其它天体相互作用而产生的能量是由地球、月亮、太阳系统相互吸引的作用而产生的能量，如潮汐能。

按能源的储存状况，可以分为含能体能源和过程性能源。含能体能源是指包含能量的物体，并可以直接大量储存的能源，如植物燃料、化石燃料等。过程性能源是指在流动过程中产生的能量，无法直接大量地储存，如果要储存，一般必须先将它们转变成含能体能源的能量，如风能、水能、潮汐能、太阳能等。

按能源的利用状况，可以分为常规能源和新能源。常规能源是指在一定历史时期和科学技术水平下，已被广泛使用的能源，如煤炭、石油、天然气、水能等。新能源是指随科学技术进步新发现的能源资源，太阳能、海洋能、地热能、风能、生物质能等。

四、能源与环境

自20世纪50年代以来，随着工农业的迅速发展和交通工具数量的增加，世界能源的消耗速度急剧增加，尤其是发达国家个人能源消耗水平远远高于发展中国家。但无论是发达国家还是发展中国家消耗最多的能源都是化石燃料（发达国家以化石燃料中的石油和天然气为主，发展中国家以化石燃料中的煤为主）。由于这些化石燃料的开采、运输、加工和燃料耗用等方面的数量都很大，从而对环境的影响也最引人注目。

化石燃料作为能源在国民经济发展中做出巨大贡献的同时，在其开发与利用过程中也带来了一系列环境污染问题，危及生态平衡与人类的生存。例如，煤炭在开采中排放的甲烷、二氧化碳等气体在大气层中可形成"温室效应"气体；煤炭在开采过程中遗弃的矸石堆放在一起既占地方，又可能发生自燃，对空气和环境造成严重污染，还有煤炭在开采中会对周围的地表水和地下水造成污染。

煤炭主要用于取暖和发电。为从煤炭中获取能量，一般是通过燃烧。常见的与煤伴生的有害元素有硫、磷、氟、氯、汞、砷、铍、镉、硒、铅、锰、铀、铬等。这些元素中有的对工业生产有害，有的则对生态环境不利。煤在燃烧时，会产生大量的碳氧化物、硫氧化物、氮氧化物、烃类和其它有机化合物，还向空气中排放大量颗粒灰尘，这些是我国大气中最严重的空气污染物，对人体健康威胁最大。

煤燃烧后进入大气的微粒达到一定浓度会引起或促成慢性哮喘和其他呼吸道疾病的发生。粉尘和特细粉尘状悬浮粒子对健康影响最大，它更易被吸入肺内，特细粉尘（小于千万分之一米）含有最多与煤燃烧有关的有毒元素或致癌元素，如微量金属和有机化合物，目前的污染控制设备尚很难去除特细粉尘微粒，属世界性难题。煤燃烧时排放的硫氧化物易形成酸雨，对人体健康和生态环境影响较大，特别是对植物的影响最大，当酸雨 pH 值小于 5.6 时，就会破坏植物正常生理机能，使光合作用降低，影响体内物质代谢和酶的活性，从而使叶细胞发生质壁分离，收缩或崩溃，叶绿素分解等。从表面看，叶片出现伤斑、发黄、枯卷植物落叶、落果和生长缓慢，严重时则枯死，同时会使植物对病虫害的抵抗力降低，造成间接危害。

我国是一个典型的煤烟型污染国家，除硫氧化物和颗粒粉尘外，还有 NO_2、CO_2，这些物质达到一定浓度就会对人体健康构成威胁和危害。为此，要解决温室效应、酸雨等环境问题，必须大力开展研究和治理工作，改变能源结构，发展清洁的、可再生的能源，保护好人类生存的环境。

五、能源科学技术

能源科学技术是研究各种能源的开发、生产、转换、传输、分配、贮存、节能以及综合利用等方面的理论和技术。

第二节　太阳能及其利用

一、太阳和太阳能

太阳是一颗炽热的恒星，地球上万物生长和变化，都有赖于它的光和热。太阳与地球的距离约为 1.5×10^8 千米。太阳中心的温度估计可达 1500 万 K，表面温度约为 6000K。每分钟太阳输出的能量约为 234.46×10^{26} 焦耳。当然，太阳辐射能是向宇宙四面八方发射的，而能达到地球大气层上的能量非常少，大约是总辐射量的二十多亿分之一，其中还有大部分能量被大气层反射与吸收掉，有的能量变成了风、雨、雪、霜等。即使这样七折八扣，这个能量数字仍是十分惊人。也就是说地球每年从太阳获得的能量相当于目前世界每年能源供应总量的几万倍。所以说太阳能是极其巨大的。

地球上蕴藏的煤炭、石油和天然气等化石燃料从其形成过程而言，也是亿万年前太阳能转换的积蓄；到达地球表面的一部分太阳辐射能转变成为热能，因此使地球表面的水不断蒸发，造成全球每年约 50×10^4 立方千米的降水。这些降水大部分落在海洋中，少部分落在陆地上，其中更少的一部分成为可以利用的水力资源，可见水能也是来自太阳能；太阳辐射能中还有一小部分用来推动海水及大气的对流，这是海流能、波浪能、风能的由来；还有少部分的太阳能被植物中的叶绿素吸收，成为光合作用必不可少的能量来源，所以在植物中贮存了太阳能。

因此，严格说来，地球上除了地热能、核能以外的其它能源都来源于太阳能。太阳能作为一种能源，与煤炭、石油和天然气、核能等相比，具有以下优缺点：①普遍。阳光普照大地，处处都可利用不需要开采和运输。水力资源、化石燃料和核能要受地域限制。②无害。利用太阳能不会污染环境。③长久。只要太阳存在，就有太阳辐射能。④巨大。估计地球表面一年内从太阳获得的总能量相当于目前世界每年能源供应总量的几万倍。⑤不稳定。受气候、季节因素的影响。⑥不集中。能量分散。⑦不易保存。太阳能是过程性能源。

二、太阳能的光热转换

太阳能的光热转换是将太阳的辐射能直接转换为热能，实现这个目的器件叫集热器。由于用途不同，集热器及其匹配的系统类型非常繁多，名称也各不相同。例如，用于炊事的叫"太阳灶"；用于产生热水的叫"太阳能热水器"；用于烘干物品的叫"太阳能干燥器"。此外还有"太阳能熔炼炉"、"太阳房"等。下面我们对其中几个做一个简单介绍。

（一）太阳灶

太阳灶是最普通的一种太阳能热利用器。它直接把太阳的辐射能转变为热能，供人们炊事用，以代替普通民用炉灶，节约燃料，清洁无烟。这种太阳能器件，结构简单，造价低，特别适合农村地区使用。

聚光式太阳灶是利用反射镜将太阳光聚焦，以提高温度。反射镜的几何形状和反光率十分重要，一般采用旋转抛物面聚光，外形像把倒撑的雨伞，直径为1.4～1.6米，用玻璃镜或铝涤纶膜作反光材料粘贴在旋转抛物面铁皮底板上。

（二）太阳能热水器

太阳能热水器是利用太阳能集热器将太阳辐射能转变为热能，并用来生产热水的装置。太阳能热水器不仅可供给家庭、机关、医院所需的热水，同时也可供应房屋采暖、干燥、蒸馏使用。太阳能热水器主要由集热器（大多为平板型集热器）、储水器及循环管路三部分组成。

平板集热器的工作原理：当涂有黑色的金属片置于阳光下，即可吸收太阳能辐射而升高温度，同时也向四周散发热量。若它吸收的能量与散发的能量相等，此时金属片就不再升温，此时的温度就叫"平衡温度"。如果在金属片内有流道，流体把热不断带走，为了达到平衡温度，金属片便要不断吸收太阳的辐射能。人们利用这种原理，把带有流道的金属板封装在一个保温的盒体中，上面盖以玻璃，使太阳的辐射能可以进入盒体，即平板集热器。在平板集热器的基础上，再配备储水箱和循环管路，并利用冷水热水的密度不同，构成水的自然循环，这就是平板式太阳能热水器系统。

从材料结构上说，平板式集热器的品种也很多，如管板式、瓦楞板式、翅片式和铜铝复合板式等。其中以铜铝复合板式太阳能集热器最先进。铜铝复合板是以两片铝薄板夹着一条铜管压制而成，然后用高压空气将中心铜管吹胀，构成管板一体。此种管板传热效率高，板翼成翅片波纹状，便于吸收太阳能辐射。这种集热器比较轻便，抗水腐蚀能力强，并能大面积工业化生产，进而降低造价。

（三）太阳房

世界上已出现各式各样的太阳房，最常见的有主动式太阳房和被动式太阳房两种。被动式太阳房主要靠太阳能采暖，不用别的辅助能源。这种太阳房在北半球都是朝南为向阳面，利用温室效应在南墙建成集热墙。由于这种结构的太阳房在客观上是被动地靠天气好坏来采暖，所以叫被动式太阳房。而主动式太阳房是在此基础上增加主动控制的功能，例如，加装辅助能源系统，当阴天或夜间，可以开动其它采暖设备，或采取强制循环的太阳能热水系统和蓄热设备，以保证室内有较稳定的温度。当然这必须增加太阳房的造价，总免不了要使用一部分电力和其它常规能源。

无论是被动式或主动式太阳房，都是一种节能建筑，它不仅可以用于住宅，也可用于学校和办公室。特别是仅白天使用的房屋，被动式太阳房更具有优越性。目前，关于太阳房的计算机辅助设计正在发展，各种舒适的太阳房层出不穷，可以预见，太阳房技术的发展将日益完善。

三、太阳能的光电转换

太阳能的光电转换是把太阳的辐射能转化成电能的过程，通常叫做"光生伏打效应"。

（一）太阳电池

太阳电池（也称太阳能电池），就是利用光生伏打效应制成的一种器件，所以也叫光伏电池。从理论上说，太阳电池的寿命是非常长的，只要有太阳光照射，它就能发出电来。当然，这种光电转换也不同于机械发电，它没有机械转动和磨损，可以说是静悄悄的发电。光生伏打效应，是太阳电池的基本工作原理。光照射到具有扩散结类型的半导体 P—N 结上，产生电子—空穴对，在半导体内部产生的没有被复合的电子—空穴对受内电场的吸引，电子流入 N 区，空穴流入 P 区，使 N 区和 P 区产生电势差，就好像电池的两极一样，若接入闭合电路就会产生电流。

制造太阳电池的半导体材料已知的有十几种，目前技术比较成熟，并具有商业价值的为硅系列太阳电池和多元化合物太阳电池。①各种硅太阳电池：单晶硅太阳电池、多晶硅太阳电池、非晶硅太阳电池等；②多元化合物太阳电池：硫化镉太阳电池、砷化镓太阳电池、铜铟硒太阳电池等。

（二）太阳电池的应用

从1954年，美国贝尔研究所的 Chapin 和 Pearson 首先研制成功单晶硅太阳电池到现在，太阳电池得到了突飞猛进的发展，转换效率不断提高、成本逐渐下降，已开始与常规能源竞争。目前，太阳电池有以下几方面的应用。

（1）航天领域。世界上90%的人造卫星和宇宙飞船都采用太阳电池供电。

（2）航标灯。国内外海上航标灯和部分内河航标灯已越来越多地采用太阳电池供电。由于太阳电池供电稳定、可靠，使用寿命长，航标灯采用太阳电池给蓄电池充电有优越性，而绝大多数设置航标灯的地方都是船舶不易靠近的，常规能源补给十分困难，采用太阳电池供电，可以基本做到无人值守，只需定期检查，因此经济上合理，管理方便。

（3）铁路、公路信号灯和路灯。在低压供电线路不易到达或无电地区，铁路、公路的信号灯和路灯采用太阳电池供电。这些照明的特点是具有自动控制的作用，无需人工管理。

（4）太阳能游艇和车辆。国内外已开始出现太阳能电池供电的游艇和赛车。我国也研制了太阳能自行车和游艇，发展太阳能自行车，比发展摩托车好，是控制城市的空气污染和噪音的一个好办法。

（5）通信电源。载波、微波通信、军用和野外勘探队的无线电通信，均可采用太阳电池供电。特别是微波通信的中继站多设在高山荒野，提供稳定的电源不容易，目前已使用太阳电池供电。军用发报机和小型电台，配备太阳电池可以减少备用干电池。一些高山气象站、地震监测站等，均可使用太阳电池供电。

（6）电视差转。我国地域辽阔，电视覆盖率受地形的限制较大，不少边远城镇、山村、海岛收看电视有困难，必须借助电视差转台转播。为保证电视差转台得到稳定的电源，可采用太阳电池供电，这样既解决了电源问题，又可以无人值守，能进行自动转播。

（7）空间发电站。以太阳光为能源获得电能有四大优点：①安全，不产生废气；②简单易行，只要有日照的地方就可以安设装置；③容易实现无人化和自动化；④发电时不产生噪音。因此是一种较理想的清洁能源。

综上所述，太阳电池的应用范围非常广泛，而且正在日益发展壮大。

四、太阳能的光化学转换

太阳能的光化学转换是将太阳的辐射能转化为化学能，实现这个目的主要有两种方法：植物的光合作用和分解水制氢，这两种方法将在生物质能和氢能的章节中作详细介绍。

第三节　原子核能及其利用

来自原子核内部的能量，我们就叫原子核能——俗称核能。核能是原子核结构发生变化时放出的能量。一般指重原子核发生裂变和轻原子核发生聚变时所放出的巨大能量。20 世纪初，发现原子核里蕴藏着核能，是人类历史上划时代的重大成就之一。这一成就首先被应用于军事目的，随后实现了核能的和平利用，这标志着人类改造自然进入了一个新阶段。现在核能已成为一种可以大规模和集中利用的能源，可以代替化石燃料，目前主要用于发电。

一、重核的裂变

（一）重核裂变

重核裂变就是一个重原子核分裂成两个或两个以上较轻的原子核的反应。我们以 $_{92}^{235}\text{U}$（铀-235）为例，来看重核裂变反应：

$$_{92}^{235}\text{U} + _{0}^{1}\text{n} \longrightarrow _{56}^{141}\text{Ba} + _{36}^{92}\text{Kr} + 3\,_{0}^{1}\text{n}$$

$$_{92}^{235}\text{U} + _{0}^{1}\text{n} \longrightarrow _{38}^{90}\text{Sr} + _{54}^{136}\text{Xe} + 10\,_{0}^{1}\text{n}$$

铀-235 裂变时所生成的两个中等质量的核是不固定的，有多种可能。裂变时释放出巨大的能量符合爱因斯坦质能方程：$E = mc^2$ 式中 E 表示能量，m 表示质量，c 是光速。

（二）链式反应

裂变反应的直接产物，如上述方程中的 $_{56}^{141}\text{Ba}$、$_{36}^{92}\text{Kr}$ 或 $_{38}^{90}\text{Sr}$、$_{54}^{136}\text{Xe}$，都称为裂变碎片。裂变中产生的中子，在适当的条件下，再轰击其它的铀核，再放出更多的核能和中子……如此这般，就像链条一样，一环套一环，接连不断地循环下去，反应将愈演愈烈，因此称为自持的链式反应。

（三）临界质量

维持自持链式反应的条件是参加反应的裂变物质（或称裂变燃料）要有一定的质量，并按某种成分结构、几何形状布置成一定尺寸。这样才能使裂变产生的中子的泄漏与吸收损失尽可能小，以保持自持链式反应。所需的最小裂变物质数量称为"临界质量"（相应的体积称为"临界体积"）。

（四）重核裂变的应用

1. 原子弹。原子弹是不可控制的链式反应。它是由两块或数块体积小于临界体积的核燃料组成，平时使这些核燃料相隔一定距离，使用时可利用引爆装置使它们突然合为一体，超过临界体积而发生威力巨大无比的核爆炸。

2. 核电站。中子与铀－235 核的链式反应也可以由人来进行控制，目前最常用的方式就是向产生链式反应的裂变物质中放入或移出可以吸收中子的材料。正常工作时使裂变物质处于临界状态，维持稳定的链式裂变反应，因而保持稳定的核能释放。如需停止链式裂变反应，就放入更多的吸收中子材料；如要求裂变物质处在能释放更多的核能的状态，就可以先移出吸收材料，使链式反应规模扩大到所需水平，然后再使其回到临界状态。

核电站就是利用原子核裂变反应放出的核能来发电的装置。其核心是核反应堆，它是一个能维持和控制核裂变反应的装置，它包括以下几个主要组成部分：①堆芯。放置裂变材料和中子减速剂的地方。②中子反射层。用石墨和氧化铍等反射中子效率高的物质制成。③冷却系统。用普通水或重水等冷却。④控制系统。用镉或硼制成调节棒，它可以吸收中子，控制链式反应的速率。⑤保护层。包括金属外套、水箱、钢筋混凝土墙等。

如今制成的核裂变反应堆分为热中子反应堆和快中子反应堆。前者也称作热堆，所用的核燃料是铀－235，在热堆裂变的过程中根据所用减速剂的不同分为：轻水堆（用普通水作减速剂）；重水堆（用氢的同位素氘、氚作减速剂）；石墨堆（用石墨作减速剂）。轻水堆是热堆中较为新式也应用最多的一种堆型，它又有压水堆和沸水堆两种形式。热水堆的特点是控制起来较容易，只要在反应堆中插入一些能吸收中子的控制棒，就可使裂变反应速度不同程度地减慢，直到停止。目前，世界各国的核电站大量采用的就是这种热堆。但它的缺点是铀资源的利用率太低，因为它只能使用有放射性的铀－235 同位素进行核裂变释放能量，而在整个铀资源中，同位素铀－235的含量很少，只占总数的 1% 左右，其余都是不具放射性的同位素铀－238，不能作为热堆的核燃料。

正因为如此，科学家们开始研究开发快中子反应堆，这种反应堆也称作快堆或增殖堆。快堆会再生，它用钚－239 作核燃料，直接靠核裂变产生的快中子维持链式反应。在快堆中，铀－238 可以吸取多余中子生成钚－239 而出现核燃料的"增殖"。因此可以通过不断向快堆添加热堆中不能作为燃料的铀－238，15～20 年以后又可以再产生出一个功率相当的新快堆。从长远观点来看，快堆应是颇具前途的核能利用的理想堆型。

核电站与一般的火力发电站相比具有以下优点：核电站对环境污染和危害小于燃煤的电站；价格普遍低于火力电站的 15%～40%；核电站占地面积小，

燃料运输方便。

然而，任何新技术的发展，在给人类带来福利的同时，也一定会伴随着灾祸。核电站从问世至今，一方面它已达到技术成熟、经济、污染小的工业推广阶段，但另一方面，它确实隐藏着灾祸。例如，举世闻名的两大核事故，美国的三里岛事故与前苏联的切尔诺贝利事故，无疑给世界核电发展带来了短时间内不能完全消除的阴影。因此，我们必须研究发展更安全可靠的核电站，同时采取有效措施处理好放射性废物，让核能更好地为人类服务。

二、轻核的聚变

轻核的聚变是两个或两个以上的较轻原子核，在超高温等特定条件下聚合成一个较重的原子核，同时释放出比裂变反应更大的能量。目前，它是以氢的同位素氘、氚作核燃料，在超高温等特点条件下，使氘—氘或氘—氚发生聚变反应，其反应方程是：

$$_1^2H + {}_1^2H \longrightarrow {}_1^3H + {}_1^1H + 4.0MeV$$

$$_1^2H + {}_1^3H \longrightarrow {}_2^4He + {}_0^1n + 17.6MeV$$

$$_1^2H + {}_1^2H \longrightarrow {}_2^3He + {}_0^1n$$

$$_1^2H + {}_1^3H \longrightarrow {}_2^4He + {}_1^1H$$

因为这种反应必须在极高的温度下进行，所以叫热核反应。据科学家计算，1 克氘发生热核反应所放出的能量就可以发电10 万千瓦/时。地球上有175 000亿亿千克海水，其中含氘35 000万亿千克，如果用来发电，足足可以用上百亿年，可谓取之不尽，用之不竭。

由于聚变反应释放的能量比裂变反应释放的能量大，因而制造的核武器——氢弹比原子弹的威力大得多。氢弹的原理是利用原子弹爆炸所产生的超高温，使聚变反应连续不断进行下去，产生威力更大的爆炸。在氢弹爆炸中进行的是不可控的核聚变反应，而可控的核聚变反应至今仍处在研究阶段。因为实现可控的核聚变反应，以获得聚变能，非常困难。首先，"点燃"氘—氚起码要有0.5亿摄氏度的超高温，而要"点燃"氘—氘，则要4亿摄氏度或更高的温度，才能使氘—氚或氘—氘电离，此外，还要用强大的外力把这些带电离子压缩到每立方厘米 10^{20} 个以上的超高密度，并需要一定时间维持这个密度。因此，实现核聚变的条件及进行人工控制，是非常困难的事，远比核裂变能的利用困难得多。为了实现聚变反应的条件，以获得有意义的聚变能量，目前，主要在两个领域内开展大量研究工作：磁约束和惯性约束。磁约束就是用一定强度和几何形状的磁场将带电粒子约束在一定的空间范围之内，并保持一段时间。著名的托克马克装置就是能产生环形磁场的磁约束装置。高温等离子体在环形磁场约束下不与器壁接触作螺旋状运动，被加热、压缩。惯性约束是利用聚变等离子体的惯性进行约束的。由于惯性，等离子体扩散一定距离需要一定的时间，如果在这种扩散还来不及进行得太充分时，一瞬间注入很大的能量将它引爆，就能达到释放能量的目的。目前，大功率激光器的巨大能量，高度集中的焦斑和超短的脉冲时间可以满足理想惯性约束的要求。

到目前为止，可控的核聚变反应尚处于研究阶段，离实用还有相当大的差距，但基于其取之不尽的资源来源和优越的性能，能量大，且不会像裂变反应那样产生大量放射性废物，故其远景是很好的。人们预计在 21 世纪中期可望能达到商用。因此在今后相当长的一段时期内，还得继续艰苦的探索。

第四节　水力发电和风能的利用

一、水力发电

水能是自然界存在的一种能源。水能利用的主要方式是发电，水力发电就是把河流中蕴藏着的水能转换成电能。最常用的方法是在河流上建筑拦河坝，将分散在河段上的水能资源集中起来，然后，通过引水道，引取集中了水能的水流去转动设在厂房中的水轮发电机组，在机组转动的过程中，将水能转变为电能。

水力发电有以下特点：

（1）水作为一种资源可由自然界水循环中的降水得到补给，使水能资源成为不会枯竭的再生能源，所以其发电成本是十分低廉的。

（2）水力发电事业和其他水利事业可以互相结合。为了把水能转变为电能，常常要修建水库，而水库可担负防洪、供水、发展航运事业等多种任务。

（3）水力发电是一次能源和二次能源同时完成的一种发电方式。水电站建成后，即可连续提供廉价的电力。

（4）水力发电不污染环境，是一种公认的清洁能源。

（5）修建大型水库时，常要搬迁相当数量的库区群众，这是开发大型水电站特有的问题。

水电站是水能利用的主要设施，由于河道、地形、地质水文等条件不同，水电站集中落差、调节流量、引水发电的情况也不相同。按集中河道落差的方式，水电可分为堤坝式水电站、引水式水电站、混合式水电站和抽水蓄能式水电站四种基本类型。

二、风能的利用

风是看不见的，但当海上波涛汹涌，田野里麦浪滚滚，深山中林海怒吼，地面上树叶飞舞的时候，你一定会感受到风的存在。风是空气流动形成的。当地面受到太阳照射，温度增高后，空气因体积膨胀向上升高，气压降低。别处气压高、温度低的冷空气就会流过来补充。冷空气受热后，又会上升。空气如此这般不断流动，就产生了风。气压差值越大，空气流动越快，风也就越大。风能是地球表面大量空气运动产生的动能。它是一种可再生能源。早在许多年以前，人类就利用风力驱动的帆船在水面航行，应用风力提水灌溉农田、研磨谷物等。随着现代科学技术的发展，人类将利用风能解决能源问题。

（一）风车

利用风能首先要将不规则变化的空气流动所具有的风能变为有规则运动的机械旋转的动能，这种装置就是风车。风车是风能利用最早的一种形式。在古代人类就利用风车提水、灌溉。据史料记载，我国早在 14 世纪就有关于风力提水的记载。大约在 16 世纪，荷兰人大量使用风车在低洼地排除海水，使风车在建国立业中发挥了显著作用，所以人们常以风车作为荷兰的象征。目前世界上最常见的风车种类有水平轴和垂直轴两种类型。风车主要由风轮（由一个或多个叶片组成）、控制机构、传动和支承部件等组成。

（二）风力发电

风力发电是风能利用的又一种形式。世界各国扶持发展风力发电的目的是希望风能成为替代能源，同时考虑到风能是一种可再生能源，且对环境没有污染。在美国加利福尼亚阿尔蒙特山的风力发电场是目前世界上最大的风电场。风力发电场过去直译为"风力田"（Wind Farm），因为它形象地把许多风力发电机安装在一片土地上，正如种庄稼一样。现在国内较习惯叫"风电场"。我国风力发电场起步较晚，目前大约有十余座小型风电场，其中新疆达板城风电场规模最大。其他风电场分布在内蒙古的朱日和、商都，福建的平谭岛，广东的南澳岛，浙江的嵊泗岛、大阵岛，山东的荣成、长岛，辽宁的瓦房店等地。主要解决牧民、渔民的照明和看电视等日常生活问题。

虽然风能是一种可再生能源，但风具有的能量密度很小，风能的获取不稳定、时大时小，使用不方便等缺陷使其利用和发展受到限制，同时还有一些技术问题需要解决。

第五节 氢 能

氢是最轻的化学元素，在元素周期表上它排首位。宇宙中几乎所有的星球都与氢有关，例如：太阳80%的体积被氢占据，木星、土星、天王星的周围也存在着大量的自由氢。地球的高空有自由氢存在，地球表面的氢主要储存在化合物中，例如：水和各种碳氢化合物，都是氢的构成物。尤其是水，它是氢和氧的化合物。地球表面71%为海水包围，加上江、河、湖泊以及地下水，氢的数量真是巨大无比。

一、氢的特点

氢是最轻的气体，在标准状态（0℃，1个大气压）下，氢的密度为0.089 9克/升。氢的燃烧值很高。每千克汽油的燃烧值为11 000千卡，煤是8 000千卡，而氢是34 000千卡，是汽油和煤的3倍~4倍。氢燃烧的热效率几乎可达100%。汽车和飞机若以氢作燃料，可以大大提高发动机的效率和运行速度。氢是清洁的能源，无色、无味、无臭、无毒。它在空气中燃烧生成水，不排放烟尘和有毒气体。水又可以分解为氢和氧，如此再生，循环不已。因此，它完全称得上是燃料界中的"卫生模范"。氢在自然界中分布很广，水便是氢的"仓库"：水中含有11%的氢，全世界的海水占地球总水量的97%，所含的氢是相当可观的。

二、氢的制备

氢有气、液、固三种状态，氢在33K以下13K以上为液态（液氢作为火箭的燃料已为人们所知），13K以下为固态（固氢具有超导性能也渐为人知）。一般情况下，我们所讲的氢是气态。

常规的制氢方法主要以天然气、石油、煤为原料，在高温下使之与水蒸气反应而制成的；也可以采用电解水的方法制成。这些方法制氢都要消耗大量常规能源，从经济上、资源上来看，是不可取的。发展中的新型制氢技术，有硫化氢制氢、太阳能制氢、低电耗电解水方法制氢等。

用硫化氢制氢。自然界里有不少高纯度硫化氢矿藏，许多化工过程（如石油炼制、煤化工和天然气利用）的脱硫产物也多以硫化氢形态存在，在催化剂作用下，可以在回收硫磺的同时获得氢气。

太阳能制氢。第一种方法是利用聚集太阳能得到高温来分解水制氢；第二种方法是根据太阳能的"光—化学转换"原理来分解水制氢。利用光照射半导体和电解液界面，发生化学反应，在电解液内形成电流，并使水电离直接产生氢气和氧气。

低电耗电解水制氢。新型的用加煤粉电化学催化氧化法电解水制氢，与常规的电解水制氢相比，可降低电压和电耗一半以上。

三、氢的贮存

贮氢技术是开发利用氢能的重要环节，先进的贮氢技术能促进氢能的推广应用。目前世界上贮存氢的方法有以下几种：

（一）液氢贮存

它适合于中少量和中短期的贮存。液氢的密度为 70 克/升，贮存密度高。但是制得液氢要消耗大量能量，约为氢本身能量的一半，因此成本很高，除特殊用途（如火箭的燃料），一般不采取这种方法。

（二）低温活性炭贮氢

这种贮氢方法要在 $-80℃$ 条件下进行，活性炭的贮氢量约 4%，也是一种不可取的方法。

（三）金属氢化物贮氢

在 0℃ 和 1 个大气压下，1 体积的水中大约只能溶解 0.02 体积的氢气，但在钯、铈、铂等金属中氢的溶解度就大得惊人。如 1 体积金属钯就能吸收 900 体积的氢气；1 体积胶状金属铈所吸收的氢气体积就更大了，达 2900 体积。这些金属"吃进"了大量氢气，身子就变得胖乎乎的，人们戏称这些金属为"贮氢罐"。只要把这些的"贮氢罐"稍稍加热，氢气又可重新释放出来。这种方法贮运效率高，使用方便安全，优越性远远超过高压气态氢和低温液态氢的贮存。

四、氢能的利用

氢能作为一种新能源，其应用前景十分广阔。目前氢能的主要用途如下：

（一）宇航器的燃料

现有宇航火箭和航天飞机均以液氢和液氧为燃料。氢氧燃烧所产生的高温蒸汽以超音速通过喷管，形成巨大的推力，使宇航器进入太空。选择液氢作为宇航器的燃料，不仅是它产生的燃烧温度高和能量密度合适，而且液氢和液氧都是低温液体，可以同时用作火箭高温部件及发动机推力室的冷却剂。当然，氢氧燃烧污染少，对地面和高空都有利。

（二）作为石油的替代燃料

在可燃矿物中，现存的石油储量最令人担心，按目前的开采量，大约几十年后将发生石油枯竭，而汽车、飞机等现代化交通工具将以什么作为燃料？最理想的是燃氢汽车和氢能飞机，氢可以作为石油的替代燃料。长期以来，一些

第四章

发达国家已在氢能汽车和飞机方面进行了大量的研究工作，并有了样机成果，一旦廉价制氢技术过关，或石油供应真正发生问题，实用的氢能汽车和飞机就能投入市场。

（三）氢燃料电池发电

氢燃料电池发电是氢和氧通过化学反应直接转换成电能，是电解水成氢和氧的逆过程。由于转换过程不经过热转换，故其能量转换效率可达80%以上。目前日本、美国和西欧一些国家正在开发各种氢燃料电池。

第六节　地热能及其利用

一、地热能及地热的分布

地球是一个平均半径为6371千米的椭球体，从地表到地心我们把它分为三层：地壳（厚度大约为33千米）、地幔（厚度大约为2865千米）、地核（厚度为3473千米）。地球深处是高温高压的神秘世界，平均每往下33米，温度就上升1℃。如此算来，到地壳底层温度已达1000℃以上，幔的温度则达1200℃~2000℃，地核温度高达5000℃。地球内部几十千米深处的岩浆，经过长途跋涉来到地面仍有1000℃以上的高温。据科学家推测，一个埋藏深度为4000米的酸性岩浆侵入体，如果它的体积为1000立方千米，初始温度为800℃左右，则要使其中心温度降低到300℃，大约需经过几十万年。可见地热的扩散是非常慢的。也就是说，地热利用是比较稳定的，人们常可见到，一个天然的温泉，经久不息地流出地热水，几百年温度变化也不大。

我们把地球内部的热能称为地热能。在地壳最外层10千米的范围内其储热量约为12.6×10^{26}焦耳，相当于全世界现产煤炭总发热量的2000倍。虽然地球内部蕴藏着巨大热能，但具有开采价值的是热量集中的地方。某些地区，由于地壳构造异常，形成了不同的地热资源。在目前的技术条件下，我们所开发利用的地热资源有以下四种类型：

（一）水热型

水热型地热资源为埋藏在地层浅表的热水或蒸汽，或露出地表的温泉。世界上这种类型的地热系统最多，仅中国就有3000多处已知的温泉。

（二）地压型

地压型地热资源是封闭在深处沉积岩中含有甲烷的高盐分热水。这种地热在开发利用上是十分有利的。

（三）干热岩型

干热岩型地热资源是指位于地下几千米深处温度为几百摄氏度的热岩层，不存在传热流体。若不采取特殊技术措施，这种地热就无法取用。开发干热岩地热，就是在深层致密的高温岩体内人工制造裂隙，然后注入冷水，迫使岩体将水加热，并通过钻井回收热水加以利用。这是地热开发利用中难度最大的高技术，即人造地热系统。

（四）熔岩型

熔岩型地热资源分布最深，是温度为650℃～1200℃的熔岩和半熔浆。由于熔岩把地下水加热，且埋藏深，地下静水压力大，即使水温高达300℃也是液态。但是一旦开发出来，压力减小，立即沸腾汽化，产生饱和蒸汽，连水带汽一道喷发，形成"湿蒸汽"。如果连续排放，水的补给量不足，慢慢就会形成"干蒸汽"。这对地热开发利用是很理想的，不过世界上已探明的地热资源中，这类地热为数不多。

概括地说，全世界地热的分布为五大地热带：①环太平洋地热带，它是世界最大的太平洋板块与美洲、欧亚及印度洋板块的碰撞边界。世界许多著名的地热田，如美国的盖瑟尔、长谷、罗斯福；墨西哥的塞罗、普列托；新西兰的怀腊开；中国的台湾马槽；日本的松川、大岳等均在这个带上。②地中海—喜马拉雅地热带，它是欧亚板块与非洲板块和印度洋板块的碰撞边界。世界第一座地热发电站意大利的拉德瑞罗地热田就位于这个地热带中。中国西藏的羊八井及云南西部的地热田也在这个地热带中。③大西洋中脊地热带，这是大西洋板块开裂部位。冰岛的克拉弗拉、纳马菲亚尔和亚速尔群岛等一些地热田都位于这个地热带。④红海—亚丁湾—东非裂谷地热带，它包括吉布提、埃塞俄比亚、肯尼亚等国的许多地热田。⑤中亚地热带，是欧亚交接和中亚细亚地带，主要包括俄罗斯、哈萨克斯坦、乌兹别克斯坦和我国新疆等地的地热。

二、地热的利用

（一）地热发电

地热发电是利用地下热水和蒸汽建立的发电站。世界上最早利用地热发电的国家是意大利，1904年建立了世界上第一座地热发电站，至今已有20多个国家建立起地热发电站。美国利用地热发电的装机容量居世界首位，菲律宾居第二位，我国目前居第十二位。

地热发电的原理与火力发电大致相同。由于地热发电不消耗燃料，因而不需要庞大的燃料运输、存储设施，设备系统远比火力发电简单，这些是地热发电突出的优点。但地热发电也存在许多问题，例如，由于地下蒸汽和热水中含有各种杂质，化学成分复杂会腐蚀发电设备，引起管道结垢和堵塞等。因此，地热发电除设备本身结构合理外，关键问题是解决金属腐蚀问题。

（二）地热的直接利用

1. 利用地热水供暖。直接用地热水供热是最经济、最简单、最有效的方法。采用地热取暖，不仅节约能源，而且减少了污染。采用地热取暖，一次性初期投资较大，但综合经济效益优于烧煤取暖。

2. 利用地热水养殖。中低温地热水最适宜于作温室的热源，已在国内外广泛用于水产养殖、花卉培育和农业种植等方面。近年来，我国利用地热水养殖罗非鱼、罗氏沼虾等原先生活在热带地区的鱼虾，这样既可节约能源，又可保证热带性鱼类安全越冬，另一方面由于水温恒定，鱼类一年四季都可生长，延长了鱼类生长期，十分有利于鱼类育种繁殖。

3. 利用温泉作洗浴和治疗。地热水一般都含有一些特殊的化学元素。如碳酸泉水可平衡人体酸碱度；饮用铁泉水可治疗缺铁性贫血；用氢泉、硫水泉洗浴可治神经衰弱、关节炎、皮肤病等。利用地热水治病疗养，在我国已有悠久的历史。目前由国家建立的温泉疗养院约有 100 多处，如陕西临潼、四川重庆、江西庐山、辽宁兴城、北京小汤山等。

第七节　新发电方式

电能是当今世界最重要的一种二次能源，电在我们的日常生活中处于举足轻重的地位，人类生产和生活均离不开电。随着科学技术的不断进步和发展，科学家们研究出了一些具有应用前景的新发电方式。

一、磁流体发电

磁流体发电是将热能直接转换成电能的新型发电方式之一。它是 20 世纪 50 年代末开始进行实验研究的一项新技术。磁流体发电的基本原理是用高温导电流体高速通过磁场切割磁力线，根据电磁感应原理，导体中就出现了感应电动势。当在闭合回路中接有负载时，就有电流输出。磁流体发电的特点在于热能直接转换为电能，而不像传统的火力发电那样要经过热能转换为机械能的中间过程，所以可提高热能的利用效率。

磁流体发电机结构紧凑，体积小，发电启停迅速，对环境污染小，可作为短时间大功率特种电流，应用于国防、高科技研究、地质勘探和地震预报等领域。虽然磁流体发电有上述优点，但是很多关键问题还需解决，如怎样才能提高发电效率；如何满足发电通道材料的耐高温、耐腐蚀等问题。磁流体发电是一项综合性很强的研究项目，它的研究涉及到等离子体物理、热物理、燃烧理论、超导技术、电学等很多学科领域。

二、燃料电池

燃料电池是将燃料的化学能直接转变为电能的装置。燃料电池由燃料电极（负极）、氧化剂电极（正极）和电解质构成，正、负极之间用电解质隔开。把燃料和氧化剂分别通入两个电极中，燃料和氧化剂在催化剂的作用下，同电解质一道发生氧化—还原反应。反应中产生的电子由导线引出，这样就产生电流。因此，只要连续不断地向燃料电极和氧化剂电极输入燃料和氧化剂，燃料电池就能持续不断地供电。

用作燃料电池的燃料是氢，用作氧化剂的是氧或空气。燃料电池中发生的化学反应是宇宙中最简单的化学反应，参与反应的是氢（燃料）和氧（氧化剂），生成物是水，完全没有污染。不同于常规电池，燃料电池是一种能量转换装置，而不是能量储存装置，不需耗时的充电过程，燃料和氧化剂分别储存在电极之外，使用时可连续不断地分别供给燃料电极和氧化剂电极。另外，燃料电池的电极只用作化学反应的场所和电流通道，并不参与化学反应，因而没有电极损耗，工作可靠，寿命长。燃料电池的电极通常用有催化性能的多孔材料制成，燃料电极由铂、钯、铑、镍等制成，氧化剂电极由银、金等制成。燃料电池中的电解质构成电池内部的离子导电通道，电解质有液体、固体或熔融盐等不同种类。

燃料电池可根据需要，对输出功率和规模随意选择，因而可用作大型建筑物或医院、机场、数据中心、军用设施等的独立电源，并联入地区电网作为补充电源。

燃料电池的综合效率高。燃料电池的发电效率可以高达40%～60%，比普通火力发电要高。若再考虑到排出热量仍旧可以利用的话，整个系统的能量综合利用率可以达到80%左右，这是很了不起的成就。

燃料电池对环境影响极小。由于燃料电池基本不排放硫化物和氮化物，并且无噪音和振动，对环境影响很小，不需要单独为它建造发电厂而占用土地，也不会产生如二氧化碳一类的可能使地球气候变暖的气体，所以是一种对环境基本无危害的清洁能源。

燃料电池的用途不仅仅限于发电，它同时可以作为电动汽车的动力源，以及宇宙飞行器或航天飞机上各种仪器仪表的运转动力源。现在在华盛顿、洛杉矶、温哥华等城市的街道上就有燃料电池公共汽车在试运行。

目前，燃料电池的制造成本较高，体积和重量还有待于进一步降低。美国能源部根据近年的进展十分乐观地预测，燃料电池的体积、重量和制造成本将随着材料、工艺的改进和商业化大量生产而显著地下降，从而具备越来越强的竞争力和生命力。

第八节　生物质能及其利用

生物质能是指太阳能通过光合作用以生物的形态储存的能量，包括农、林、牧及水生作物资源等含有的能量。作为能源资源利用的生物质一般包括林产品下脚料、薪柴、农作物秸秆和皮壳、水生作物以及作为沼气资源的人畜粪便和城市生活、生产过程的一些废弃物等。生物质能是一种可再生能源。

一、植物的光合作用

绿色植物通过叶绿素将太阳能转化为化学能而贮存在生物质内部，其反应方程如下：

$$6CO_2 + 6H_2O \xrightarrow[\text{叶绿素}]{\text{太阳光能}} C_6H_{12}O_6 + 6O_2$$

二、沼气

各种有机物在一定温度、湿度、酸碱度和隔绝空气的条件下，经过微生物发酵分解作用，会产生出一种可燃混合气体，其主要成分为甲烷和二氧化碳。由于这种气体最先在沼泽中发现，故称为沼气。沼气的成分随发酵原料的配比、成分、发酵温度等因素而变化，其一般组成及含量为甲烷 50% ~ 70%、二氧化碳 25% ~ 40%、氢 0.5% ~ 2%、一氧化碳 0.5% ~ 1%，此外，还含有少氮气、氨及硫化氢等。沼气发酵的原料极为丰富，包括农作物秸秆、人畜粪便、树叶杂草、水生生物质、城镇生活垃圾、污水和屠宰场、造纸厂、糖厂、酒厂、食品厂、酿造厂、皮革厂排放的废水、废物等。沼气是一种高热值燃气，具有较高的使用价值，既可作为生活用燃气，也可作为工业用燃气以及用于照明等。

三、生物质转化为液体燃料

世界上石油资源有限，而人们对于石油的需求无论是作为燃料还是化工原料，都在日益增加。在连续两次石油危机的冲击下，人们寻求代用燃料更为迫切，其中用醇类燃料代替石油特别引人注目。众所周知，甲醇、乙醇燃烧时非

第四章

常清洁，对环境污染小，特别是醇类燃料的辛烷值高，在内燃机中使用防爆性好。

酒精是人们用淀粉或糖等原料经过发酵取得的。它制作成本高，工艺相对复杂，故一般不宜用来作为能源。随着现代科学技术的发展和科学家多年的努力，现已研制出廉价获取酒精的方法，例如：中国用高粱杆制取酒精，北欧的瑞典、挪威、芬兰森林面积大，造纸工业发达，就用纸浆废液发酵生产酒精，而南美的巴西、古巴等国盛产甘蔗，则全部用制糖过程的废糖蜜作原料生产酒精等。在美国，把酒精掺到汽油中5%作为汽车燃料用，因为这样不须改变汽车的发动机，并能改善汽车尾气排放，减少有害气体，受到环保部门的欢迎。在巴西由于生产的酒精产量大、成本低，全国有43%的汽车使用酒精，政府采取一定措施，鼓励公民使用酒精汽车。

四、能源植物

能源植物是指各种用以提供能源的植物。它的种类繁多，通常自然生长的就不少，如速生的薪炭林、能榨油或产油的各种植物、各种藻类和其它植物。

世界各国，特别是发展中国家，利用植树造林的新技术，已不断培养出各种适合当地生长的速生树种，有的5~10年成林，有的2~3年即可砍伐。目前国际上公认的速生薪炭林树种有加拿大杨、美国梧桐、红桤木、刺槐、柳树和某些松、杉树等。特别是有些适合于贫瘠地生长的沙棘、旱柳、紫穗槐和银合欢等，不仅是发展薪炭林的好树种，也是改良土壤、进行绿化的好植物。

自然界有许多植物的籽粒可以榨油，人们食用的植物油就是这样获得的。但有些植物油不能食用或味道欠佳，如蓖麻油、棉籽油等。这类植物油若经过提炼，可供工业使用或作燃料油用。另外，还有一些植物油不是用籽粒榨取，而是从树干中直接生成的燃料油，就像橡胶树流出胶汁一样。如热带的柴油树。

藻类虽然是比较低等的植物，然而却是一种很好的能源植物。巨藻生长在海洋礁石的表面，向四周辐射蔓延，伸向海面，繁衍茂密，缠绵不绝。将巨藻变为燃料的过程并不复杂：只要先将巨藻切碎，放到一个特制的大罐子中，然后加入微生物，在一定温度、压力下发酵，几天后就能产出类似于天然气的可燃性气体。

目前，美国、日本、英国的科学家通过研究，采用各种先进的生物技术，从一些藻类植物中提取石油取得成功。大自然中天然存在的石油是由古代动植物遗体经过几百万年的漫长岁月逐渐演变而成的。藻类植物经过某些微生物处理后，只要几个星期就能摇身一变，变成石油，这是一个了不起的发明。

第九节 节 能

我国《节约能源法》给节能的定义：“节能是指加强用能管理，采取技术上可行、经济上合理以及环境和社会可以承受的措施，减少从能源生产到消费各个环节中的损失和浪费，更加有效、合理地利用能源”。

由于全球能源问题日益突出，节能已经成为解决当代能源问题的一个公认的重要途径。有科学家把“节能”称为开发“第五大能源”，与煤、石油和天然气、水能、核能四大能源相并列，可见节能的重要意义。

我国在 20 世纪 80 年代就提出了能源开发与节能并重的方针，多年来从产业结构调整，加强能源管理和采取节能技术措施等方面取得了较显著的效果，但能耗水平仍远高于先进国家水平。目前，我国节能技术有余热回收利用技术、高效节能照明技术、高效低污染工业锅炉、电子电力技术、远红外线加热技术等。

第四章

第 5 章
信息科学技术

现代社会中，信息资源的开发、利用已经成为社会生产力、综合国力和社会经济等发展的动力。信息对经济、政治、军事、教育等各领域，乃至人们的生活、工作和思维方式都产生了巨大影响。作为现代科学技术的三大支柱之一，信息科学技术的迅猛发展，使人类进入了一个充满活力、富有创造性的信息时代。现在许多科学家一致认同将信息技术革命划为第三次产业革命。

第一节　概　　述

一、信息

当今社会，信息成为了一种与物质、能源一样可取得重大效益的战略资源。信息存在于我们的周围，并充满了整个世界。

（一）信息含义的争论

人类认识和利用信息的历史可以追溯到古代，"结绳记事"、"举烽火为号"是远古时代人们用来储存和传递信息的原始方式。在现代通信理论形成之前，信息被看作是消息的同义语，并没有赋予它严格的科学定义。例如：在中国《辞海》里对"信息"一词的注释就为："信息，如通风报信"。而在《牛津英汉词典》里对信息的定义是："某人被通知或告知的内容、情报、消息"，还有的被定义为："通过事实的表述传递给头脑的知识"，等等。

信息的科学含义是由现代通信理论的产生而给出的，这一概念的出现和进一步深化，标志着信息革命时代的到来。

1928 年哈特莱（Hartley）发表了《信息传输》一文，第一次提出消息是代码、符号、序列，而不是内容本身。还提出用消息出现的概率对数来量度其中所包含的信息，从而区分了消息和信息在概念上的差异。

1948 年，美国科学家仙农发表了《通信的数学理论》，"信息"作为少数学者的专门术语开始使用。进入二十世纪 90 年代，美国提出"信息高速公路"计划，得到世界许多国家的热烈响应，于是"信息"两字似乎已经家喻户晓。

现代通信理论认为，信息指的是用来表征事物（包括自然界和人类社会）形态和运动特征的一种普遍形式，它包含着事物发出的消息、数据和信号等内容。就现代社会而言，人们用来表达信息的主要形式是文字、声音、数据和图像等。

到目前为止，关于信息的定义，据统计世界上已公开发表的有 50 种之多，各持己见，难以形成一种公认的统一的完整概念。人们对信息概念理解上的差异，是与信息理论发展的历史状况分不开的。开始人们从信息自身的特性来理解信息的含义，由于强调的侧面不同，就提出了不同的信息定义；接着信息向不同的学科渗透，人们从不同的学科特点理解信息的含义；后来信息的讨论涉及到物质、精神、意识、思维等哲学问题，人们便从不同的哲学角度来理解信息的含义。人们对于信息概念的不同理解，反映了信息理论应用的广泛性和横向性。信息是一个极为复杂的综合体，看来定义信息比使用信息更困难。

总之，信息定义的争论旷日持久，众说纷纭。究其原因在于信息科学的发展尚在形成之中，对信息特性研究还不够充分；研究者往往从不同的侧面、不同的层次出发，缺乏共同的逻辑出发点，这种现象在科学发展上是不可避免，也是有益的。

（二）信息的特征

信息具有如下基本特征：

（1）可量度。和物质、能量一样，信息也具有可量度性，可通过仙农信息公式：

$I(X) = -\sum_{i=1}^{n} P_i \log_2 P_i$ 计算（单位为比特）。并可以此公式进行信息编码。

（2）可识别。信息还具有可识别性。对自然信息，可采取直观识别、比较识别和间接识别等多种方式来把握。对于社会信息，由于信息量大，形式多样，一般采用综合的识别法进行处理。

（3）可转换。信息可以从一种形态转换为另一种形态。如自然信息可转换为语言、文字、图像等社会信息形态。同样，社会信息和自然信息都可转换为由电磁波为载体的电报、电话、电视信息。

（4）可存储。动物的大脑是一个天然信息存储器。除此之外，人类还用文字、录音、录像、计算机等多种信息存储方式，不但能存储静态信息，而且可存储动态信息。

（5）可处理。人脑是一个最佳的信息处理器。

（6）可传递。信息的传递是与物质和能量传递同时进行的，离开了物质和能量作为载体，信息的传递就不可能实现。语言、表情、动作、文字、广播等是人类常用的信息传递方式。

（7）可再生。信息经过处理后，可以其他形式再生。如自然信息经过人工处理后，可用语言或图形等方式再生成信息。

（8）可压缩。信息可按一定规则或方法进行压缩，压缩的信息可经处理后再还原。

（9）可利用。任何信息都具有实效性，当然对不同的接收者，信息的可利用度也不同。

（10）可共享。信息具有不守恒性，即它具有扩散性，在信息的传递中，信息的持有者并没有任何损失。

（三）五次信息革命

信息是人类生存发展的基本条件之一，人的一切活动都与信息有密切的关系。自从有了人类的群体活动，就开始了信息的传输、存储和处理，整个人类的进步史，就是一部人类信息活动的演进史。在人类的整个历史发展中，已经经历了五次大的信息革命。

（1）第一次信息革命——语言声音与目光传达。这一阶段人类的信息活动相当简单，完全处于一种单纯利用自身生理机能的自然状态。如通过手势、眼神、声音、动作等来传递信息。

（2）第二次信息革命——文字的出现。文字符号的产生，使人类语言外化，实现了人类信息活动史上的第二次革命。信息的符号化使信息活动的范围更大，效果更佳，实现了信息的存储和传播，因此也是一次信息传播手段的重要革命。

（3）第三次信息革命——印刷术的发明。公元 11 世纪毕昇发明了活字印刷，完成了人类史上的第三次变革，使信息传递的速度和范围急剧扩展，并使存储能力进一步加强，初步实现了广泛的信息共享。为人类近代文明奠定了基础，是一次信息记载手段的重要革命。

（4）第四次信息革命——电子技术的发展。19 世纪中叶，电信和广播的出现，使原来"一对一"的信息传播变为"一对多"的传播方式，导致了人类历史上最伟大的一次信息变革。不仅使人类的信息活动更加丰富、快捷和深入，而且使人类真正认识到信息的实际存在和巨大意义，开始了对信息及其规律的探索和认识，是一次信息载体和传播手段的重要革命。

（5）第五次信息革命——计算机进入信息活动。20 世纪 60 年代以后，计算机与通信技术迅速结合，不仅极大地提高了信息传递、贮存的质量和速度，而且达到了信息的传递、储存、加工处理和利用的一体化、自动化，实现了人类历史上第五次信息变革，使人类进入了一个崭新的时代——信息时代。信息第一次真正成为社会的重要财富。

第五章

二、信息科学

信息科学是以信息为主要研究对象，以信息的运动规律和应用方法为主要研究内容，以计算机等技术为主要研究工具，以扩展人类的信息功能为主要目标的一门新兴的综合性学科。信息科学是由信息论、控制论、计算机科学、仿生学、系统工程与人工智能等学科互相渗透、互相结合而形成的。

（一）信息论

信息论就是运用数学方法来研究信息的性质、特征、计量、传送、变换和存贮等问题的一门学科。信息论包括：狭义信息论、实用信息论和广义信息论。

狭义信息论主要研究信息的量度、信道容量、编码理论等问题。实用信息论主要研究信息传输的一般理论，其中包括信号与噪声理论，信号的滤波、调制、解调及检测中的问题。广义的信息论是由信息论、控制论、系统论、计算机、人工智能等相互渗透、互相结合而形成的一门综合性学科。

人类的一切知识都来源于信息，社会的进步使人们深深地认识到提高和完善人类的信息能力的重要性和必要性，因此信息研究成了很多科学家所关心的课题。

信息论的创始人是美国数学家仙农（C. E. Shannon）。1948年10月仙农发表于《贝尔系统技术学报》上的论文《通信的数学理论》奠定了现代信息论的基础。他对信息论的主要贡献有：

首先，第一次从理论上阐明了通信的基本问题，提出了通信系统的模型："信源——信道——信宿"。信源发出消息，信道传递消息，信宿接收消息，通信的目的在于消除不确定性的东西。

其次，仙农给出了度量信息量的数学公式。

$$I(X) = -\sum_{i=1}^{n} P_i log_2 P_i \quad (P_i \text{ 为各种可能状态的概率})。$$

最后，初步解决了如何从信宿提取由信息源发来的消息的技术问题及如何编译才能使信源的信息充分表达，信道的容量被充分利用的问题。

（二）控制论

出于某种目的，我们要求事物在多种可能性中向某个既定目标发展，或者是使该事物保持某种稳定状态，这时就需要对该事物加以控制。控制论所研究的就是控制的问题，但它所研究的不是某一具体系统的具体控制方法或控制技术的问题，而是探讨一般系统控制的普遍性质及其方法诸问题。

控制论的创建者是美国科学家维纳，1948年维纳《控制论》一书出版，标志着控制论作为一门科学的诞生。他说："控制论的目的在于创造一种语言和技术，使我们能有效地研究一般的控制和通讯问题。"

控制论的方法主要有功能模拟方法、黑箱方法。

控制论的应用范围十分广泛，在不少领域已经逐渐形成一些学科分支：

（1）工程控制论。工程控制论是把控制论的基本理论和方法运用于工程技术而形成的专门学科。1954 年，我国著名科学家钱学森在美国出版了《工程控制论》一书，这是工程控制论的奠基性著作。

（2）生物控制论。生物控制论目前主要研究生物系统分析，生物系统辨识以及神经控制论等。生物控制论现在已取得了许多可喜的成果，对于仿生学、人工智能等学科有重要的促进作用。

（3）经济控制论。是一门运用控制论的基本概念、理论和方法来研究经济活动和经济管理的边缘科学，包括经济信息理论、经济反馈理论、经济耦合理论、经济竞争的控制理论等。

此外，还有智能控制论、社会控制论等。

（三）系统论

系统论的创始人是贝塔朗菲。虽然系统论几乎与控制论、信息论同时出现，但直到 20 世纪六七十年代才受到人们的重视。1937 年贝塔朗菲首次提出系统论的概念，不过他的观点当时不为大多数学者所接受，到 1945 年他发表了论文《关于一般系统论》，也几乎不为人知。1968 年，贝塔朗菲的专著《一般系统论——基础、发展和应用》总结了一般系统论的概念、方法和应用。1972 年他发表了《一般系统论的历史和现状》，试图重新定义一般系统论。贝塔朗菲认为，把一般系统论局限于技术方面，当作一种数学理论来看是不适宜的，因为有许多系统问题不能用现代数学概念表达。一般系统论这一术语有更广泛的内容，包括极广泛的研究领域，其中有三个主要的方面：①关于系统的科学，又称数学系统论。这是用精确的数学语言来描述系统，研究适用于一切系统的根本学说。②系统技术，又称系统工程。这是用系统思想和系统方法来研究工程系统、生命系统、经济系统和社会系统等复杂系统。③系统哲学，它研究一般系统论的科学方法论的性质，并把它上升到哲学方法论的地位。

贝塔朗菲的一般系统论包括：系统的整体性、系统的有机关联性、系统的动态性、系统的有序性、系统的目的性。

贝塔朗菲之后，许多学者从不同思路来研究系统，产生了其他派别的一般系统论，这些派别并不是相互排斥的，可以认为是相互补充的。目前影响较大的有耗散结构理论，协同学和超循环理论等。

耗散结构理论是比利时科学家普里戈金于 1969 年提出的。研究对象是耗散结构的性质，以及它的形成、稳定和演变的规律。耗散结构理论指出：一个开放系统，需要不断地与外界进行物质、能量与信息的交换，才能够维持有序结构，正常地发挥功能，并向前发展。

协同学又称协同论，是德国科学家哈肯于 1976 年提出来的。协同学把系统的状态分为"有序"和"无序"，一个系统从无序向有序转化，不完全取决于该系统处于平衡态或非平衡态，也不完全取决于它接近平衡态或远离平衡态。一个由大量子系统构成的系统在一定条件下，它的子系统有可能通过协同的作用使得这个系统在宏观上产生时间结构、空间结构以及一定的功能，即该原系统具有自组织的性质，从无序自动转为有序。

超循环理论是德国生物物理学家艾根于 1971 年创立的。生命的发展过程可分为化学进化和生物进化两个阶段，在这两个阶段之间有一个生物大分子的自组织阶段，这种分子自组织的形式就是超循环。超循环理论不仅为生物大分子的形成和进化提供了一种模型，而且使人们想到这种理论有可能推广到其他复杂系统的研究，尤其是系统的演化规律、系统的自组织方式等方面的研究。

三、信息技术

信息技术是一个动态的概念，它的内涵随着信息技术的发展在不断扩展。信息技术是一项综合性的技术。它是以电子技术，特别是微电子技术为基础，以计算机技术、通信技术和控制技术三者的综合体为核心的技术群。是可以使人们更快速、更可靠、更完善、更经济地产生、存储、发送、转换、接收和处理声音、图像、数据、文字等信息的一切现代技术的总称。

具体说，现代信息技术包括三个层次。第一个层次是信息基础技术，第二个层次是信息主体技术，第三个层次是信息应用技术。这三个层次互相关联，构成一个统一体。

（一）信息基础技术

信息基础技术主要包括微电子技术、光子技术、光电子技术、分子电子技术等有关元件器件制造的技术。

1. 微电子技术。所谓微电子技术，实际上就是指在几平方毫米的半导体单晶芯片上，用微米和亚微米的精细加工技术制成由万个以上晶体管构成的微循单元电子电路，并由这种电路组成的各种微电子设备的总称。近年来，人们把集成电路制造技术、应用技术及其产品统称为广义的微电子技术。

2. 光子技术。20 世纪 70 年代光子技术悄然崛起，成为现代信息发展技术的又一个重要支柱。光子技术是一种渗透性极强的综合技术，是在现代集成光学的基础上发展起来的，以光集成技术为核心的有关光学元器件制造的应用光学技术。

在光子技术领域中，虽然某些或某部分技术（如光纤技术等）已相当成熟，并获得了重要的应用，但就整体上看，光子技术仍处于前期研究阶段。尽管如此，它作为信息技术的又一具有广阔发展前景的基础技术的地位是不容否认的。可以预料，在不远的将来，随着光子技术领域一系列重大突破的完成，建立在光学技术上的各种高效的光学检测器、光计算机、光通信系统、光存储装置等将不断涌现，使信息技术发生又一革命性的变化。

3. 光电子技术。从狭义上讲，光电子技术专指光—电子转换器件及其应用的技术领域。其主要有半导体光电器件技术、发光器件技术以及摄像技术、变像技术、显像技术等光电器件制造技术。从广义上说，光电子技术就是光频波段的微电子技术。由于现今无线电频率下的几乎所有传统电子学概念、理论和技术，原则上都可以延伸到光频波段，因此，光频电子技术在现代微电子技术中占有十分重要的地位，它不仅是现代微电子技术的一个重要领域，更是微电子技术的一个革命性扩展。

不论是作为光—电子转换器件的制造及其应用的光电子技术，还是作为光频电子技术的光电子技术，它在信息技术领域的应用都是极其广泛的，它不仅是微电子技术和光学技术之间联结的纽带，也是信息技术系统化不可缺少的工具。

4. 分子电子技术。随着信息科学与分子生物学的迅速发展和相互交叉，在20世纪80年代初，诞生了一门如何在分子水平上实现信息处理和储存过程的仿生技术——分子电子技术。

具体来说，分子电子技术就是有关分子电子器件的制造技术。自1978年提出分子电子器件的概念以来，分子电子器件技术已有了很大的进展，1978年第一个有机晶体管研制成功；1983年制成了第一个分子检波器；1985年利用细胞色素C制成了有开关功能和记忆功能的生物元件。

与其他元器件（尤其是微电子器件）相比，分子电子器件具有许多优点：①体积小、容量大、速度高，并可组装成三维器件；②低阻抗、低能耗；③具有自我组织、自我复制等再生能力；④可埋入体内成为人体器官，并可作为人脑的自然外延。目前，世界各国正为实现用有机分子或生物分子为单元，组装成具有生物组织或生物系统特性的高级信息系统——生物计算机进行着不懈的探索和努力。

（二）信息主体技术

信息主体技术是建立在信息基础之上的，具体实现信息的获取、传输、处理、控制等功能的系统或设备的技术。主要包括：信息获取技术、信息传输技术、信息处理技术和信息存储技术四种技术。

1. 信息获取技术。获取信息是利用信息的先决条件，目前人们广泛使用的信息获取技术有：

（1）传感技术亦称传感器技术，是同信息检测、材料科学、加工制造等科学技术密切相关的一门综合性技术。主要进行传感器的研究和开发。从工作原理上来说，传感器就是一种能按一定规律将各种被检测量转换成便于处理量的器件。根据传感器感知对象的不同可以分为温度传感器、湿度传感器、压力传感器等。

（2）遥测技术，是对被测对象的某些参数进行远距离测量的一种信息获取技术。随着人们信息活动范围的不断增大，遥测技术在国民经济、科学研究和国防等领域的应用愈加广泛，已普遍地应用于石油、电力、交通、气象、医疗、航空等方面。在增大自动化程度，改善劳动生产率，推进管理水平，提高战斗效率等方面发挥着重要作用。

（3）遥感技术，是 20 世纪 60 年代蓬勃发展起来的一门综合性技术。借助光学、电子学和电子光学探测仪器，把遥远物体所辐射（反射）的电磁信号接收记录下来，再经过加工处理，变成人眼可以直接识别的图像，从而达到获取能揭示所探测物体的性质和变化规律的信息之目的。其核心是遥感器，根据遥感器工作波长不同，可分为可见光遥感、红外遥感、微波遥感等。由于遥感技术具有远、敏、快等特点，不仅被广泛应用于农业、林业、地质、海洋等诸多方面，而且还普遍应用于现代军事领域。

2. 信息处理技术。所谓信息处理就是对获取的信息进行转换、识别、加工、整理、生成等，是人类信息活动的一个关键环节。信息处理的目的是为了方便信息的查找，便于利用已有的信息。信息处理包括：信息标引、分类、自动编制文摘技术等。信息处理技术就是应用计算机对信息进行识别，信息与交换码间的转换，再对信息整理、加工，以及利用数据库实现信息存储和积累的技术。

3. 信息传输技术。迅速、准确、有效地传输信息，是人们在信息活动中一直追求的目标，更是信息传输技术形成和发展的根本动力。现代信息传输技术的形式广泛多样，光纤通信、卫星通信、激光通信、超导通信等通信技术各显神通，迅速发展。这些信息传输技术已广泛应用于经济建设、国防军事等各个领域，并逐步实现实用化。

（1）光纤通信。光导纤维从 20 世纪 20 年代研制成功到现在，打破了金属导体在信息传输领域的一统独霸地位，并有取而代之势。这缘于光导纤维与电传输系统相比，具有诸多独特优点：体积小、重量轻；容量大、传速快；抗干扰、耐辐射、保密好；耐温适应性强；衰减率低、损耗小；多功能传输；成本低、资源丰富等，应用范围越来越广。在后面有关章节再作详细介绍。

第
五
章

（2）激光通信。激光通信的原理同无线电和有线电通信的原理极为相近，其根本不同点是激光通信是用激光来代替普通电磁波作为载波。由于激光频带较宽，传输清晰度、容量等方面明显高于无线电和微波通信。

4. 信息存储技术。存储技术主要是指以磁、光介质为载体的数字化存储介质和以微缩胶片为载体的大容量存储介质的现代存储技术，如磁盘、光盘、移动存储器、外存储设备等。

（三）信息应用技术

人们获取、处理、传输信息的根本目的就在于利用信息，使信息为人们的生产和生活服务。因此在信息技术中其他技术发展的同时，信息应用技术也有了很大的发展，对人们的生产、生活、工作产生了一系列深刻的影响。在众多的信息应用技术中，以应用于生产的工厂自动化技术，应用于办公室的办公自动化技术，以及用于家庭的家庭自动化技术，最引人注目，可以作为信息应用技术的杰出代表。三者被人们普遍称为"3A 技术"。

1. 工厂自动化。工厂自动化（FA）是"3A 技术"中发展最早、应用最广泛的一种信息应用技术。是指实现工厂的生产、装配、管理等过程的自动化的技术。

2. 办公自动化。办公自动化（OA）是当前计算机应用的重要领域。是指把计算机技术、通信技术、系统科学和行为科学应用于传统的数据处理技术难以处理的、数量庞大而又结构不明确的业务处理工作的一项综合技术。办公自动化的发展始于20 世纪50 年代，但当时办公自动化主要是指簿记任务的自动化，几乎与数据处理无任何联系。60 年代被管理信息系统所取代。现在办公自动化已初步形成一种综合多种技术的新型信息应用技术。

3. 家庭自动化。在"3A 技术"中，家庭自动化（HA）发展最晚，但它给人类的生活带来的影响却最深刻。家庭自动化的形成和发展，也完全是现代计算机技术、现代通信技术以及自动化技术在家庭领域广泛应用的直接结果。

家庭自动化系统主要包括家庭信息系统和家庭生活系统两个方面。家庭信息系统是使现有的电视机、音响、录像机等在计算机的统一控制下形成一个信息系统，并与社会信息中心相连，这样不出门就可从事有效的社会信息活动，并可在家中上班。家庭生活系统则是将洗衣机、电冰箱等各种家用电器，在电子计算机的控制下实施统一管理，完全实现自动化。实现家庭自动化，首先必须实现所有家用电器的电脑操作和计算机管理，其次是各种高效的现代通信设备普遍进入家庭。

四、信息产业与信息社会

（一）信息产业

信息技术的实用化和商品化形成了信息产业。凡是与信息的产生、收集、传播、处理、存储、发送、接收、流通和服务相关的产业都属于信息产业，它是专门从事信息产品的生产开发以及信息服务的产业。信息产业包括设备制造业（即电子产品的硬件生产）、信息内容的开发与生产业（即软件产品的生产）、网络建设业和信息服务业四个分支。

1. 信息产业的特点。从信息产业的性质来看，它具有如下特点：①信息产业是新兴产业；②信息产业是知识密集型产业；③信息产业是有资源、无公害型产业；④信息产业是高效益、高增长型产业。

2. 我国的信息产业。衡量一个国家或地区的信息产业应从以下几方面来看：电子计算机的普及程度、电子计算机的软件开发情况，通信设施情况以及信息处理人员状况。目前世界上美国、日本、法国、英国、德国等国家具有较完整的信息产业，而中国、印度等国家是信息产业基础比较差，但发展潜力大的国家。

我国信息产业起步较晚，基础比较差，但由于我国政府的高度重视，再加上信息界人士的共同努力，我国的信息产业正以一日千里的速度向前发展。1998 年我国国内总产值增长 6000 亿元，其中信息产业就增长了 1000 亿元，占总增长率的 1/6。国际权威机构预测，我国在今后几年中信息产业平均增长率将为 27.9%。

今后我国将在集成电路技术、软件技术、新型电子元器件和电子信息材料技术、现代通信与网络技术等领域取得突破，到 2010 年，我国在主要信息技术领域的知识产权拥有量将居世界前列，技术水平与发达国家同步，成为世界信息技术强国，并成为信息技术的主要出口国。

（二）信息社会

信息产业凭借自身的强大生命力，通过不断的发展，已迅速从传统产业中独立出来，它的发展结果是使人类社会进入信息社会。当今，信息资源所起的作用已经超过了物质与能源这两种传统的资源，信息技术已成为当代社会最活跃的生产力与支持经济发展的重要力量。

在知识经济时代，知识和信息已成为社会发展的基本动力，信息主宰着社会，在信息社会起主导作用的是知识密集型产业，战略资源是信息和知识，而不像在传统社会，起主导作用的是劳动密集型产业，战略资源是资金、原料和能源。

第五章

第二节 微电子技术

微电子技术是微小型电子元件、器件及电路的研制、开发、生产及其应用的技术领域的总称。电子元器件中主要是半导体技术，而集成电路（IC）技术又是半导体技术的核心。所以微电子技术有时实际指的就是集成电路技术。

一、微电子技术的特征及地位

（一）微电子技术的特征

微电子技术是在传统的电子技术基础上发展起来的。之所以称之为"微电子"，顾名思义就是由于它是在微小的范畴内的一种先进技术，其特征是"四微"：①它对信号的加工处理是在一种固体内的微观电子运动中实现的；②它的工作范围是固体的微米级甚至晶格级微区；③对信号的传递交换只在极微小的尺度内进行；④它的容积很大，可以把一个电子功能部件，甚至一个子系统集成在一个微型芯片上。总之，微电子技术是指在几乎肉眼看不见的范围内进行工作的一种独特而神奇的特种技术。

（二）微电子技术的地位

微电子技术影响着一个国家的综合国力，以及人们的工作方式、生活方式和思维方式，被看作是新技术革命的核心技术。可以毫不夸张地说，没有微电子就没有今天的信息产业，就不可能有计算机、现代通信、网络等产业的发展，就没有今天的信息社会。因此，许多国家都把微电子技术作为重要的战略技术加以高度重视，并投入大量的人力、财力和物力进行研究和开发。

二、集成电路

（一）集成电路的诞生与发展

集成电路的关键部位是基础材料，即基片，是在一块半导体基片上同时制作二极管、三极管、电阻和电容等元件，并把它们按一定的设计连接起来，构成一个完整的电路以取代为数众多的分立元件，那就将大大增强设备的稳定性和可靠性，同时也大大提高电路的生产效率。

世界上第一块半导体集成电路是美国物理学家基尔比于1959年研制成功的。30多年来集成电路技术的发展甚为迅速。它现在已经成为电子工业的核心技术。衡量集成电路发展的一个重要指标是"集成度"。所谓集成度，简单说就是在一块芯片上集成的元件数目或者说门电路的数目。根据集成度的大小，通常把集成电路分成小规模、中规模、大规模和超大规模集成电路。

第五章

集成电路大致发展情况如下：20 世纪 60 年代初出现小规模集成电路，20 世纪 60 年代中期出现中规模集成电路，20 世纪 60 年代末出现大规律集成电路，20 世纪 70 年代出现超大规模集成电路。

硅集成电路的发展遵循"摩尔定律"，即每 18 个月集成电路的集成度增加一倍，而它的价格也要降低一半。

（二）集成电路的分类

按用途的不同，人们把集成电路分为模拟集成电路和数字集成电路两大类。模拟集成电路主要是用来处理模拟信号的，如重量、长度、速度、温度等物理量，大量用于广播、电视等许多领域。数字集成电路亦称逻辑电路，它的功用在于使输入信号转换成二进制数据码并进行逻辑运算，这是目前生产量最大的集成电路，现已大量用于电子计算机以及其他各种电子设备。

按集成度的不同，集成电路可分为小规模、中规模、大规模和超大规模集成电路。一般规定，每片的集成度小于 100 个元件或小于 10 个门电路的叫做小规模集成电路；集成度在 100～1000 个元件或 10～100 个门电路的叫做中规模集成电路；集成度在 1000 个元件或 100 个门电路以上的叫做大规模集成电路；而集成度在 10 万个元件或在 1 万个门电路以上的则称为超大规模集成电路。

（三）我国微电子技术状况

1965 年，我国制造出了第一块集成电路，比世界上第一块集成电路的出现晚 6 年。后来由于众所周知的原因，我国的微电子技术进展缓慢几乎处于停止状态。

经过近几年的发展，芯片设计水平明显提高，目前我国自主设计的芯片产品已涉及 CPU、数字信号处理器、高档 IC 卡、数字电视和多媒体、3G 手机以及信息安全等六大领域。集成电路设计水平达到 $0.13\mu m$，具有自主知识产权的核心芯片的开发及其产业化也取得了可观的突破。逐渐从以往的"低端模仿"走向以技术创新为主的"高端替代"。我国与国际先进水平还存在一定的差距，应该加强基础理论研究的投入，在引进技术的同时，一定要消化、吸收，甚至创造，走独立发展之路，这样在世界电子领域才能有我们的一席之地。

第三节　电子计算机技术

计算机最早的用途只是为了使计算变得简便和容易，以解除繁杂的数字计算之苦，随着电子计算机的发展，它的功能已远远超出了这个范围，应用越来越广，真正成了人类脑力的延伸，人们把电子计算机称为"电脑"，就反映了这种变化。电子计算机堪称现代社会的骄子，以其不可阻挡之势遍及人类社会的几乎所有角落，深刻地改变着人类社会的状况。

一、计算机的发明与发展

（一）从机械计算机到机电计算机

1642 年，法国数学家帕斯卡研制成了世界上第一台可以作加减运算的机械计算机。他的机器虽然笨拙，但引起了许多人的注意。其后，数学家莱布尼兹受他的启发，在 1676～1694 年间，研制出了两台机械计算机，除加减法外，还可进行乘除法及平方根、立方根的计算。17 世纪科学家研制计算机已形成一股热潮，由于条件限制，直到 1821 年，法国人托马斯设计的"四则运算机"（一种有实用价值的台式手摇计算机）才正式投入批量生产，开创了计算机制造业。

20 世纪以后电的应用日渐广泛，人们自然想到用电器元件来制造计算机。1941 年德国工程师楚瑟以继电器和其他机械部件相结合，制成了称为 Z3 的通用程序控制机电计算机，是第一台真正程序控制的通用计算机，有运算器、存贮器、控制器，能执行 8 种指令，由于战争原因，未受到应有的重视。与此同时，美国数学家艾肯在 IBM 公司的支持下，于 1944 年研制成了自动程序控制计算机 MARK Ⅰ。1948 年完成的 MARK Ⅱ被用于计算火炮的火力表。

继电器计算机的研究一度十分活跃，但马上就冷淡下来了，这主要是由于电磁继电器的开关速度很慢，大大限制了机电计算机的运算速度。不过，它的研制工作为早期电子计算机的设计制造积累了经验。

（二）二进制和逻辑运算

二进制计数法是逢二进一，现在已经成为电路运算所普遍应用的计算方法。机器识别的信号是各种物理元件的物理参数，如电压高低、晶体管导通与截止、电路开与关等，这些参数大多时候只有两种状态，因此采用二进制是最方便、最有利的。我们熟知的十进制与机器运行的二进制，只要输入和输出时加以转换就行，而且转换可完全由机器完成。

逻辑就是指"结果"与"条件"之间的关系的某种规律性。19 世纪英国数学家布尔创立了"逻辑代数"，即用等式表示逻辑判断，把逻辑推理看作是等式的变换，于是逻辑过程就转化为数学运算。逻辑代数在诞生时并无实际用途，现在成了电子计算机运算的基本方式。逻辑代数有三种基本运算，即逻辑乘、逻辑加和逻辑非，在电子线路中与其对应的就是"与门电路"、"或门电路"和"非门电路"。

逻辑乘、逻辑加和逻辑非是逻辑代数的基本运算，既然这样运算都可以由电路来实现，也就是说电子线路完全能够实现逻辑代数的各种运算。由此可见，以电子线路来处理数字逻辑推理的条件完全成熟了。

（三）电子计算机的起步

世界上首台电子计算机在 1945 年底完成，被命名为"电子数字积分计算机"，简称 ENIAC。这台机器使用了 1800 只电子管，7000 个电阻，10 000 个电容，6000 个继电器，每秒可做 5000 次加法，或 500 次乘法，或 50 次除法，运算速度比机电计算机快 1000 倍，比人工计算快约 20 万倍，但平均每 7 分钟出一次故障，使用后不久就废弃不用了。但这台计算机宣告了科学技术的一个新时期的诞生，在科技史上，是一次有重大意义的创新。

1944 年 8 月起，匈牙利人冯·诺依曼开始与人合作，1951 年研制出了比 ENIAC 更先进的存储程序通用电子计算机。该机与 ENIAC 相比，有两项重大改进：一是采用了二进制；二是程序不再用外插线路连接，能像数据一样存入存储器进行指令运算和转移，使整个计算过程自动完成。这种设计史称冯·诺依曼电子计算机。

最初的 ENIAC 电子计算机

（四）电子计算机技术的发展趋势

目前，电子计算机的发展经历了五代，即第一代电子管计算机；第二代晶体管计算机；第三代集成电路计算机；第四代大规模和超大规模集成电路计算机；第五代接近人脑功能的计算机。现正处于研制中的新型计算机有：光子计算机、神经元计算机、生物计算机等。

（1）光子计算机，是用光电集成电路代替传统的电子集成电路的计算机。它具有运算速度快（处理信号的能力是电子计算机的 1000～10 000 倍）；可传输的信息量大等优点。美国于 1991 年研制成功了实验性光子计算机，但还处于实验阶段，随着光电集成电路技术的发展和成熟，光子计算机的商业化应用将指日可待。

（2）神经元计算机，是一种用来仿真人脑神经网原理的新型计算机。众所周知，人脑有左、右脑，其功能不同。目前的计算机近似地起着人左脑的功能，而类似右脑的功能则显得较弱。神经元计算机的设想就是试图使计算机更接近于人脑的工作。在神经元计算机的研究方面日本处于领先地位，除日本外，韩国、美国、英国、中国等国家也研制成功了各种神经元计算机。

（3）生物计算机，是用生物芯片制成的计算机。这种生物芯片由蛋白质和其他有机物质的分子所组成。生物计算机具有工作速度极快、能耗低和自我修复等优点。生物计算机的研制需要微电子学家、计算机专案、生物学家、化学家、医学家和分子生物学家等相互结合，共同努力，才能取得突破性的成就。

电子计算机技术是当代发展最快的技术，过不了几年几乎完全改观。以现在情况看大致有下列趋势：

（1）巨型化。巨型机是指在一定时期内速度最快、性能最高、体积最大、价格也最昂贵的计算机，这只是一个相对概念，因为计算机技术发展特别快，某一时期的巨型机在下一时期就可能转化为普通计算机。巨型机现在主要用于核物理研究、核武器设计、航天航空飞行器设计、国民经济预测与决策、中长期天气预报等方面。

（2）小型和微型化。小型机产生于 1960 年，它的规模比大型机小，功能也较弱，但价格便宜得多，很适宜担负一些规模不太大的任务。微型机是 1971 年开始工业化生产的，它的主要特点是体积小、价格低、可靠性高、使用和维护都比较简单，因此它有极大的灵活性，应用范围最为广阔，近年来发展非常迅速。

（3）网络化。现在通过程控电话线路就可以使各地用户与计算机联系起来，更可以利用人造卫星通信的方式使远距离的用户与计算机联系起来，设置在不同地点的计算机也都可以通过网络联系，相互传递信息和调用各种数据，这就构成了以计算机为中心的信息传递网络。如现已开通的国际互联网络 INTERNET 已使全球所有计算机得以联网，瞬间便可以传递各种信息。在今后一个时期里，随着计算机的普及，计算机网络还必将有更大的发展。

（4）智能化。早在 1950 年图灵就讨论过"机器思维"的问题，机器的思维能力是人赋予的，它不可能超越人的思维能力，但可以把它看作是人大脑的延伸，可利用它来替代我们一部分思维。如利用各种传感器使机器具有一定的"感知能力"。随着相关技术的发展，智能化电子计算机一定会有更大的发展，更好地为人类服务。

二、电子计算机的构成

电子计算机由硬件和软件两大部分构成。

（一）电子计算机硬件

硬件是指电子计算机的中央处理器、存贮器、输入和输出控制系统以及包括电源在内的各种外部设备。电子计算机的硬件部分因机器规模、用途的不同而不同，但基本组成是一致的，其中主要是中央处理器、存贮器和输入输出装置三大部分。

1. 中央处理器。简称 CPU，是电子计算机硬件的主体，它的功能是解释和执行指令，由运算器和系统控制器等组成。

通常用"字长"和速度来表示 CUP 的性能技术指标。字长是指它所能运算的一个数有多少位，位数越多，计算的精确度越高。一般计算机的字长有 8 位、16 位、32 位和 64 位等。CPU 的速度一般以每秒运算加法或乘法的次数来表示，有时也用每秒执行指令的次数来表示，现在微型电子计算机的速度可高达 200 MHZ 以上。不过整机的运算速度不完全取决于 CPU 的运行速度，更重要的是存贮器的存取速度。

2. 存贮器。是计算机的记忆装置，用以存放原始数据和处理这些数据的程序及其中间结果。存贮器分为内存贮器和外存贮器。外存贮器多用磁带或磁盘，磁带的存贮容量大，为大、中型机所用，微机仅用磁盘。磁盘又有硬磁盘和软磁盘两种，硬磁盘的存贮容量大而且存取速度快，软磁盘的存贮容量较小速度也慢。近年以激光存取的光盘有很大发展，它的容量比磁盘大很多，已在一些方面取代了软磁盘作为外存贮器的地位。

3. 输入和输出装置。输入装置是用来输入原始数据和处理这些数据的指令的设备，它用机器所能识别的语言将信息输入机器内部。目前使用的是由键盘、显示器等组成的数据采集装置。

输出装置与输入装置相反，它的任务是把机器内部的电脉冲转变为人所能识别的方式输送出来，它是向操作者显示机器计算结果的装置。一般情况可由显示器显示出来，也可以让打印机、扫描机打印出来。近年来发展的语言输出装置更可以把机器内部的字符编码转化成人类的语言并以语音输出。

（二）电子计算机软件

软件包括操作系统程序、实用程序和编码程序等，是指示机器工作的手段。

第五章

过去人们曾期望电子计算机能够靠先进的硬件解决一切复杂的难题，后来研究发现，对于某些过于复杂的问题，即使硬件再好，运算速度再提高几个数量级，它也无能为力。因此，有关软件的理论和编制软件的方法现已成为电子计算机科学技术的重要课题。

现在程序的编制都是人工完成的，一个程序往往有成千上万个语句，甚至是几十万到几百万个语句，得花费很长时间才能够完成，并且程序的规模越大越复杂，出错的可能性就越大，甚至出错成为不可避免的事。20 世纪 60 年代后期人们就已认识到这个问题的严重性，不少科学家就此进行了认真的研究，也采取了一些措施和方法，但问题并没有完全解决。

三、计算机与人类社会

（一）电子计算机的特征

早期的科学家认为电子计算机就是用来计算的机器。然而，今天随着电子计算机应用的不断扩大，它对人类社会的影响也越来越大，显然这种狭义的认识不合适了，那么电子计算机到底是什么呢？一般来说电子计算机应具备如下特征：①具有极强的数据处理能力，即能计算、能分析、能判断。②具有较强的记忆能力。③有一定的思维能力。④上述能力应在不需人为干预的情况下自动地完成。

如同人类社会不断前进，人类的思想也将变化，人类对电子计算机的认识也将不断地更新，理解也将不断地加深。

（二）电子计算机应用的主要领域

电子计算机面世以来应用领域不断地扩展，主要应用有下列几个方面：

1. 数据处理。在电子计算机里，数字和文字都可以转化成代码由机器作逻辑运算，人们把采集来的各种数据通过输入装置输入机器，由机器对这些数据加以分类、组织和存储，也可以对这些数据进行各种数学和逻辑的运算，如统计、分析等。随着电子计算机逻辑处理能力的提高，数据处理已成为电子计算机应用中最广泛也是最主要的领域，约占计算机应用的 70% ~80%。数据处理现已大量应用于各种企业和事业单位，如计划管理、生产调度、金融、档案管理等，已成为现代化管理的重要手段。

2. 数值计算。计算机原先就是计算数值用的，现仍承担着复杂的数值计算任务，如果这些复杂的计算没有电子计算机的帮助就几乎无法进行。因此，随着计算机运算速度和稳定性、精确性等的提高，在一些规模巨大而且十分复杂的科学技术领域的数值计算上，它的效用更为显著，甚至有人认为电子计算机简直就是许多现代科学技术的基础。

3. 过程控制。是生产过程或科学实验过程的自动控制，是自动化技术的核心。电子技术出现之前虽然已有一些机械式的自动控制装置，但由于技术条件的限制，应用范围十分有限。一些现代技术要是没有计算机的过程控制甚至根本无法实现，如人造卫星的发射和定位等。通过过程控制不仅可在生产中带来非常可观的效益，而且可大大减轻操作人员的体力劳动和脑力劳动，大幅度地提高产品的合格率和生产效率。随着电子计算机的发展，它将在自动化技术中做出更大的贡献。

4. 文字处理。人类社会活动的增加和文化的积累，使传统的文字处理方式已不能满足需要。当人们发现电子计算机能用作文字处理，特别是微型电子计算机逐渐普及之后，微机也就成为文字处理的重要工具。以微机与其他机具配合，文字排版的工作也可以由电子计算机来实现。北京大学教授王选发明的汉字激光照排技术从根本上改变了汉字排版的面貌，对印刷技术的发展贡献巨大。

（三）电子计算机的社会影响

电子计算机堪称人类历史上最伟大的发明之一，它对人类社会已经产生并必将继续产生巨大的影响。

电子计算机以及相关的自动化技术的进步，是当代社会生产力迅速发展的重要技术因素，它所带来的经济效益难以估量，同时也引起了产业结构、产品结构、经营方式及就业人员结构等方面的深刻变化。

电子计算机已成为现代科学技术进步的支柱，它延伸了人类的脑力，使人类认识自然和改造自然的能力空前增强，无异于人类又一次解放。

在社会活动方面，电子计算机也已深入到经济政治、国防军事、经营管理、文化教育、卫生医疗以至于家庭生活等几乎所有角落，迅速改变着人类社会的面貌。

电子计算机制造业及相关产业已成为近十年来发展最快的产业，并带动了其它产业的发展。因此，电子计算机的产量、性能及使用状况，已成为衡量一个现代化国家实力的重要指标。

四、计算机与法律

（一）计算机在政法工作中的应用

（1）法律检索。通过电子计算机将大量的法律、法规、条例等建立成法律、法规、条例等数据库，通过数据库可迅速进行法律检索。

（2）行政管理。目前，在政法战线各部门的管理工作中，大量采用了计算机，如利用计算机进行司法统计、文书档案的管理等。

（3）专家系统。利用存储在计算机内的某一特定领域内人类专家的知识，

第五章

来解决过去需要人类专家才能解决的现实问题的一种计算机系统。

（二）计算机犯罪

计算机犯罪是行为人以电子计算机的技术知识发挥作用为前提，实施的与电子计算机特性有关的各种犯罪行为的总称。它的主要特征有：

（1）犯罪主体的智能化。计算机犯罪分子都具备基本的计算机专业技术知识，不仅懂得如何操作计算机的指令和数据，而且还会编制一定的程序，或精通计算机的养护工作。在犯罪时能成功地避开计算机安全系统的保护和稽查、解读或骗取他人计算机的口令密码。他们一般是计算机的程序设计人员、计算机的维修和保养人员、计算机操作人员及掌握有计算机活动密码指令的人员。

（2）犯罪手段的特殊化。与传统犯罪相比，计算机犯罪手段特殊、方式新颖。如传统的诽谤罪往往以口头、书面方法进行传播。但计算机犯罪就可采用电子邮件方法敲几个键钮，瞬间可传遍世界各地。

（3）犯罪方式的抽象化。首先，计算机犯罪可以在瞬间完成，作案时间短，作案过程简单，不易留下痕迹；其次，可以大幅度跨地域远程实现，也很难用传统的文检、痕检等技术侦查、鉴定手段破获案件。从而使人感到计算机犯罪方式的抽象。

（4）社会危害的严重化。从经济上看，计算机犯罪给国际社会酿成了巨额损失。如德国一些专家估计，由于计算机犯罪造成的损失每年高达 150 亿马克，相当于德国国民生产总值的 1%。

计算机犯罪的类型分为两大类，即以计算机为工具的犯罪和以计算机为对象的犯罪。以计算机为工具的犯罪如利用计算机贪污、挪用、诈骗等。手段也很繁多，如伪造存折、信用卡，意大利香肠术、特洛伊木马术等。以计算机为对象的犯罪如入侵计算机系统、破坏计算机信息系统、侵犯计算机软件著作权等。所采用手段也多种多样，如制造、传播计算机病毒、非法制造、销售及使用盗版软件等。

关于计算机方面有关的法律规定在第 11 章再作详细介绍。

第四节 通信技术

通信技术是当代发展最活跃的科学技术之一。20 世纪中叶以来，随着现代通信技术赖以生存的微电子技术的发展，以及人类社会不断的内在需求的大力推动，现代通信技术的发展非常迅速，各种用途不同，技术迥异的通信手段层出不穷，使现代通信进一步趋向多样化。

一、通信技术的含义及其分类

"通信"的广义说法是，通过任何媒质将信息从一地传送到另一地的任何方式的统称。近二三十年光通信技术的实用化和快速发展给通信技术增加了新的含义。现代通信技术包含电通信技术和光通信技术两大类。通信技术是研究如何实现电通信和光通信的技术。

通信技术按传统的分类有以下几种：①按业务内容来分为：电话、电报、传真、数据通信、可视图文等技术。②按信号形式分为：模拟通信技术和数字通信技术。③按传播方式分为：有线通信技术和无线通信技术。④按所处波段分为：超长波通信、长波通信、中波通信、短波通信、超短波通信和光通信等。

二、通信技术的发展

通信技术的发展经历了四个阶段：

（1）19世纪以前称为原始通信阶段。原始的通讯方式用鼓点声传递信息，进行联系或防卫，在世界各地是普遍采用的一种通信方法。旗语同手势、闪光、烟火等属于目视通信的范畴。风筝传讯、鸽子传信息也是人类祖先的发明。

（2）19世纪初，随着有线电报的发明，开始了初级通信阶段。随着电报装置的发明，电话、无线电报等都是用电磁波来传递信息的通讯工具。

（3）20世纪中期，信息论的建立，使通信技术进入了现代通信阶段。电话交换技术、无线寻呼通讯、卫星通信等迅速发展。

（4）20世纪80年代以后进入现代通信阶段。随着光纤通信技术的应用，模拟信号与数字信号贯通了全球的"信息高速公路"。

三、现代通信技术

现代通信之所以发展如此迅速，根本原因在于现代通信技术的迅速更新和发展。现代通信技术与传统的通信技术有了很大的区别。它不再以邮政、电报、电话业务为支柱，而是以微电子技术、计算机技术、激光技术、光纤通信技术和卫星通信技术为支撑，其中微电子技术是基础，计算机技术是核心。

除微电子技术和计算机技术外，在现代通信变革中发挥着举足轻重的通信技术有：移动通信技术、程控数字交换技术、卫星通信技术、光纤通信技术、数字通信技术、多媒体通信技术、计算机网络通信技术和蓝牙技术等，现分述如下：

第五章

（一）移动通信技术

所谓移动通信就是移动体之间的通信，或移动体与固定体之间的通信。移动体可以是人，也可以是汽车、火车、轮船、收音机等在移动状态中的物体。

移动通信的种类繁多。按使用要求和工作场合不同可以分为：①集群移动通信，也称大区制移动通信。它的特点为只有一个基站，天线高度为几十米至百余米，覆盖半径为 30km～40km，发射机功率可高达 200W。用户数约为几十至几百，可以是车载台，也可是以手持台。它们可以与基站通信，也可通过基站与其他移动台及市话用户通信，基站与市站有线网连接。②蜂房移动通信，也称小区制移动通信。它的特点是把整个大范围的服务区划分成许多小区，每个小区设置一个基站，负责本小区各个移动台的联络与控制，各个基站通过移动交换中心相互联系，并与市话局连接。利用超短波电波传播距离有限的特点，离开一定距离的小区可以重复使用频率，使频率资源可以充分利用。每个小区的用户在 1000 以上，全部覆盖区最终的容量可达 100 万用户。③卫星移动通信。利用卫星转发信号也可实现移动通信，对于车载移动通信可采用赤道固定卫星，而对手持终端，采用中低轨道的多颗星座卫星较为有利。④无绳电话。对于室内外慢速移动的手持终端的通信，则采用小功率、通信距离近的、轻便的无绳电话机。它们可以经过通信点与市话用户进行单方向或双方向的通信。

第一代移动通信技术主要指蜂窝式模拟移动通信，技术特征是蜂窝网络结构克服了大区制容量低、活动范围受限的问题。第二代移动通信是蜂窝数字移动通信，使蜂窝系统具有数字传输所能提供的综合业务等种种优点。第三代移动通信的主要特征是除了能提供第二代移动通信系统所拥有的各种优点，克服了其缺点外，还能够提供宽带多媒体业务，能提供高质量的视频宽带多媒体综合业务，并能实现全球漫游。

现有的大量的移动通信都是用模拟识别信号，称为模拟移动通信。但为了满足容量增加、提高通信质量和增加服务功能的要求，目前已开始应用数字识别信号，即数字移动通信。在制式上则有时分多址（TDMA）和码分多址（CDMA）两种。前者在全世界有欧洲的 GSM 系统（全球移动通信系统）和北美的双模制式标准 IS－54 及日本的 JDC 标准。对于码分多址，则有美国 Qualcomnn 公司研制的 IS－95 标准的系统。总的趋势是数字移动通信将取代模拟移动通信。CDMA 体制将更占优势，而移动通信将向个人通信发展。进入 21 世纪后移动通信成为全球信息高速公路的重要组成部分，将有更为辉煌的未来。

（二）程控数字交换技术

程控数字交换技术是 20 世纪 60 年代后期，在微电子技术和脉码调制技术的基础上发展起来的一种新型信息交换技术，是现代通信网络化、系统化、保密化的技术保证。它的出现，导致了程控数字电话交换机等高效通信交换设备的产生和迅速发展，为现代通信网提供了一种性能优异的通信枢纽。

事实上，所谓程控交换，就是利用电子计算机预先编好的程序来控制交换接续动作。程控数字交换与其他交换手段相比有许多优点，如：体积小、重量轻、灵活多能、容大质高、节省设备、结构简化等。

现代程控数字交换技术，还需向进一步减少设备的体积，增强功能，提高可靠性，改善性能价格比等方向努力，为综合服务数字通信网的建立奠定基础。

（三）卫星通信技术

自 1958 年第一颗通信卫星升空起，卫星通信就以前所未有的速度发展着，并成为现代通信的重要支柱。现在全世界的国际电话业务 2/3 以上和全部洲际电视转播业务均由通信卫星完成。

像其他通信技术一样，卫星通信技术也是一门高度综合化的技术，它的发展，有赖于各种相关技术在多方面的突破。

在当代，卫星通信之所以具有那种引人入胜的潜力，是因为卫星通信具有如下一些特点：

（1）采用更高的通信频率。这样可避免微波干扰，增加了信号强度，提高了工作频率，降低了地球站的费用。

（2）可建立统一的卫星数字通信网，不仅能改善传输的质量，还能降低网路的建设费用，由于电话、图像、电视等一体化，可使通信效率大大提高。

除此之外，卫星通信还具有不受地理条件的限制，组网灵活、迅速等特点。

通信卫星中地球同步通信卫星占着重要的地位，关于地球同步通信卫星在空间科学技术有关章节中再作详细介绍。

许多专家认为，推动卫星通信技术发展的最重要的动力，就是设计更廉价的用户地面卫星接收装置，现在随着其费用大幅度地降低，各种简单的家用卫星电视接收装置正迅速进入每一个家庭。在不远的将来，房顶上林立的卫星电视接收天线将成为城市的一大景观。

除此之外，发射更大的卫星，不断提高卫星的重量，可使其具有更强的通信能力，地面站的费用也可降低；为了提高卫星通信效率，人们还研制了一种新的地面站，可以同时对很多颗卫星发射和接收信号，实行多卫星通信；用激光来代替电磁波进行卫星通信，虽然要真正投入实用还有大量的研究工作要做，但其前景是十分美好的。

（四）光纤通信技术

激光固然可以直接用来传递信息，但是光在空气中传播要受到气候条件

（如雨、雪、雾等）的影响，所传播的信息也难于保密。于是人们想到，如果使激光在透明的纤维里传递信息，将会使信息传递技术出现全面的革新。20世纪30年代起就有人试图利用光导纤维来传送信息，不过没有成功，问题在于那时光导纤维的光损耗比较大，不能作远距离传输。1966年在美国工作的英籍华裔物理学家高锟从理论上指出，如果采取适当的方法除去光纤中的杂质，它的传光能力将会大幅度地提高。其后许多企业和实验室都为此而竞争。1970年美国康宁公司研制出损耗仅为20分贝/千米的光导纤维，从而揭开光纤在激光通信中应用的序幕。其后低损耗光纤的研制有了很大的进展，到了1978年，便制成了损耗只有0.047分贝/千米的光纤，标志着光纤制造技术进入了新的阶段。

1. 光导纤维。光导纤维由芯子、包层、涂敷层和外层四部分构成，是可利用光的全反射原理来传输光信号的玻璃纤维细丝。芯子材料主要是二氧化硅，其中掺有极微量的其它材料如二氧化锗等，用意在于提高它的光折射率，芯子的直径在3微米~60微米之间。芯子外面的包层一般用纯二氧化硅制成，有时也掺入极微量的三氧化二硼或氟以降低它的光折射率，使它的折射率与芯子有细微的差别，其差在0.003~0.019之间，包层的外径则在150微米~200微米之间。涂敷层常用硅酮或丙烯酸盐，它的作用在于保护光纤以及增加它的机械强度。外套一般为塑料管，也是为了保护光纤并以不同的颜色区别不同的光纤。许多根光纤绕在一起就组成了光缆。光缆中光纤的数目不等，有4根、6根、12根以至144根等多种规格。

2. 光纤通信。

（1）全反射原理。光射到两种介质分界面时，有一部分光从界面反射回去，叫反射光；另一部分将透过界面进入第二种介质，叫折射光。当光从折射率较小的介质（例如空气）射到折射率较大的介质（例如水），这时反射和折射都会发生。而相反当光从折射率较大的介质射到折射率较小的介质时，如果入射角大于一定数值，这时折射光就消失了，只有反射光存在，这就是全反射现象。

（2）光纤导光的机理。当光从光纤一端的芯子处射入，遇光纤弯曲处时，因芯子与包层折射率不同（芯子折射率大于包层折射率）而发生全反射，经过辗转反射，光线在光纤内呈"之"字形前进，光线便能够达到光纤的另一端。

（3）光纤通信的优点。光纤通信，打破了金属导体在信息传输领域的一统独霸地位，并有取而代之势。光导纤维传输系统同电传输系统相比，具有诸多独特优点。具体如下：

第一，容量大、传速快。使用光纤作传导媒介的光通信的容量比电通信的容量要大成千上万倍，有的甚至更大10亿倍。光纤以光速传输，因此，其传输数据率目前已高达每秒200兆比特以上，比当前电传输数据率高几个数量级。

第二，抗干扰、耐辐射、保密好。光纤线路能对付电磁干扰和原子辐射，使之不受干扰破坏。另外，由于光纤传输系统不向外漏泄，很难被截获破译，故其信息保密性特强。

第三，耐温适应性强。目前已研制成的光缆，一般能耐受 150℃～200℃，甚至更高温度。它又可耐受 -65℃ 而仍保证正常工作，这对于用在强冷环境下，诸如高空、高北纬地区等处信息传输极为有益。

第四，衰减率低、损耗小。使用光纤传输信息，由于用颜色很纯的激光，这种光能量高度集中，它能沿着单一方向平行传输，色散角很小，且由于它传输的特殊性，即使光纤弯弯曲曲，其光损耗率也很低。假如将 1 千米长的光纤绕在一个直径为 10 厘米的圈轴上，其损耗率只有万分之几。

第五，抗拉抗压力强。一般人们认为，玻璃是很脆的物质，但由于光纤和光缆都是采用特殊的塑料等包敷材料和特殊的工艺制造的，例如，光缆套层和套管采用了一些特殊材料（如耐高温含氟聚合物），所以，光缆具有很高的抗拉强度和抗压能力。

第六，多功能传输。光纤通信系统不仅能传输电话，而且可同时多路传输视频信息、同步数据、传真、图像等各种数字信息，其基本特征是不论是何种信息——声、像、文等都是经过"电—光"放大、变换、调制后，再经"光—电"还原，因此可以"原封不动"地传输到对方。

第七，体积小、重量轻、成本低。光纤制造成本日益下降。而且光缆铺设费用比电缆低 12%～30%。这也是光纤应用前景广阔的重要原因之一。

据专家测算，以铜缆和光缆同为 100 米长，传递信息频带宽为 4 万兆赫时：铜缆：需直径 58 毫米的铜缆 656 股，总重为219 760千克，直径 1458 毫米，价格为1 312 000美元。光缆：只要一根直径为 8.7 毫米的光纤线，重为 6.6 千克，其价格仅为 680 美元。

第八，资源丰富。光纤的原料，当前主要用的是石英玻璃，即二氧化硅，在地球上约占总矿藏的 14%，可以说取之不尽，用之不竭。用几克石英就可制出 1000 米长的光纤。

由于光纤这种高技术的发展，又具有如此众多而惊人的优越性，因而赢得了人们的青睐，甚至被誉为未来科技的"骄子"，深受各国重视。但值得一提的是光纤通信现在还不能完全代替电缆通信；光纤通信与卫星通信二者相比，各有优劣，互相也不能取代。

（五）数字通信技术

在现代通信技术中，恐怕没有任何技术能像数字通信技术那样对现代通信的发展产生如此巨大的影响。可以说，没有数字通信技术的产生和发展，就没有现代通信方式从模拟向数字这一革命性的转变，就没有计算机与通信的结合，也就不可能出现人类历史上的第五次信息革命。作为现代通信发展的关键技术，数字通信技术开创了通信史上的一个崭新的时代。

所谓数字通信，就是一种用数字信号传输信息的通信方式。与传统的模拟通信方式相比，它具有如下突出优点：抗干扰能力强、再生性好、可兼容性佳、集成程度高、通信质量优、保密性强等。

数字通信技术是有关数字信号处理、传输、交换的技术。它包括数字信号处理技术、数字信号传输技术、数字信号交换技术等方面。

（六）多媒体通信技术

在现代通信中，由于计算机与通信的普遍结合，使实现有效的人与计算机的接口变得尤为重要。作为实现这种接口的多媒体通信技术在现代通信发展中的地位就十分突出了。多媒体通信技术就是一种将各种视听觉信息进行必要的转换和处理，以利于机器（尤其是计算机）理解的技术。多媒体技术是兴起于20 世纪 80 年代末期的一门新型通信技术。

顾名思义，多媒体通信是指在一次呼叫过程中能同时提供多种媒体信息，如声音、图像、图形、数据、文本等的新型通信方式。多媒体通信计算机和声像通信技术融为一体。计算机与家用电器相结合就诞生了多媒体机，人们可以利用多媒体机组成的通信系统，自由地选择或加工图像、声音、文字或数字等形式的信息，并采用有线或无线形式互相交流。

与电话、电报、传真、计算机通信等传统的单一媒体通信方式比较，利用多媒体通信，相隔万里的用户不仅能利用声像图文并茂地进行信息交流，使分布在不同地点的多媒体信息，能步调一致地作为一个完整的信息呈现在用户面前，而且用户对通信全过程具有完备的交互控制能力。这就是多媒体通信的分布性、同步性和交互性特点。不久的将来，多媒体将普及到办公室、学校、家庭等所有领域，即多媒体将是未来的电视机、录像机、个人电脑、传真机和电话机，成为人们日常生活和工作中不可缺少的通信手段。

（七）计算机网络通信技术

为了实现信息资源的共享，计算机互联网的规模日益扩大，最具代表性的大网，莫过于已联接 140 多个国家与地区、网上运行的计算机数达 380 多万台，用户数逾 3500 多万个的因特网了。有超过 4800 个组织已注册了 Internet 网络地址，有超过 160 个国家和地区的用户通过它来进行 E - mail 通信。预计到本世纪末，将有 100 万个网络、1 亿台计算机和 10 亿个用户来使用它。

现代通信的目标是"全球一网"，其基础是数字技术、计算机技术、微电子与光电子技术。现代通信的总趋势是数字化、宽带化、综合化、智能化与个人化，最终是构成一个全球一体的宽带、智能、个人化的综合业务数据网。当今通信界的三股热流是：光纤通信、卫星通信与移动通信。

（八）蓝牙技术

蓝牙技术是一种无线数据与语音通信的开放性全球规范，它以低成本的近距离无线连接为基础，能在包括移动电话、无线耳机、笔记本电脑、相关外设等众多设备之间进行无线信息交换。

"蓝牙"（Bluetooth）原是一位在 10 世纪统一丹麦的国王，他将当时的瑞典、芬兰与丹麦统一起来。用他的名字来命名这种新的技术标准，含有将四分五裂的局面统一起来的意思。蓝牙技术使用高速跳频（FH, Frequency Hopping）和时分多址（TDMA, Time Division Muli-access）等先进技术，在近距离内最廉价地将几台数字化设备（各种移动设备、固定通信设备、计算机及其终端设备、各种数字数据系统，如数字照相机、数字摄像机等，甚至各种家用电器、自动化设备）呈网状链接起来。蓝牙技术将是网络中各种外围设备接口的统一桥梁，它消除了设备之间的连线，取而代之以无线连接。

蓝牙是一种短距的无线通信技术，电子装置彼此可以通过蓝牙而连接起来，省去了传统的电线。通过芯片上的无线接收器，配有蓝牙技术的电子产品能够在十公尺的距离内彼此相通，传输速度可以达到每秒钟 1 兆字节。以往红外线接口的传输技术需要电子装置在视线之内的距离，而现在有了蓝牙技术，这样的麻烦也可以免除了。

第五节　机器人技术与人工智能

机器人技术是高度自动化技术的重要组成部分，广泛普及机器人给生产、生活都会带来变革，机器人技术在现代科学技术中是重要的发展领域之一。

一、机器人技术与机器人

机器人技术指的是机器人的设计、制造和应用的技术，是电子技术、机械技术、光电技术、声学、电子计算机技术和自动控制技术等相关技术相互渗透、相互结合的综合性技术。所以，机器人是机电一体化的技术密集型产品。

机器人可以定义为一种能模仿人的动作的自动化装置。机器人按其技术程度可分为三代。第一代机器人是一种可自动定位，重复编程的操作机，对外界没有反馈能力，称为工业机器人，只能完成某种作业。第二代机器人是在第一代机器人上增加了视觉功能，对环境变化有一定适应能力。第三代机器人具有更多传感器及计算机，能感知周围环境，能推理，具有学习功能，亦被称为智能机器人。

二、机器人的作用

1. 对改造传统工业的作用。机器人对传统工业的改造具有重要作用，主要表现在：生产效率大大提高，经济效益显著；节约原料、能源，提高产品质量，增强产品的国际竞争力；做到安全生产，减轻工人劳动强度等。

2. 对劳动力结构的作用。随着机器人的广泛应用，将使一部分从事体力劳动的工作者被机器人代替，减少第一、二产业从业人员，增加第三产业的从业人数。

3. 在其他方面的应用。机器人还可广泛应用于航空航天、军事、医疗等各领域，减轻或替代人类工作，发挥更大作用。

三、机器人的发展

（一）世界发展状况

1962年美国生产制造出了世界上第一个机器人，到20世纪70年代，机器人技术取得突破性进展，目前第三代智能化机器人已经进入实用化阶段。

从机器人应用领域来看，空间机器人、核电站机器人、海底机器人、采矿机器人等是今后发展趋势。

（二）我国发展状况

我国机器人技术最早开始于20世纪70年代中期，在80年代掀起了研究机器人的热潮。目前我国自行研制的机器人在很多领域发挥着重要作用。如我国研制的6000米光缆水下机器人，1997年5月深入海底5100米~5200米，完成了太平洋海底各项调查任务，获得了大量数据、图片和资料，并顺利回收。2006年，我国又研制成功了世界上最大潜深载人潜水器"海报一号"比世界另外5台同类产品潜深深500米，可达7000米的潜深。

经过30多年的努力，我国机器人技术已进入国际先进行列。从事机器人技术研究的技术队伍已具规模，为我国今后发展机器人技术奠定了基础。

四、人工智能

人工智能英文缩写为AI。它是研究、开发用于模拟、延伸和扩展人的智能的理论、方法、技术及应用系统的一门新的科学技术。人工智能是计算机科学的一个分支，它试图了解智能的实质，并生产出一种新的能以与人类智能相似的方式作出反应的智能机器，该领域的研究包括机器人、语言识别、图像识别、自然语言处理和专家系统等。

人工智能目前在计算机领域内得到了愈加广泛的重视，并在机器人、经济政治决策、控制系统、仿真系统中得到应用。实际应用主要是机器视觉。如指纹识别、人脸识别、视网膜识别、虹膜识别、掌纹识别、专家系统、智能搜索、定理证明、博弈、自动程序设计、航天应用等。

第六节　信息技术的巨大影响及发展趋势

一、信息技术的巨大影响

信息技术的飞速发展和广泛应用对现代社会的影响和冲击是巨大而深远的，它波及到社会的各个领域和人类生产、生活的各个方面。

（一）社会信息化的加速器

信息技术为人们提供了新的、更加有效的信息获取、传输、处理和控制的手段和工具，极大地扩展了人类信息活动的范围，增强了人类信息活动的能力，加速了社会的信息化进程。如1930年才出现的电视，到70年代，全世界共拥有近3亿台，到80年代，包括第三世界国家在内的所有家庭，几乎都拥有电视。世界年平均信息量从60年代的72万亿字符，增加到80年代的1250万亿字符，使人类真正进入了一个信息爆炸的时代。

（二）现代产业结构的变革器

信息技术不仅孕育了一个新的产业——信息产业，而且给传统产业注入了新的活力，加速了农业的现代化、工业的智能化和第三产业的高效化，改变了现代产业结构。

在信息技术发展成熟以前，整个社会的产业结构基本上由三种产业组成，即第一产业、第二产业和第三产业，到20世纪60年代末，在信息技术的基础上形成了一个以信息生产、应用为核心的新产业——信息产业。

信息技术提高了农业、工业生产的自动化程度，提高了劳动生产率。此外，信息技术应用于工业产品的生产、管理，加速了产品的更新换代，开拓了许多新市场，甚至形成了新的产业部门。

（三）军事改革的推进器

信息技术对现代化武器装备、指挥方式、作战方式、军队结构及战略战术都产生了巨大的冲击和影响，导致了现代军事领域的一场新革命，加快了国防现代化的步伐。

大量装备应用电子计算机已成为现代武器的一个主要标志。从20世纪80年代以来几乎所有的作战飞机、导弹、战车、军舰等都装备了各种功能的计算机，这不仅使现代武器装备的操作自动化、攻击精确化，而且使其行为智能化，具有自控制、自校准、自识别等智能，从而极大地提高了武器装备的战斗性能和战斗效力。

在现代信息技术的基础上建立起来的，集指挥、控制、通信和信息于一体的军队自动化指挥系统，不仅为现代军事行动提供了科学的依据和最佳的选择方案，实现了作战指挥的自动化，而且在导致指挥方式重大变革的同时，使现代战争的整体面貌发生了根本的改变。

事实上，信息技术对现代战争的影响是整体的，除上述几个方面之外，它对现代军队的组织结构、具体的战略战术以及后勤保障等诸多方面都产生了深刻的影响。

（四）就业转向的催化剂

信息技术对现代产业结构的巨大影响，必然要反映到人们的职业变化上来，现代信息技术对人们就业取向和职业结构的改变，从现代信息技术一产生就一直存在着，并随着信息技术的进一步发展而愈加强烈。到20世纪80年代，随着信息产业的急剧扩展，这种改变达到最高峰，导致了人类职业结构的又一次革命性的变化。在信息技术的影响下，旧的职业在消失，新的职业在出现，职业观念在改变，职业教育在变革。

人们对信息技术对职业结构的变化有两种截然不同的观点：悲观论和乐观论。

1. 悲观论。悲观论者认为，信息技术对人类职业的改变将是灾难性的，至少是不容乐观的，其理由是：

（1）信息革命将使大量过时的职业消失，就业机会减少，产生大量的失业，并导致社会的严重不稳定。信息技术的发展而引起的产业结构的变化，将使传统产业的比例减少，并使一大批传统职业消失。虽然信息革命也将会带来不少新工作和职业，但悲观论者认为，新增加的职业将远远少于减少的职业。

（2）即使是新的职业领域容纳所有的劳动力，那也不可避免地产生短期的不适应者和失业者。他们会成为社会的落伍者，感到社会如此陌生，生存的权力被剥夺，他们自然以各种方式来进行反抗，整个社会也将因此而不稳定。

2. 乐观论。与悲观论者相反，乐观论者认为，信息技术的发展，对人类就业和工作的影响是十分有益的，它将给人们以新的更高创造性的工作，创造更灿烂的未来。

（1）信息技术的发展所导致的产业自动化，并不是一下就能完成的，而是一个逐步实现的过程。因此，并不会出现大规模职业突然消失的现象。

（2）随着信息技术的进步和自动化的完成，必然有不少工作和职业要消亡，其中大部分是本来就不适合于人去干的非创造性工作。这类工作的不复存在，标志着人类自身的又一解放和进步。

（3）信息技术的发展将形成新的产业和许多新的行业，为人们提供大量的就业机会。信息革命不仅不会减少人们的就业机会，反倒会增加许多新的职业，为人们提供更多更好的机会，唯一的变化是要求人们从一种职业转移到另一种新的职业中去。

总之，信息技术所导致的人类职业取向的这种转变并不是能轻轻松松地完成的。其间会出现各种问题，遇到各种困难。这需要采取一定的措施加以解决。如把信息技术和技能的教育注入到社会教育的全过程中去；加强成年人的在职教育，以增加其对信息社会职业转移的承受力和对新职业的适应力；把各种不同的教育形式紧密地衔接起来，形成一个能适应信息社会职业变化的合理的社会终身教育体系。

（五）变更生活方式的利器

信息技术在对人类的生产方式产生重大影响的同时，也对人们的生活方式形成了强有力的冲击，它使人们的生活中心发生了革命性的转移，从原来的社会转向家庭，使家庭成为人们生活的新中心。借助各种高度自动化的信息装置和系统，人们可以坐在家里办公、购物、参加会议、接受教育等等，使个人生活越来越方便。与此同时，信息技术也引起了信息活动的个人化等一系列新的问题。如权力高度集中、社会的极端脆弱、人的两极分化、泛滥的智能犯罪等。

信息技术的发展，给社会带来很多有利的影响，同时也会带来一些弊端，但我们不能借此来否认信息技术对社会发展的革命性意义。只要我们有所准备，并采取相应的对策和措施，就能兴利除害，使信息技术发挥出最佳的社会效益。

二、信息技术的发展趋势

（一）发展方向

作为现代科学技术的核心和先导，信息技术在今后的发展中，将以一种崭新的姿态出现在人们面前。在今后，它将向如下几个方向发展：

（1）综合化。随着技术的不断完善，信息系统逐步趋于综合化和融合化，如电视机将和计算机结合为一体，由通信终端机变为综合信息终端机。

（2）量子化。科学的发展将使电子信息技术产生的变化——量子化。如半导体技术将由微米技术发展到纳米技术，由光技术发展到 X 射线技术，由电子技术发展到量子技术。其结果当然是使现在的电子工程学发展为量子工程学。

（3）分散化。信息社会不断增加的个人信息化的内在需要将使电子信息技术从原来的集中转向分散。如随着新型通信网络的出现，通信技术的发展也必然由集中转向分散。

（4）微细化。日益发展的微细加工技术将使电子产品进一步微细化，甚至会产生微细电子系统。如利用半导体超大规模集成电路的微细加工技术，将可能在硅芯片上制造出价格低、功能高的微型机械系统，为机械加工技术带来重大突破。

（5）实用化。当代的电子信息技术将进一步注重实用。注重那些与人们的生产和生活密切相关的技术的发展。

（二）应用领域

当代电子信息技术发展的重要领域将是：

（1）集成电路技术。专家们估计，不久存储容量为100兆位的动态随机存取芯片将研制成功并投入生产。同时，光子集成电路和生物集成电路等技术也将会取得重大进展。

（2）计算机技术。随着大规模集成电路技术的发展，计算机将高度小型化；21世纪初将会出现超级并行处理计算机，它不仅运算速度快，而且可同时处理大量不同信息。继第五代计算机之后，具有人的思维功能，能说话、思考和学习的第六代计算机也将取得突破性进展。与此同时，一种新型的世界各种语言通用的计算机数字代码将问世。这或许会导致一场新的信息革命。

（3）机器人技术。类似于美国的"硅磁智能"机器人的多用途、高智能机器人，将是今后开发的重点。这种机器人一旦问世，将可基本上代替人做所有的工作。此外，随着仿生学研究的进一步深入，将会研制出更多的仿生机器人为人类服务。

（4）通信技术。通信系统正向数字化和综合化方向发展，集电话、可视电话、电报、数据、传真及电视等传输业务于一体的综合业务数字通信网络将有大的发展。通信将更加廉价、高效。

除此之外，还有光盘技术、高清晰度电视技术等。

第五章

第6章
环境科学

第一节　概　述

一、环境和环境的分类

所谓环境，总是相对于某项中心事物而言，作为某项中心事物的对立面而存在的。也就是相对于中心事物而言的背景。在环境科学中，指的是以人类为主体的外部世界，主要是地球表面与人类发生相互作用的自然要素及其总体。它是人类生存和发展的物质基础，也是人类开发利用的对象。中心事物与环境是既相互对立、又相互依存、相互制约、相互作用和相互转化的，在它们之间存在着对立统一的相互关系。作为中心事物人的环境，它包括自然环境和人工环境。

自然环境是直接或间接影响到人类的一切自然形成的物质、能量和自然现象的总体。如阳光、温度、气候、地磁、空气、水、岩石、土壤、动物、植物、微生物以及地壳的稳定性等自然因素的总和。人工环境是人类在自然环境的基础上通过长期有意识的社会劳动所创造的环境，包括由人工形成的物质、能量和精神产品，以及人类活动中所形成的人与人之间的关系或称上层建筑，是人类物质文明和精神文明发展的标志，它会随着人类社会的发展不断丰富演化。

人类生存环境是一个复杂庞大的、多层次、多单元的环境系统。为了便于从总体上对其进行综合性研究，可以根据其与人类生活的密切关系和人类对自然环境改造加工的程度，由近及远，由小到大分为聚落环境、地理环境、地质环境和宇宙环境。

聚落环境，是人类群居生活的场所。是人类利用和改造自然而创造出来的与人类关系最密切、最直接的生存环境。按其性质、功能和规模大小可分为：居室环境、院落环境、村落环境、城市环境等。

地理环境，地理环境位于地球的表层，即岩石圈、水圈、土圈、生物圈和大气圈相互制约、相互渗透、相互转化的交错带上。它具有三个特点：有来自地球内部的内能和主要来自太阳的外部能量，并在此相互作用；有常温、常压的物理条件，适当的化学条件和繁茂的生物条件，构成了人类活动的舞台和基地；这一环境与人类的生产和生活密切相关，直接影响着人类的饮食、呼吸、衣着和住行。

地质环境，地质环境包括大气圈中的对流层和平流层的下部、水圈、土壤岩石圈等。它是人类生活和生物栖息繁衍的场所，是向人类提供各种资源的场所，也是不断受到人类活动改造和冲击的空间。

宇宙环境，指的是大气层以外的环境，它是人类生存环境的最外圈部分，即大气层以外的宇宙空间，这是人类活动进入大气层以外的空间和地球邻近的天体的过程中提出来的概念，也称空间环境。

二、环境问题

（一）环境问题和环境问题的分类

环境问题就其范围大小而论，可从广义和狭义两个方面理解。从广义理解，就是由自然力或人力引起生态平衡破坏，最后直接或间接影响人类的生存和发展的一切客观存在的问题，都是环境问题。从狭义上理解，就是由于人类的生产和生活活动，使自然生态系统失去平衡，反过来影响人类生存和发展的一切问题。

如果从引起环境问题的根源考虑，可将环境问题分为两类。由自然力引起的为原生环境问题，又称第一环境问题。它主要是指地震、洪涝、干旱、滑坡、火山活动等自然灾害问题。对于这一类环境问题，目前人类的抵御能力还很薄弱。由于人类活动引起的为次生环境问题，也称第二环境问题，环境科学研究的主要对象应是次生环境问题，它又可分为环境污染和生态环境破坏两类。

环境污染是指有害物质，主要是工业的"三废"（废气、废水和废渣）对大气、水体、土壤和生物的污染。环境污染包括大气污染、水体污染、土壤污染、生物污染等由物质引起的污染和噪声污染、热污染、放射性污染或电磁辐射污染等由物理性因素引起的污染。而生态环境破坏则是人类活动直接作用于自然界引起的。例如：乱砍滥伐引起的森林植被的破坏、过度放牧引起的草原退化、大面积开垦草原引起的沙漠化、滥采滥捕使珍稀物种灭绝，危及地球物种多样性、植被破坏引起的水土流失等等。

（二）环境问题的产生和发展

随着人类的出现，生产力的发展和人类文明的提高，环境问题也相伴产生，并由小范围、低程度危害，发展到大范围、对人类生存造成不容忽视的危害，即由轻度污染、轻度破坏、轻度危害向重污染、重破坏、重危害方向发展。依

第六章

据环境问题产生的先后和轻重程度，环境问题产生与发展，可大致分为以下几个阶段：

第一阶段是环境问题的萌芽阶段（工业革命之前）。人类在诞生以后很长的岁月里，只是天然食物的采集者和捕食者，人类对环境的影响不大。那时，人类主要是利用环境，而很少有意识的改造环境。后来随着人类学会培育、驯化动植物，开始了农业和畜牧业，人类改造环境的作用也越来越明显地显示出来，与此同时出现了相应的环境问题，如大量砍伐森林、破坏草原、刀耕火种、盲目开荒，往往引起严重水土流失、水旱灾害频繁化和沙漠化；又如兴修水利，不合理灌溉，往往引起土壤的盐渍化、沼泽化等。

第二阶段是工业革命至 20 世纪 50 年代以前。随着生产力的发展，在 18 世纪 60 年代至 19 世纪中叶，生产发展史上出现了一次伟大的革命——工业革命。它使建立在个人才能、技术和经验之上的小生产被建立在科学技术成果之上的大生产所代替，大幅度地提高了劳动生产率，增强了人类利用和改造环境的能力，同时也带来了环境问题，如 1873～1892 年，英国伦敦多次发生可怕的有毒烟雾事件；又如 1930 年，比利时的马斯河谷工业区由于工厂排出有害气体，在逆温条件下造成了严重的大气污染事件。总之，由于蒸汽机的发明和广泛使用，大工业日益发展，生产力有了很大的提高，环境问题也随之发展且逐步恶化。

第三阶段是 20 世纪 50 年代至 80 年代前。在此期间，环境问题非常突出，震惊世界的公害事件接连不断，1952 年 12 月的伦敦烟雾事件，1953～1956 年日本的水俣病事件，1961 年日本四日市哮喘病事件，1955～1972 年日本富山县因水源受到镉的污染而引起了痛痛病事件等，在那时形成了第一次环境问题的高潮。这主要是由于下列因素造成的：首先是人口迅猛增加，都市化的速度加快；其次是工业不断集中和扩大，能源的消耗大增。当时，在工业发达国家因环境污染已达到严重程度，直接威胁到人们的生命和安全，成为重大的社会问题，激起广大人民的不满，并且也影响了经济的顺利发展。1972 年的斯德哥尔摩人类环境会议就是在这种历史背景下召开的，这次会议对人类认识环境问题来说是一个里程碑，这次会议通过了《人类环境宣言》。工业发达国家把环境问题摆上了国家议事日程，包括制定法律、建立机构、加强管理、采用新技术，70 年代中期环境污染得到有效地控制，城市和工业区的环境质量有明显改善。

第四阶段是 20 世纪 80 年代以后，这一阶段环境问题有三类：一是全球性的大气污染，如"温室效应"、臭氧层破坏和酸雨；二是大面积生态环境遭到破坏，如大面积森林被毁、草场退化、土壤侵蚀和沙漠化；三是突发性的严重污染事件迭起，如印度的博帕尔农药泄漏事件，前苏联的切尔诺贝利核电站泄漏事故，莱茵河污染事故等。这些全球性大范围的环境问题严重威胁着人类的生存和发展，不论是广大公众还是政府官员，也不论是发达国家还是发展中国家，都普遍对此表示不安。为此，1987年世界环境与发展委员会提出可持续发展的总原则即："今天的人类不应以牺牲今后几代人的幸福而满足其需要"。1992年在巴西里约热内卢召开的由183个国家和国际组织及非政府组织代表参加的联合国环境与发展会议通过了关于环境与发展的《里约热内卢宣言》、《21世纪议程》、《气候变化框架公约》、《生物多样性公约》、《关于森林问题的原则声明》等一系列文件。这次会议将可持续发展的概念变成了一种各国政府和国际组织在共识基础上的发展战略，开创了人类社会走向可持续发展的一个新阶段。在经济全球化的今天，为了进一步推进可持续发展，并阻止人类生态环境的进一步恶化，2002年8月26日至2002年9月4日，在南非的约翰内斯堡举行了联合国可持续发展世界峰会，到会的各国首脑多达100人。会议通过的长达54页的《约翰内斯堡实施计划》，是以《21世纪议程》和联合国针对可持续发展所开展的其他工作为基础而制定的实施计划。该文件对五个领域（水与卫生设施、能源、卫生保健、农业、生物多样性和生态系统管理）制定了实施日程。

（三）全球环境问题

当前全球环境问题受到世界各国的普遍关注。人类越来越深刻地认识到，日益严重的全球性环境问题已经威胁到人类的生存和社会的发展。国际社会目前最关心的全球环境问题主要包括：全球气候变化、臭氧层破坏、酸雨、有害有毒废弃物的越境转移和扩散、生物多样性锐减、热带雨林减少、沙漠化、发展中国家人口问题及贫困问题等，以及由上述问题带来的能源、资源、饮水、住房、灾害等一系列问题。这些问题有的源于不同国家和地区，但环境问题在性质上具有普遍性、共同性，因而导致环境问题的全球性；有的源于某些国家和地区的环境问题，其影响和危害具有跨国、跨地区乃至涉及全球的后果，因而属全球环境问题；全球环境问题的解决需要全球众多国家加强合作，共同努力，需要发达国家对发展中国家的协助，即解决环境问题需要全球共同行动。

1. 全球气候变化问题。全球气候变化及其不利影响是人类共同关心的问题，根据监测和分析，近百年来，全球气候确有变暖的趋势，1980年开始，气温明显上升。1988年全球平均气温比1949年到1979年多年平均值高0.34℃，比20世纪初相应值上升了0.59℃。全球平均海平面上升了14cm，也是全球变暖的旁证。

气候变化的原因是错综复杂的，既有太阳辐射、大气环流、地表状况等自然因素作用，也有人为因素的作用，如温室效应。关于气候变暖，究竟是温室效应的结果，还是属于气候本身的自然波动，或两者兼而有之，仍然存在着科学上的不确定性。尽管如此，人类活动已大幅度增加大气中温室气体浓度，增加自然温室效应，引起地球表面和大气进一步增温，并对自然生态系统和人类产生不利影响，已是客观存在的事实，令人类感到忧虑。温室气体主要有二氧化碳、甲烷、臭氧、氟里昂、一氧化二氮等。二氧化碳等温室气体主要来自化石燃料及生物质的燃烧，包括煤、石油、天燃气及薪材、作物秸杆等。

2. 臭氧层破坏。所谓臭氧层破坏，指的是大气中的臭氧层出现耗竭而遭受破坏的现象。臭氧层浓度较高的大气约在 10km ~ 50km 范围内，在 25km 处浓度最大，它能吸收太阳紫外线辐射，给地球提供防护紫外线的屏蔽，并将能量贮存在上层大气，起到了调节气候的作用。臭氧层的破坏会使过量的紫外线辐射到达地面，危害人类健康；使平流层温度发生变化，导致地球气候异常，影响植物生长，造成生态失衡等后果。

近年的观察研究表明，平流层臭氧层浓度明显减少，臭氧层变薄变弱。1985 年发现南极上空出现臭氧"空洞"，并经卫星证实。自 1969 年以来，地球除赤道外，所有地区臭氧含量减少约 3% ~ 5%；南极上空臭氧含量已减少30% ~ 65%，并周期性出现臭氧空洞，空洞范围逐步扩大，北极臭氧层破坏也很严重。

臭氧层破坏，当前被认为主要是由氯氟烃和溴氟烃引起的观点，已为国际社会普遍接受。所以臭氧层的破坏是人类自己造成的，人们大量生产氯氟烃化合物，用作制冷剂、除臭剂、发泡剂、洗净剂、头发喷雾剂和推进剂等，绝大部分释放进入大气层后，逐渐扩散到臭氧层中，与臭氧发生化学反应，而使臭氧消除，降低臭氧浓度。

3. 生物多样性。生物多样性是地球上所有生物——植物、动物和微生物及其所构成的综合体，它包括生态系统多样性、物种多样性和遗传多样性三个组成部分。

生态系统是生物与其生存环境所构成的综合体。所有物种都是各生态系统的组成部分，所有生态系统都保持着各自的生态过程，维持着生态系统的物质循环和能量流动。物种多样性是指动物、植物及微生物种类的丰富性。物种资源是农、林、牧、副、渔各业经营的主要对象，为人类提供了必要的生活物质，是人类生存发展的基础。遗传多样性指存在于生物个体、单个物种及物种之间基因的多样性。因此，生物多样性是"生物之间的多样化和变异性及物种环境的生态复杂性"。生物多样性，是人类生存发展的各种生命资源的汇总，是未来农业、医学和工业发展的生命资源基础。

随着人口增长和经济开发，森林大面积减少，尤其热带森林的砍伐，大大加快了物种灭绝的速度；湿地干涸、草原退化、环境污染等都导致生物多样性的迅速减少。

第六章

4. 发展中国家生态环境问题。在过去的 20 年间，工业发达国家的环境质量已有了明显的改善。然而，占世界人口大多数的发展中国家，正处于污染加剧、生态环境恶化的强大压力之下。这些问题虽然具有区域性特征，但对全球环境具有十分重要的影响。目前发展中国家面临的生态环境问题主要有：土地退化、荒漠化和耕地减少；森林减少；水资源缺乏和污染严重；空气污染严重等问题。这些环境问题，势必影响世界经济的持续发展，解决发展中国家的生态环境问题与解决全球其他环境问题具有同等重要意义，应成为发达国家和发展中国家共同面临的最迫切的问题，国际社会应同样予以关注，给予大力支持。

三、环境科学

（一）环境科学

环境问题随着人类经济和社会的发展而发展，且因时因地而异，人类在与环境问题作斗争的过程中，对环境问题的认识逐步深入，积累了丰富的经验和知识，促进了各类学科对环境问题的研究。20 世纪 50 年代以后，出现了第一次环境问题的高潮，环境问题的严重化促进了环境科学的发展，经过 20 世纪 60 年代的酝酿和准备，至 70 年代初形成了一门独立的、内容丰富的、领域广泛的新兴学科——环境科学。

环境科学是主要研究环境结构与状态的运动变化规律及其与人类社会活动之间的关系，研究人类社会与环境之间协同演化、持续发展的规律和具体途径的科学。它的形成和发展过程与自然科学、社会科学、技术科学有着十分密切的联系。

（二）环境科学的研究对象与任务

环境科学的研究对象是"人类与环境"这对矛盾之间的关系，研究它们对立统一关系的发生和发展，调节与控制，利用与改造，其目的是要通过调整人类的社会行为，保护、发展和建设环境，使环境永远为人类社会持续、稳定、协调的发展提供良好的支持和保证。人类的生存环境既不是由单纯的自然因素、也不是由单纯的社会因素构成的，而是在自然背景的基础上，经过人为改造和加工形成的，它凝聚着自然因素和社会因素的交互作用，体现着人类利用和改造自然的性质和水平，影响着人类的生产和生活，关系着人类的生存和健康。

环境科学的基本任务有以下四项：首先，是要探索全球范围内环境演化的规律；第二，要揭示人类活动同自然生态之间的关系；第三，要探索环境变化对人类生存的影响；最后，要研究区域环境污染综合防治的技术措施和管理措施。

（三）环境科学的研究内容和特点

环境科学的研究内容，在初期侧重于自然科学和工程技术方面，但目前研究范围已扩大到社会学、经济学、法学等社会科学方面。对环境问题的研究，要运用地质学、生物学、物理学、化学、医学、工程学、数学以及社会科学等多种学科的知识，所以环境科学是一门综合性很强的学科。它在宏观上研究人类同环境之间的相互作用、相互制约的对立统一关系，以揭示社会经济发展和环境保护协调发展的基本规律；在微观上研究环境中的物质，尤其是人类活动排放的污染物的分子、原子等微小粒子在有机体内迁移、转化和积累的过程及其运动规律，从而探索它们对生命的影响及其作用机理等。

环境科学较明显的特点是整体性和综合性。人类环境是一个整体，它由自然和社会综合形成，环境中的各种因素相互依存、相互影响，因此环境遭受破坏和污染，常常不是一个因素，而是多种因素相互影响的结果，所以，对环境的整体研究是环境科学的主要特点。目前，从世界各国来看，环境问题的整体研究，充分注意人类活动与环境的相互作用，开展人口、资源、环境与发展之间的整体战略研究。环境是一个有机的整体，涉及面非常广泛，几乎关系到每一个自然因素和社会因素。解决某一个环境问题，必须组织多学科的综合研究，无论是环境破坏问题，还是环境污染问题，都要与自然科学、社会科学、工程技术科学密切联系，共同攻关，才能协调解决问题。所以，环境科学是一门综合性很强的学科。

（四）环境科学的分科

如上所述，环境科学是综合性的新兴学科，现已逐步形成多种学科相互交叉渗透的庞大的学科体系。但当前对其学科分科体系尚无成熟一致的看法。不同的学者从不同的角度提出各种不同的分科方法，下面我们介绍其中一种分科体系，即把环境科学分为：环境学、基础环境学、应用环境学三大部分。

环境学是环境科学的核心，它着重于对环境科学基本理论和方法的研究；基础环境学是环境科学发展过程中所形成的基础学科，包括环境地质学、环境物理学、环境化学、环境生态学和环境数学等；应用环境学是环境科学中实践应用的学科，包括环境控制学、环境工程学、环境管理学和环境法学等。

总之，环境科学涉及的学科范围广泛，同时由于不同地区的环境条件及人与环境的具体矛盾各有差异，结果使环境科学具有一定的综合性和区域性。因此，我们不同学科的科学工作者，应怀着共同的目的，利用各自的学科知识，从不同角度来解决人类所面临的环境问题。我们完全有理由相信，随着环境科学的发展，人类不仅能够创造现代的物质文明和精神文明，还能够使自己的活动同自然生态环境协调发展，使自然生态处于良性循环并在此过程中繁荣昌盛。

第六章

第二节　水环境

一、水环境概述

（一）水环境

水环境一般是指河流、湖泊、沼泽、水库、地下水、冰川、海洋等地表贮水体中的水本身及水体中的悬浮物、溶解物质、底泥，甚至还包括水生生物等。从自然地理的角度看，水环境是指地表水覆盖地段的自然综合体。

在环境污染研究中，将"水"与"水环境"（水体）加以区别是十分重要的。如重金属污染易于从水中转移到底泥中（生成沉淀，或被吸附和螯合），因而水中重金属的含量一般都不高，仅从水着眼，似乎水未受到污染，但从整个水环境来看，则很可能受到较严重的污染。重金属污染由水转向底泥可称为水的自净作用，但从整个水环境来看，沉积在底泥中的重金属将成为该水体的一个长期次生污染源，很难治理，它们将逐渐向下游移动，扩大污染面。

（二）水资源的分布与利用

水是地球上一切生命赖以生存、也是人类生活和生产中不可缺少的基本物质之一。地球上水的总量约为 14 亿立方千米，其中 97.2% 以上分布在海洋中，淡水量仅占 2.8%。而且淡水大部分以两极的冰盖、冰川和深度在 750 米以上的地下水的形式存在，可供人类利用的水资源仅是河流、湖泊等地表水和地下水的一部分。

人类对水资源的利用一般可分为工业用水、农业用水和生活用水三类。近几十年来，由于世界各国工农业的迅速发展，城市人口的急剧增长，对淡水的需求量已到了超过天然来源的境地，因此出现了水资源紧缺的状况，同时有相当多的工业废水和生活污水不经合理处理直接排入附近水体，造成对水资源严重的污染。

二、水体的污染与自净

（一）水体污染

水体污染是指排入水体的污染物在数量上超过了该物质在水体中的本底含量和水体的环境容量，从而导致水体的物理特征、化学特征和生物特征发生不良变化，破坏了水中固有的生态系统，破坏了水体的功能及其在经济发展和人民生活中的作用。

造成水体污染的因素是多方面的，向水体排放未经过妥善处理的城市污水和工业废水；施用的化肥、农药及城市地面的污染物，被雨水冲刷，随地面径流而进入水体；随大气扩散的有毒物质通过重力沉降或降水过程而进入水体等。其中第一项是水体污染的主要因素。

（二）水体的自净

进入水体的污染物，通过物理、化学和生物等方面的作用，使污染物的浓度逐渐降低，经过一段时间后，水体将恢复到受污染前的状态，这一现象就称为水体的自净作用。狭义的自净作用是指水体中的微生物氧化分解有机污染物而使水质净化的作用。

水体自净的过程很复杂，按其机理可分为物理过程、化学过程和生物过程。各种净化过程是同时发生，相互影响并相互交织进行的。一般来说，物理和生物化学过程在水体自净中占主要地位。水体的自净能力是有限的，影响水体自净的因素有河流、湖泊、海洋等水体的地形和水文条件；水中微生物的种类和数量；水温和含氧状况；污染物的性质和浓度等等。

三、水体污染源及污染物

（一）水体污染源

向水体排放或释放污染物的来源和场所都称为"水体污染源"。水体污染源主要来自工业废水、生活污水和农村污水。

工业废水是水体最重要的污染源，它量大、面广、含污染物多、成分复杂，在水中不易净化，处理也比较难。如悬浮物含量高，酸、碱变动范围大，生化需氧量和化学需氧量高，含有毒有害物质酚、氰、农药、重金属等。生活污水中的物质组成多为无毒的无机盐、需氧有机物类、病原微生物类及洗涤剂类等。因含有氮、磷、硫等物质，在厌氧条件下分解使水变黑，产生恶臭物质硫化氢等。农村污水具有面广、分散、难于收集和难于治理的特点。它包括牲畜粪便、污水、农药、化肥，具有有机质、植物营养素及病原微生物高和含有难分解有机物而造成的污染。

（二）水体污染物及其影响

污染水体的物质极其复杂，来源很广，而且各类污染物质之间又相互牵连、相互影响，它们对水质的影响是多方面的。现介绍几种主要污染物。

1. 无机污染物。水体中无机污染物包括无机无毒物质和无机有毒物质两大类。

无机无毒物质是颗粒状污染物、酸、碱、无机盐类，氮磷等植物营养物。颗粒状污染物大大降低了光的穿透能力，减少了水的光合作用并妨碍水体的自净作用；酸、碱污染物不仅能改变水体的 pH 值，而且可大大增加水中一般无机盐和水的硬度，影响水中鱼类生存，破坏其自然缓冲能力，消灭或抑制细菌及微生物的生长，妨碍水体自净；氮、磷等植物营养物可使水体出现富营养化现象，降低水质，影响了鱼类和其他水生生物的生存。

无机有毒物质是氰化物、砷化物、重金属等。氰化物是剧毒物质，氰化物在生物体内产生氰化氢，使细胞呼吸受到麻痹引起窒息死亡；砷是累积性中毒物质，长期饮用含砷的水会慢性中毒，主要表现是神经衰弱、腹痛、呕吐、肝大等消化系统障碍，并常伴有皮肤癌、肝癌等发病率增高现象；重金属是重要的无机污染物，如毒性较强的汞、镉等产生毒性的浓度范围在 $0.001mg/L \sim 0.01mg/L$ 之间，重金属不能被微生物分解，生物从环境中摄取重金属可以经过食物链的生物放大作用，逐渐在较高级的生物内富集，然后经过食物进入人体，而在人体的某些器官中积蓄造成慢性中毒，影响人体健康。

2. 有机污染物。水体中有机污染物的种类繁多，按其对环境质量的影响和污染危害，可分为两大类，一类为耗氧有机物，另一类为有毒有机物。

耗氧有机物指动、植物残体和生活污水及某些工业废水中所含的碳水化合物、蛋白质、脂肪等易被微生物分解的有机化合物，它们在微生物的作用下最终分解为简单的无机物质、二氧化碳和水等。其分解过程中要消耗水体中的溶解氧，使水质恶化，故又称之为需氧有机物。水体中需氧有机物的增加，往往使水体中溶解氧浓度急剧下降，导致鱼类及其他水生生物死亡。

有毒有机污染物指酚、多环芳烃和各种人工合成的具有累积性生物毒性的有机化合物，如多氯联苯、农药、石油污染物等。多氯联苯和有机氯农药，难溶于水，易溶于油脂，水生生物对它们有很强的富集能力，人类食用了这些水生生物后，它们会在人体脂肪组织中慢慢蓄积，当达到一定浓度后，就会显示出对人体的毒害作用。石油污染的危害是多方面的，它不仅影响海洋生物的生长，破坏海滨环境并降低其使用价值，而且会影响局部地区的水文气候条件，降低海洋的自净能力。

四、水体污染的控制

水体的污染，主要是由于工业废水和生活污水的任意排放造成的。因此，要控制和进一步消除水的污染，必须从控制废水的排放入手。首先我们要实现无污染工艺——这是控制水污染的根本性措施。所谓无污染工艺，就是在工业生产中用无毒或低毒原材料取代有毒的原材料；采用高新技术，实现资源、能源综合利用；建立"闭路循环系统"，使有害废物消灭在生产过程中，不让其排入水环境；采用先进的科学技术，生产无污染的新型产品。同时，改进水处理技术，提高水处理的效率。一些新的分离技术、循环用水技术和生物处理技术，是控制水污染的重要的发展方向。

在水资源缺乏的地方，应把废水处理成可利用的水，这样可大幅度提高资源的利用率。对污染严重的厂家，实行排污许可证制度，使其排污量达到国家的规定。最后我们应加强水资源的管理，制定合理的利用水资源和防止水污染的法规。

第三节　大气环境

一、大气结构与组成

（一）大气结构

地球上的大气是环境系统的重要组成要素之一，是维持生命所必需的物质。大气环境质量的优劣，直接关系到生态系统和人群健康。由于人类活动的加强，加之某些自然的作用，释放的物质和能量与大气之间进行着交换，直接影响大气环境质量。地球表面覆盖着多种气体组成的大气，称为大气层。一般是将随地球旋转的大气层叫做大气圈。大气圈中空气质量的分布是不均匀的，总体看。海平面处的空气密度最大，随高度的增加，空气密度逐渐变小。

根据大气圈中大气组成状况及大气在垂直高度上的温度变化的不同，在结构上可将大气圈分为五层：对流层、平流层、中间层、热层和逸散层。

1. 对流层。对流层是大气圈中最接近地面的一层，整个大气 75% 的质量都集中在这一层，云、雾、雨、雪等主要天气现象都在这一层发生，因此这一层空气比较潮湿。由于对流层和地面接触，它从地面得到热能，使得大气温度随高度增加而降低，一般情况下每升高 100m 大气温度降低 0.65℃，对流层内具有强烈的对流运动，它的强度因纬度位置而不同。一般对流作用在低纬度较强、高纬度较弱。对流层对人类的生产、生活影响最大，大气污染现象也主要是发生在这一层，特别是近地面的大气边界层。

2. 平流层。对流层之上，其高度大约至 55km 左右，称平流层。平流层内空气比较干燥，几乎没有水气，非常稳定。平流层内温度垂直分布的特点是大气温度随高度的增加而升高。这一方面是由于它受地面辐射影响小，另一方面也是由于该层含有臭氧，存在臭氧层。臭氧层可直接吸收太阳的紫外线辐射，造成了气温的增加。

3. 中间层。离地表 55km ~ 85km 左右，在平流层顶之上，温度随高度增加而下降的这一层为中间层，到中间层温度可降至 -100℃，在该层内又出现比较强的垂直对流运动。

4. 热层。热层位于 85km～800km 的高度之间，这一层空气密度很小，气体在宇宙射线作用下处于电离状态，因此又将其称为电离层。由于电离后的氧能强烈地吸收太阳的短波辐射，使空气迅速升温，因此在这一层中气温的分布是随高度的增加而增加，其顶部可达 750K～1500K. 电离层能反射电波，对远距离通讯极为重要。

5. 逸散层。热层层顶以上的大气，统称为逸散层，也称为外层大气。该层大气极为稀薄，气温高，分子运动速度快。有的高速运动的粒子能克服地球的引力的作用而逃逸到太空中去，所以称其为逸散层。

（二）大气的组成

自然状态下，大气是由混合气体、水汽和杂质组成。除去水汽和杂质的空气称为干洁空气（即干燥清洁的空气）。干洁空气的主要成分是氮，占 78.09%；氧，占 20.94%；氩，占 0.93%；这三种气体已占空气总量的 99.9%，其它各种气体含量合计不到 0.1%，这些微量气体包括氖、氦、氪、氙等稀有气体，在近地层大气中上述气体组分的含量几乎可以认为是不变的，称为恒定组分。在干洁空气中，易变的成分是二氧化碳、臭氧等，这些气体受地区、季节、气象，以及人们生活和生产活动的影响。

大气中不定组分，有时是由自然界的火山爆发、森林火灾、海啸、地震等灾害所引起的。由此所形成的污染物有尘埃、硫、硫化氢、硫氧化物、氮氧化物等。不定组分的其它来源，还有由于人类的生产工业化、人口密集、城市工业布局不合理和环境设施不完善等人为因素造成的。无论是自然灾害，还是人为影响，都使大气中出现新的物质，或某种成分的含量过多地超过了自然状态下的平均含量，开始影响到生物的正常发育和生长，给人类造成危害，这是环境保护工作应当研究的主要对象。

二、大气污染

（一）大气污染

大气污染是指进入大气层的污染物的浓度超过环境所允许的极限，使大气质量恶化，从而危害生物的生存环境，影响人体健康，给正常的工农业带来不良后果的大气状况。

造成大气污染的因素，主要是自然因素和人为因素，尤其是人为因素，如工业废气、燃烧、汽车尾气等。随着人类经济活动和生产的迅速发展，在大量消耗能源的同时，将大量的废气和烟尘物质排入大气，严重影响了大气环境质量，特别是在人口稠密的城市和工业区域。但是森林火灾、火山爆发、岩石风化等自然现象也会引起大气污染，一般来说，只占大气污染的很小部分。

第六章

（二）大气污染源

大气污染物主要来源于自然过程和人类活动。由自然过程造成的污染多为暂时的、局部的，如火山喷发和风等。由人类活动造成的污染通常延续时间长、范围广。如燃料燃烧、工业企业排放、交通运输排放等。

（三）大气污染物

大气中超过洁净空气组成中应有浓度水平的物质，称为大气污染物。排入大气中的污染物种类很多，按照不同原则，可将其进行分类。

按照污染物存在的形态不同，可将其分为颗粒污染物和气态污染物；按照污染物形成过程的不同，可将其分为一次污染物和二次污染物。一次污染物又称原发性污染物，是由人为污染源或自然污染源直接排放到环境中，其物理、化学性状均未发生变化的污染物。这些污染物包括各种气体、蒸汽和颗粒物，最主要的一次污染物是二氧化硫、一氧化碳、氮氧化物、颗粒物、碳氢化合物等。二次污染物又称续发性污染物，是排入环境中的一次污染物，在物理、化学因素或生物的作用下发生变化，或与环境中的其它物质发生反应所形成的物理、化学性状与一次污染物不同的新污染物。这类物质的颗粒微小，其毒性比一次污染物强。如一次污染物二氧化硫在大气中氧化成硫酸盐气溶胶；汽车排出的氮氧化物、碳氢化合物等在日光照射下发生化学反应，生成臭氧、过氧乙酰硝酸酯类等。

（四）大气污染类型

根据大气污染所影响的范围可分为四类：局部性污染、地区性污染、广域性污染、全球性污染；根据能源性质和大气污染物的组成和反应，可将大气污染划分为煤炭型、石油型、混合性和特殊型污染；根据污染物的化学性质及其存在的大气环境状况，可将大气污染划分为还原型和氧化型污染。

三、大气污染的危害

人类生产活动和生活活动所造成的大气污染对人的健康形成了很大威胁。毒气大量泄漏以及烟雾事件的发生对人体健康造成了急性危害，直接导致人的死亡和使人类健康受损。大气污染的加剧导致了呼吸系统疾病和癌症发病率的增高。

大气污染对地球生物圈也造成了很大的危害。世界各地出现的大面积酸雨，就是由于大气中的 SO_2 和 NOx 所引起的，造成了森林大面积的死亡和枯萎，土壤酸化，水体体质变酸，水生生物灭绝。此外，大气污染已对植物的生长产生了慢性危害，使生长萎缩，产量下降，品质变坏。

大气污染对全球的环境造成很大影响，温室气体的过量排放，造成了温室效应的增强，使地球气候变暖，海平面升高。消耗臭氧层物质的排放，使臭氧层破坏，地面紫外辐射增强。这些都给人类的经济发展和生命财产安全带来严重的危害。

四、大气污染的控制

大气是人类生存的最重要的环境要素，人需要吸入空气中的氧气以维持生命。因此，洁净的空气对人的生命来说比任何东西都重要。人几天不吃饭、不饮水还能勉强活下来，但1分钟不呼吸就会憋得难受，5分钟不呼吸就会死亡。除此之外，大气还构成了一个天然保护层，使地球保持着一个适合人类生存的环境，大气是人类生存的必要的资源，使人类能正常地进行生产和生活活动。

人类的活动改造着环境，以创造更适宜的生活条件，这些活动的结果也必然影响着大气环境。人类生产活动和生活活动产生的大量 SO_x、NO_x、烟尘等不断进入大气，形成了大气污染物。这些污染物改变了大气的组成，降低了大气的洁净程度，这样会影响到人类的生存。因此，如何保护好大气环境是人类保持自身生存与发展的重要问题。

调整能源结构，是解决大气污染的关键。目前的环境问题很大部分是由于能源发展、特别是化石燃料的利用引起的。因此，今后能源的发展战略是发展多元结构的能源系统和高效、清洁的能源技术。即减少对化石能源的依赖，这样可减少温室气体的排放和酸雨的形成，并利用现代科学技术大力开发和使用可再生的、无污染的能源。

为抑制温室气体的增加，应大面积植树造林。植物本生除有调节气候、吸收 CO_2 的功能外，还可吸收大气中的有害污染物，减少对人的危害。同时，绿化可以使大气的自净作用增强。因此，有计划地植树造林，开展绿化是大气污染综合防治具有长效性能和多功能的保护措施。

对污染源的治理，是防止大气污染的必不可少的措施。如通过对汽车尾气的治理，使污染源的排放达到规定的排放标准。为了保证大气污染防治的各项措施的有效地实行，除必须有先进的科学技术手段作保证外，加强管理也是必不可少的，应充分运用法律手段，加强统一监督管理的职能。

第四节　噪声公害及控制

一、噪声概述

（一）噪声定义

声音是一种物理现象，它在人们的日常工作和学习中起着非常重要的作用，

第六章

很难想象一个没有声音的世界会是什么样子。然而，人们并不是任何时候都需要声音，一切声音，当个体心理对其反感时，即成为噪声，它不仅包括杂乱无章不协调的声音，而且也包括影响旁人工作、休息、睡眠的谈话和音乐。因此，我们说噪声是对人身有害和人们不需要的声音。

（二）噪声的特性

由于噪声对环境的影响属于物理污染，所以它与其它由有害有毒物质引起的公害不同。首先，它没有污染物，即噪声在空中传播时并未给周围环境留下什么毒害的物质；其次，噪声对环境的影响不积累、不持久、传播的距离也有限；再次，噪声声源分散，而且一旦声源停止发声，噪声也就消失。因此，噪声不能集中处理，需要特殊的方法进行控制。

二、噪声的来源及分类

产生噪声的声源称为噪声源。若按噪声产生的机理来划分，可将噪声分为机械噪声、空气动力性噪声和电磁性噪声三大类。机械噪声是由于机械运转中的机件摩擦、撞击以及运转中因动力、磁力不平衡等原因产生的机械振动而辐射出来的噪声。如车床、锻锤、球磨机、搅拌机等。空气动力性噪声是由于物体作高速运动、气流高速喷射或化学爆炸引起周围空气急速膨胀而产生的。如超音速喷气机的轰隆声、储气罐排气、鼓风机气流、内燃机燃烧、空气压缩机压缩等噪声。电磁噪声是由于电机等的交变力相互作用而产生的噪声称为电磁性噪声。如电流和磁场的相互作用产生的噪声，发电机、变压器的噪声等。城市环境噪声来源是多种多样的，但主要是来自交通运输、工业生产、建筑施工和社会生活。

三、噪声危害及控制

（一）噪声危害

噪声污染已成为当代世界性的问题。它是一种危害人类环境的公害。噪声污染对人的影响不单决定于声音的物理性质，而且与人的心理和生理状态有关。吵闹的噪声使人讨厌、烦恼、精神不宜集中、影响工作效率、妨碍休息和睡眠等。在强噪声下暴露一段时间后，会引起暂时性的听力损伤，经休息后可以恢复，若长期在强噪声下工作，听觉疲劳就不能恢复，会引起永久性的听力损伤。噪声对胎儿也会产生有害影响，研究表明，噪声会使母体产生紧张反应，引起子宫血管收缩，以致影响供给胎儿发育所必需的养料和氧气，使胎儿缺乏养料和氧气而造成发育障碍或死亡。噪声也会影响儿童的智力发育，因为噪声会干扰学习期间儿童的注意力，影响儿童对学习的兴趣以及对新奇事物的探索。此

第六章

外，高强度的噪声还能破坏建筑物，研究证明，由于声波的振动，会使墙开裂、损坏等。

（二）噪声的控制

噪声在传播过程中有三个要素，即声源、传播途径和接受者。只有当声源、声的传播途径和接受者三个因素同时存在时，噪声才能对人造成干扰和危害。因此，控制噪声必需考虑这三个因素。

首先应考虑对声源进行控制，这是控制噪声的根本途径。由于噪声产生的机理各不相同，故所采用的声源控制技术也不相同。对机械噪声，一般采用润滑或阻尼物料减少摩擦或撞击进行控制，或用隔振材料来降低振动等措施；对气流噪声，可采用平滑的气流通道、降低气流的速度、减少气流压力突变、安装消声器来控制噪声；对电磁噪声，可采用消声器或提高电源稳定性及提高制造和装配精度来降低噪声。

其次应考虑对噪声传播途径的控制，一般采取声学处理的方法，如吸声、隔声、隔振和阻尼等来降低噪声。当声波入射到物体表面时，部分入射声能被物体表面吸收而转化成其它能量，这种现象叫做吸声。物体吸声的效果不仅与吸声材料有关，还与所选的吸声结构有关。利用墙体、各种板材及其构件使噪声在传播中受阻而不能顺利通过，以减少噪声对环境的影响，这种措施通称为隔声。常用的隔声构件有各类隔声墙、隔声罩、隔声屏障等。

当在声源和传播途径上控制噪声难以达到标准时，往往需要采取个人防护措施。在很多场合下，采取个人防护还是最有效、最经济的方法。目前最常用的方法是佩戴护耳器，护耳器按构造差异分为耳塞、耳罩和头盔。

中华人民共和国城市区域噪声标准

类别	适用区域	昼间	夜间晚22点——次日早6点
0	疗养区高级别墅、高级宾馆区	50dB	40dB
1	以居住、文教机关为主的区域	55dB	45dB
2	居住、商业、工业混杂区	60dB	50dB
3	工业区	65dB	55dB
4	城市中的道路交通干线道路；内河航道；铁路主、次干线两侧区域	70dB	55dB

第五节 其它污染及控制

一、固体废物对环境的危害

固体废物亦称废物，是指人类在生产、加工、流通、消费以及生活等过程提取目的组分之后，而被丢弃的固态或泥浆状的物质。固体废物主要来源于人类的生产和消费活动。人们在资源开发和产品制造过程中，必然有废物产生，任何产品经过使用和消费后都会变成废物，根据其化学性质可分为有机废物和无机废物；按其危害状况可分为有害废物和一般废物；按来源分为工业固体废物、矿业固体废物、城市固体废物、农业固体废物和放射性固体废物等五类。

固体废物对环境的危害很大，其污染往往是多方面的，其主要污染途径有下列几方面：

1. 侵占土地。固体废物不加利用时，需占地堆放。堆积量越大，占地也越多。

2. 污染土壤。废物堆放或没有适当的防渗措施的垃圾填埋，其中的有害组分很容易经风化、雨雪淋溶、地表径流的侵蚀，产生高温和有毒液体渗入土壤，能杀害土壤中的微生物，破坏微生物与周围环境构成的生态系统，导致草木不生。

3. 污染水体。除对地下水的污染外，由于不少国家把固体废物直接倾入河流、湖泊和海洋，又造成更大的水体污染——不仅减少水体面积而且还妨害水生生物的生存和水资源的利用。

4. 污染大气。固体废物以细粒状存在的废渣和垃圾，在大风吹动下会随风飘逸，扩散到很远的地方；运输过程中产生的有害气体和粉尘；一些有机固体废物在适宜的温度和湿度下被微生物分解，能释放出有害气体；固体废物本身或在处理时散发的毒气和臭味等都会造成大气污染。

5. 影响环境卫生。城市的生活垃圾、粪便等由于清运不及时，便会产生堆存现象，严重影响人们居住环境的卫生状况，对人们的健康构成潜在的威胁。

对固体废物我们不能采取简单的填埋方法去处理，而应把它再循环利用。现在人们已采用各种不同的方法对固体废物进行处理，有的将它们压制成建筑材料，有的将它们研制成供农业生产用的颗粒肥料，有的将它们变成燃料。这样不仅可以降低环境污染，而且又做到物尽其用，取得一定的经济效益。

第六章

二、土壤污染

土壤污染是近二三十年出现的新问题。土壤污染是由于人类的生活、生产活动产生的三废通过大气、水体和生物向土壤系统排放造成的，当排放数量超过一定限度后，将破坏土壤系统的平衡，引起土壤系统成分、结构和功能的变化。

土壤是人类赖以生存的物质基础，人类生活所需要的物质绝大部分是从土壤中获取的。土壤污染与大气和水污染对人体的影响不同，大气和水污染是通过饮食和呼吸直接影响人体，对人体的危害比较明显，而土壤污染对人体的危害往往是通过农作物和食品间接产生的，不易发现。土壤污染后，难以靠自然净化而消除污染。

土壤污染物主要来自城市和工业的废水、废物；还有农药、化肥的大量施用使得许多有毒有害物质通过各种途径（直接施入、降雨淋洗、种子浸泡）进入并残留在土壤中，造成污染；以及烟尘沉降到地面使土壤受到污染等。土壤中的污染物大致可分为无机污染物和有机污染物两大类。

土壤中的无机污染物有重金属，如对农作物影响较大的汞、镉、铅、铬等生物毒性显著的元素。这些重金属元素为生物体非必需元素，稍有过量即会造成生物机体损害。土壤中另一类无机污染物为酸雨，一般认为，酸雨主要是工业和民用燃料燃烧时排放的二氧化硫和氮氧化物转化为硫酸和硝酸而成的。酸雨可使土壤中营养元素（钙、镁、钾、锰等）大量流失，而使土壤变得贫瘠及酸性增强，影响植物生长。为了减少酸雨的危害，必须减少化石燃料的使用。在酸雨影响敏感地区投放石灰、苏打灰、碳酸钾等，可缓和酸雨对土壤酸化的影响。土壤中有机污染物主要是有机农药，喷施于农作物上的农药除部分被植物吸收外，还有一些散落在农田里，被土壤吸附。这些残留在土壤中的农药，会污染土壤，因此，我们现在大力提倡使用高效、低毒、低残留的农药，禁止使用"六六六"、"滴滴涕"这些对土壤污染较重的农药。土壤中的另一种有机污染物是废塑料制品，塑料类高分子有机物性质稳定，耐酸碱，不易被微生物所分解，它们进入土壤后，可使土壤物理性质变劣，不利于农作物生长，且会在土壤中残留几十年甚至数百年。现在科学家已研制出一种新的塑料，是借助自然界存在的一种特殊细菌制成的，这种物质具有一般塑料的属性，如防水和可塑等，但其制品一旦废弃，就立刻在有氧的条件下被自然界中的菌类分解，不会对土壤产生不良影响。

三、电磁辐射污染

电气与电子设备在工业生产、科学研究与医疗卫生等各个领域中都得到了广泛的应用，随着经济、技术水平的提高，其应用范围还将不断扩大与深化。除此之外，各种视听设备、通信设备、微波加热设备以及电脑、空调等也广泛地进入人们的生活之中，应用范围不断扩大，设备功率不断提高。所有这些都导致了地面上的电磁辐射大幅度增加，已直接威胁到人的身心健康。

电磁污染包括各种天然的和人为的电磁波干扰和有害的电磁辐射。电磁辐射对人体危害的程度与电磁波波长有关。按对人体危害程度由大到小排列，依次为微波、超短波、短波、中波、长波，即波长愈短，危害愈大。

电磁辐射能使人体的温度调节机制功能紊乱，对神经系统、心血管系统、生殖系统的正常活动都会产生不同程度的影响。美国环境保护局的一份研究报告指出，电磁辐射是患白血病、淋巴肿瘤的诱因。在电磁波的刺激下，人体癌细胞的生长速度要比未受电磁波刺激的癌细胞快23倍。

电磁波在给人们工作和生活带来极大方便的同时，也带来极大的危害。如何防治电磁污染已经成为环保工作者所面临的迫切任务。电磁污染有两条途径：通过空间直接辐射或借助电子耦和由线路传导。要防止电磁辐射，可以在电磁波传递中设安全电磁屏蔽装置，降低有害的电磁场强度，将其控制在正常范围之内。电磁屏蔽装置一般由金属材料制成，是一种封闭壳体。当交变电磁波传向金属壳体时，一部分电磁波被金属壳体表面所反射，一部分在壳体内部被吸收。这样，透过壳体的电磁场强度便大幅度衰减。只要我们采取一定的措施，电磁波对人体的危害是完全可以避免的。

四、放射性污染

在自然资源中存在着一些能自发地放射出某些特殊射线的物质，这些射线具有很强的穿透性，如铀、钍等都是具有这种性质的物质。这种能自发地放出射线的性质称其为放射性，放射性核素进入环境后，会对环境及人体造成危害，成为放射性污染物。放射性污染物主要是通过射线的照射危害人体和其他生物体，造成危害的射线主要有 α 射线、β 射线、γ 射线和 X 射线等。

放射性污染物主要是来自核试验，其次是核工业过程的排放物和医疗照射的射线。核爆炸产生的放射性核素在爆炸高温下呈气态，它们随爆炸火球上升。当爆炸火球温度逐渐下降时，气态物质便凝成颗粒状随蘑菇烟云扩散，逐渐沉降到地面，沉降下来的颗粒物带有放射性，称为放射性沉降物。这些沉降物除了落到核试验区外，还可随风扩散到很远的地方，造成对地表、海洋、人及动植物的污染。细小的放射性颗粒随烟云到达平流层，并随大气环流流动，经很长时间才能回落到对流层，造成全球性污染。

放射性物质对人类健康有不良的影响，短期内大剂量照射后，会出现头痛、头晕、食欲下降、睡眠障碍等症状，继而还会出现白细胞和血小板减少等症状。长期大剂量照射后，会出现肿瘤、白血病和再生障碍性贫血等症状。为了减少射线对人体的照射，常用屏蔽的办法，即在放射源与人之间放置一种合适的屏蔽材料，利用屏蔽材料对射线的吸收降低照射剂量。对放射性废物，目前只是利用放射性自然衰减的特性，采用在较长的时间内将其封闭，使放射强度逐渐减弱的方法，达到消除放射污染的目的。

五、热污染

一般是把由于人类活动影响和危害热环境的现象称为热污染。热污染包括：燃料燃烧和工业生产过程所产生的废热向环境的直接排放；温室气体的排放，通过大气温室效应的增加，引起大气增温；由于消耗臭氧层物质的排放，破坏了大气臭氧层，导致太阳辐射的增强；地表状态的改变，使反射率发生变化，影响了地表和大气间的换热等。

热污染主要来自能源消费及发电、冶金、化工和其他的工业生产。通过燃料燃烧和化学反应等过程产生的热量，一部分转化为产品形式，一部分以废热形式直接排入环境。转化为产品形式的热量，最终也要通过不同的途径，释放到环境中。以火力发电为例：在燃料燃烧的能量中，40%转化为电能，12%随烟气排放，48%随冷却水进入到水体中。在核电站中，能耗的33%转化为电能，其余的67%均变为废热全部转入水中。由此可见，各种生产过程排放的废热，大部分转入到水中，使水体温度升高，形成对水体的热污染。

由于废热气体在废热排放总量中所占比例较小，这些废热气体排入大气后，对大气环境的影响表现不明显，因而不能构成对大气的直接危害。而对水体的热污染，会使水质恶化，影响鱼类生存，降低水生动物的抵抗力，并引起藻类及湖草的大量繁殖，引起水味道异常，使人、畜中毒。

为了减少热污染的危害，我们需改进热能利用技术，提高热能利用率，这样既节约了能源，又可以减少废热的排放，或利用电站温热水进行水产养殖等。由于目前对热污染研究得还不充分，防治方法的使用中还存在许多问题，因此有待进一步探索提高。

第六章

第六节　环境保护与环境管理

一、环境保护

环境保护是运用现代环境科学的理论和方法，在合理开发利用自然资源的同时，深入认识并掌握污染和破坏环境的根源与危害，有计划的保护环境，预防环境质量的恶化；控制环境污染破坏，保护人体健康，促进经济与环境协调发展，造福人民、贻惠于子孙后代。

环境保护的内容大致包括两个方面：一是保护和改善环境质量，保护居民的身心健康，防止机体在环境污染影响下产生遗传变异和退化；二是合理开发利用自然资源，减少或消除有害物质进入环境，以及保护自然资源、加强生物多样性保护，维护生物资源的生产能力，使之得以恢复和扩大再生产。

环境问题是随着人类经济和社会的发展而发展的，现在人类已经认识到环境问题不仅是一个区域性问题，而且是一个全球性问题。因此，为了保护好人类生存的环境，首先要提高全人类的环境保护意识，让越来越多的人认识到"人类只有一个地球"；其次要不断开发研究新的环保产品；第三要完善有关环境保护的法规和加强国际合作。

1972 年 6 月，联合国召开了第一次人类环境会议，发表了著名的《人类环境宣言》，并将 6 月 5 日定为"世界环境日"。"环境保护"这一术语才被广泛应用。1987 年联合国世界环境与发展委员会在东京召开了第八次委员会，会议通过了题为《我们共同的未来》的报告。这个报告对进一步增强人们的环境保护意识和推动环境科学技术的发展有重要的影响。1992 年 6 月在巴西里约热内卢召开的联合国环境与发展大会，这次会议通过了保护地球环境的 5 个重要文件，它们是《里约热内卢宣言》、《21 世纪议程》、《气候变化框架公约》、《生物多样性公约》、《关于森林问题的原则声明》。这次大会以后，实行可持续发展战略，促进经济与环境协调发展已成为世界各国的共识。1997 年为减少导致温室效应的各种气体的排放量，以防止地球气温上升，签订了《京都议定书》，该议定书已于 2005 年 2 月 16 日在日本京都正式生效。已签署议定书的 144 个国家和地区称赞它是地球的一道"生命防线"。

我国的环境保护工作从 70 年代初起步，1973 年召开了第一次全国环境保护会议，确定了"全面规划、合理布局、综合利用、化害为利、依靠群众、大家动手、保护环境、造福人民"的环境保护 32 字方针。1983 年召开的第二次全国环境保护会议宣布环境保护是我国的一项基本国策。1989 年第三次全国环境保护会议，提出了努力开拓具有中国特色的环境保护道路的号召，促使环境保护工作迈上新台阶。并于 1989 年 12 月 26 日正式颁布了《中华人民共和国环境保护法》，这标志着我国的环境保护工作由一般号召推进到法制阶段。环境保护法对环境保护对象和任务、方针和政策、基本原则和制度、环境保护的机构和职责、环境科学研究和宣传教育、奖励和惩罚等都作出了明确规定。在环保法的基础上，我国又制定和颁布了一系列环境保护法律和法规，逐步形成了一个完整的法律体系。

目前在全球范围内解决环境问题主要依靠国际公约，在国家范围内解决环境问题主要依靠各国的环境保护立法。现在的几个主要的国际环境保护组织是：①联合国环境规划署；②世界环境和发展委员会；③联合国经济和社会理事会；④联合国人类居住委员会和人类居住中心；⑤国际海事组织；⑥联合国教科文组织。

二、环境管理

环境管理是环境科学的一个重要的分支学科，它是环境保护工作的重要组成部分。环境管理是运用经济、法律、技术、行政、教育等手段，限制人类损害环境质量的行为，通过全面规划使经济发展与环境相协调，达到既要发展经济满足人类的基本需求，又不超出环境的允许极限。

环境管理的内容从管理的范围划分可分为资源管理、区域管理和部门管理；由管理的性质划分可分为计划管理、质量管理和技术管理。这样划分只是为了便于研究，事实上各种不同内容的环境管理不是孤立的，它们彼此之间相互关联，相互交叉渗透。

环境管理的基本职能是规划、协调、指导和监督四个方面，其中主要是监督职能。规划是指对一定时期内环境保护目标和措施所做出的规定。它是组织开展环境保护的依据，是一个起指导作用的因素。协调在于减少相互脱节和相互矛盾，避免重复，建立一种上下左右的正常关系，以便沟通联系，分工合作，统一步调，朝着环境保护的目标共同努力。指导是环境管理的一项服务性职能，行之有效的指导可以促进监督职能的发挥。监督是环境管理的最重要职能。没有这个职能，就谈不上健全的、强有力的环境管理。

三、环境监测

环境监测是为了特定目的，按照预先设计的时间和空间，用可以比较的环境信息和资料收集的方法，对一种或多种环境要素或指标进行间断或连续地观察、测定、分析其变化及对环境影响的过程。

目前，环境监测的手段有：化学监测、物理监测和生物监测三种。化学监测是对环境样品组分、污染物进行分析测试；物理监测是对环境中热、声、光、电磁、振动、放射性等物理量和状态进行测定；生物监测是利用生态系统中生物的群落、种群变化、畸形变种、受害症状等生物对环境污染所发生的各种信息来判断环境污染状况。

环境是一个极其复杂的综合体。人们只有获取大量的定量化的环境信息，了解污染物的产生过程和原因，掌握污染物的数量和变化规律，才能制定切实可行的污染防治规划和环境保护目标，完善以污染物控制为主要内容的各类控制标准、规章制度，使环境管理逐步实现从定性管理向定量管理、单向治理向综合整治转变。而这些定量化的环境信息，只有通过环境监测才能得到。离开环境监测，环境保护将是盲目的。

环境监测的目的是：①评价环境质量，预测环境质量变化趋势；②为制定环境法规、标准、环境规划、环境污染综合防治对策提供科学依据；③收集环境本底值及其变化趋势数据，积累长期监测资料，为保护人类健康和合理使用自然资源，以及为确切掌握环境容量提供科学依据；④揭示新的环境问题，确定新的污染因素，为环境科学提供研究方向。

环境监测的任务是：①评价环境质量，预测、预报环境质量发展趋势；②加强污染源监测，揭示污染危害，探明污染程度；③积累各类环境数据，掌握环境容量，为实现环境污染总量控制及实施目标管理提供依据；④及时分析处理监测数据和资料，建立监测数据及污染源分类技术档案，为制订及执行环境保护法规、标准及环境污染防治对策提供科学依据。

环境监测按其目的和性质可分为三类：①监视性监测，监测环境中已知污染因素的现状和变化趋势，确定环境质量，评价控制措施的效果，判断环境标准实施的情况和改善环境取得的进展；②事故监测，指发生事故性污染时确定污染程度、危及范围，以便采取有效措施降低和消除危害；③研究性监测，对某一特定环境，研究确定污染因素从污染源到受体的迁移变化的趋势和规律。

为了便于工作，一般按监测对象不同，环境监测又可分为水质污染监测、大气污染监测、土壤污染监测和噪声污染监测等等。

总之，环境监测是开展环境管理和环境科学研究的基础，是制定环境保护法规的重要依据，是搞好环保工作的中心环节。

四、环境质量评价

环境质量评价，是评价环境质量的价值，而不是评价环境质量本身，是对环境质量与人类社会生存发展需要满足程度进行评价。

第六章

　　环境质量评价包括非常广泛的评价对象和评价内容，为了便于研究，可从不同角度对环境质量评价进行分类。依区域来分，可以分为城市环境质量评价、区域环境质量评价、全球环境质量评价等类型。依环境要素来分可分为大气质量评价、水体质量评价、土壤质量评价、生物圈质量评价以及环境噪声的评价等类型。依时间来分则有环境质量回顾评价、环境质量现状评价和环境质量影响评价三种类型。从评价内容上可分为健康影响评价、经济影响评价、生态影响评价、风险评价和美学景观评价等。

　　环境质量评价的内容主要包括以下几点：①环境质量的识别，它是环境质量评价的前提和基础，是环境质量评价工作的必要组成部分。对环境质量的识别，主要是对环境要素中污染状况进行监测和分析，确定环境质量状况，并根据环境质量变化规律，预测在人类行为作用下的环境质量的变化。②人类对环境质量的需求，如维持生态系统良性循环的需求、维持人类自身健康生存的需求以及促进人类社会发展经济的需求等。③人类行为与环境质量的关系，主要是预测人类的经济开发活动对环境的影响程度，这是环境质量评价的重要内容之一。④协调发展与环境的关系，经济发展与环境保护是对立统一体。

　　发展经济会给环境带来一定程度的影响，但只要正视这个问题，采取一切可能采取的措施，就可把这种影响限制在最低的，人们可以接受的水平上，这样在发展经济的同时，环境也能得到保护。环境质量的评价工作为国家对环境的宏观控制，进行环境规划和环境管理提供了科学的依据。因此，决不能轻视。

　　美国是世界上第一个把环境影响评价作为制度在国家环境政策法中肯定下来的国家。1969 年美国制定的《国家环境政策法》中规定，一切大型工程兴建前必须编写环境影响评价报告书。随后，日本、加拿大、英国、瑞典、澳大利亚、法国等国也陆续推行这个制度。

　　中国于 1979 年颁布了《中华人民共和国环境保护法（试行）》。保护法规定，在进行新建、改建和扩建工程时，必须提出对环境影响的报告书。同时要求根据区域环境特征，即根据气象、地理、水文、生态等条件，对工业区、居民区、公用设施、绿化地带作出环境影响评价，以便为全国规划、合理布局、防治污染提供科学依据。在 1989 年颁布的经过修改后的《中华人民共和国环境保护法》中，重申了环境影响评价制度。《中华人民共和国环境影响评价法》已于 2003 年 9 月 1 日起实施。该法第一次将环境影响评价从单纯的建设项目扩展到各类发展规划，为从决策源头防止环境污染和生态破坏提供了法律保障，还确定了环境影响跟踪评价和后评价制度。从此我国的环境质量评价工作走上了法治化的健康发展道路。

第7章
激光科学技术

激光科学技术是 20 世纪 60 年代才起步的，它的出现，标志着人类对光现象的认识和利用进入了新的阶段，引起了光学应用技术的革命性的进展。它是 20 世纪以来，继原子能、计算机、半导体之后，人类的又一重大发明，被称为"最快的刀"、"最准的尺"、"最亮的光"和"奇异的激光"。激光是在有理论准备和生产实践迫切需要的背景下应运而生的，世界上第一台激光器是美国科学家梅曼在 1960 年发明的红宝石激光器。它一经问世，就获得了异乎寻常的飞快发展，在国民经济、科学技术、国防建设等各个领域都得到了广泛的应用。如激光全息照片、激光雷达、激光制导、激光可控核聚变等等。激光的发展不仅使古老的光学科学和光学技术获得了新生，而且导致整个一门新兴产业的出现。激光可以使人们有效地利用前所未有的先进方法和手段，去获得空前的效益和成果，从而促进生产力的发展。

第一节 概　述

1917 年爱因斯坦在研究黑体辐射时，提出了光的发射和吸收可经由自发辐射、受激辐射和受激吸收三种基本过程的假设。

一、原子结构及能级

丹麦物理学家玻尔在总结前人理论的基础上，在 1912 年提出了他的原子结构模型。他认为可以假定原子内部的电子只能在具有一定能量的特定轨道上运行而不能在任意轨道上运行，电子所处轨道不同，它的能量也不一样。在离核近的轨道上它的能量较低，在离核远的轨道上它的能量较高。

原子处在不连续的能量状态时，原子是稳定的，不向外辐射能量，把这些状态叫定态。原子各定态的能量值叫原子的能级。原子处于最低能级时，电子在离核最近的轨道上运动，这种定态叫基态。

物体中的某些原子吸收了一定能量后，从基态跃迁到较高能级的定态，这时电子在离核较远的轨道上运动，这些定态叫做激发态。

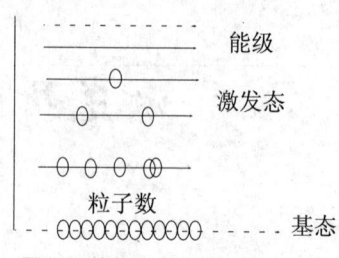

原子的能级和粒子数分布

在一般情况下，具体地说在热平衡条件下，能量越低，原子数目越多，即较低能级上的原子数多于高能级上的原子数目。爱因斯坦经进一步分析发现，当这些原子系统处于热平衡状态和与外界的电磁波发生相互作用时，可能有三种情况：受激吸收、自发辐射和受激辐射。

二、受激吸收、自发辐射和受激辐射

在自然界存在着两种不同的发光方式。自发辐射产生普通光，而受激辐射产生的是被放大加强的光——激光。

（一）受激吸收

当外界电磁波和原子系统相互作用时，处在低能级上的原子能够吸收电磁波的能量而跃迁到高能级上去。这种过程物理学上叫受激吸收。

（二）自发辐射

原子系统没有和外界发生相互作用，或者说在没有外界电磁波扰动的情况下，高能级上的原子也有可能自动跳到低能级上来，这种情况类似于山顶上的石头要滚动到山脚下一样。原子从高能量状态跃迁到低能量状态就要放出多余的能量，这种放出能量的过程就是发光，普通光源所发出的光，通常就是这样一种状态改变而引起的。物理学上通常把这种不与外界电磁波作用下原子从高能级跃迁到低能级而发光的过程叫做自发辐射过程。

普通光源的发光都是自发辐射产生的，自发辐射的光可能有各种各样的频率，各种各样的方向，或者说普通光源自发辐射的光是无序的。

（三）受激辐射

外界电磁波跟原子系统相互作用时，除了发生受激吸收，还会发生第二种与之相反的变化。具体地说就是在外界电磁波的影响下，原来处在高能级上的原子有可能跃迁到低能级上来，这时会辐射出多余的能量，这种过程在物理学上称之为受激辐射。

受激辐射的过程具有独特的性质。受激辐射发出的电磁波或者说发出的光和入射的外界电磁波具有相同的频率、相同的位相和相同的传播方向。也就是说原子体系发生受激辐射的时候，入射的电磁波不但不会被原子吸收，相反由于原子发射了频率、位相和传播方向都与入射电磁波相同的电磁波，而使得入射的电磁波增强了，这就是在电子学中所说的放大作用。但是应注意，受激辐射导致的电磁波放大现象和电子学中利用电子管、晶体管放大电磁波的情况不一样，二者之间有本质的区别。前一种电磁波放大是利用原子内部能级的受激辐射而得到的，通常称这种放大的过程为受激辐射放大。受激辐射放大是激光器发明的理论基础，这是 1917 年由伟大的物理学家爱因斯坦奠定的。

激光就是由于受激辐射而得到的加强光。

第二节　激光及其特性

一、激光

（一）激光的名称

激光的最初中文名称叫做"镭射"、"莱塞"，是它的英文名称"LASER"的音译，是取自英文 Light Amplification by Stimulated Emission of Radiation 的各单词的头一个字母组成的缩写词。意思是"受激辐射的光放大"。激光的英文全名已完全表达了制造激光的主要过程。1964 年按照我国著名科学家钱学森的建议将"光受激发射"改称"激光"。

激光产生的物理过程，简单地说，是激光工作物质的粒子（原子或分子）吸收外来能量后，从基态跃迁到较高能级，受外来光子的影响，发生受激辐射，这些同样的光子在媒质中传播又会激发出更多的相同光子。这样就产生了方向性极强、相位一致、颜色纯正的加强光，即激光。

（二）产生激光的困难

爱因斯坦理论诞生于 1917 年，但世界上第一台红宝石激光器诞生于 1960 年。这说明产生激光存在着困难。这个困难就是，在通常情况下，处于低能级状态的粒子数多于处于高能级状态的粒子数，这样光的受激吸收大于光的受激辐射，即当光子入射时不仅不能使光子的数目增加，反而使光子的数目减少。

（三）产生激光的办法

想要得到激光，就必须使受激辐射大于受激吸收。这就要求设法使处于高能级的原子数目大于处于低能级的原子数目，这种状况称之为"粒子数反转"。

量子学研究发现，某些原子有一些特殊的激发态，原子在这些特殊的激发态时"寿命"较长，我们称这些特殊激发态为"亚稳态"。亚稳态上的粒子寿命比一般激发态要长 10 万倍左右。在外来能量的"激励"下，使大量原子跃迁到亚稳态，就能实现粒子数反转。

二、激光的特性

激光具有与普通光不同的特性，这就是：高亮度、高定向发光、高单色性，而且它的相干性极好。

（一）高亮度

在激光发明前，人工光源中高压脉冲氙灯的亮度最高，与太阳的亮度不相上下，而红宝石激光器的激光亮度，能达到氙灯的几百亿倍。因为激光的亮度极高，所以能够照亮远距离的物体。红宝石激光器发射的光束在月球上产生的照度约为 0.02 勒克斯（光照度的单位），颜色鲜红，激光光斑明显可见。若用功率最强的探照灯照射月球，产生的照度只有约一万亿分之一勒克斯，人眼根本无法察觉。激光亮度极高的主要原因是定向发光。大量光子集中在一个极小的空间范围内射出，能量密度自然极高。

（二）定向发光

光的方向性一般用光的发散角来表示，发散角越小表明方向性越好。激光具有好的方向性，近似于平行光。

普通光源是向四面八方发光。要让发射的光朝一个方向传播，需要给光源装上一定的聚光装置，如汽车的车前灯和探照灯都安装有聚光作用的反光镜，使辐射光汇集起来向一个方向射出。在普通光源中方向性最好的是探照灯，它的光束发散角大约是 10 个毫弧度，而激光器一般光束发散角都在千分之一毫弧度左右。如果用这样的单色光和高方向性的激光束来测距离的话，例如测地球到月球的距离，地球上的激光射到月球上，光束直径发散只有几百米，测距的精度也很高，最好的误差只有 30 厘米。

（三）高单色性

普通的任何光源发射的光谱线都不是单一频率，它有一定的频率分布，通常用"谱线宽度"这个名词来表示单色性的好坏。光的颜色由光的波长（或频率）决定，一定的波长对应一定的颜色。太阳光的波长分布范围约在 0.76 微米至 0.4 微米之间，对应的颜色从红色到紫色共 7 种颜色，所以太阳光谈不上单色性。发射单种颜色光的光源称为单色光源，它发射的光波波长单一。比如氪灯、氦灯、氖灯等都是单色光源，只发射某一种颜色的光。单色光源的光波波长虽然单一，但仍有一定的分布范围。如氪灯只发射红光，单色性很好，被誉为单色性之冠，波长分布的范围仍有 0.00001 纳米，因此氪灯发出的红光，若仔细辨认仍包含有几十种红色。由此可见，光辐射的波长分布区间越窄，单色性越好。

激光器输出的光，波长分布范围非常窄，因此颜色极纯。以输出红光的氦氖激光器为例，其光的波长分布范围可以窄到 2×10^{-9} 纳米，是氖灯发射的红光波长分布范围的万分之二。由此可见，激光器的单色性远远超过任何一种单色光源。

根据光学我们知道光的颜色是光的频率的反应，这种颜色非常纯、单色性非常好的光，在通信、全息照相、计量等领域都有极为广泛的应用。例如：用稳频激光器来测量长度，测 38 万千米的距离，其测量误差小于 1 厘米。

（四）好的相干性

物理光学指出：若要实现稳定条纹的光的干涉，就必须使用频率相同，相差恒定的相干光源。

在激光问世之前，要想做光的干涉实验，一般需采用将一个光源用面镜或棱镜分为两束的办法。从激光产生的过程可知，激光具有相同的频率和位相，是相干光源。因此，自从有了激光，实现光的干涉就十分方便了。

第三节　激光器

一、激光器的发明

（一）激光器发明的实践背景

从实践上来说，无线电技术的发展和雷达技术的进步，要求增加通信容量和增大通信距离。20 世纪四五十年代微波技术已发展成熟，微波通信已得到很大发展。如果还要提高无线电波的频率，只能利用光频。但是 1960 年前所有的光都是无序的场发射产生的，无法应用到无线电通信。另外要增大通信的距离，办法有两种：一种是加大发射机的功率，另一种是设法降低接收机的噪声。降低噪声的办法比增大发射机功率的办法更经济有效。若要进一步提高无线电频率和降低噪声，对常用的电子管和晶体管等元件来说存在着原则上不可克服的矛盾。其原因是电子管利用真空中运动的电子来实现放大和其它无线电元件相互作用；在晶体管中主要是利用载流子或空穴的运动来工作的。如果把工作频率提得很高，这时电子或半导体载流子的运动跟不上电磁波的变化，这是困难之一。另外电子或载流子的运动必然会带来热噪声，这是由于热运动或其它不规则运动而引起的，热噪声不能再降低。实践向科学提出是否能找到一个新的原理来实现电磁波的放大而且还能降低噪声。另外如全息照相，20 世纪 40 年代就有人提出，但始终没有得到实际应用，这也是因为缺乏一个合适的光源。

受激辐射放大是 1945 年首先实现的，但是这个放大不是在光波波段，而是在微波波段。1954 年，美国著名科学家汤斯和前苏联著名科学家巴索夫分别独立地研究成功了世界上第一台氨分子微波放大器，简称微波激射器，其原理就是通过受激辐射实现微波放大。从 1917 年爱因斯坦提出受激辐射理论到 1954 年实现受激辐射放大，中间间隔了 37 年之久，其原因主要是受当时条件和技术发展的限制。

前述电磁波和原子系统发生相互作用的时候，有三种情况发生，即可能会出现自发辐射、受激吸收和受激辐射过程。据此，爱因斯坦进一步指出这三种过程是同时存在的，并且受激吸收和受激辐射的可能性几乎是相同的。在热平衡条件下，低能级的原子数目比高能级的原子数目要多得多，此时当电磁波和原子体系相互作用时，由于低能级原子数目多，产生受激吸收的原子数也多，吸收入射波的能量也多。而处于高能级上的原子数目比较少，产生受激辐射的原子数也肯定少。因此受激辐射补充给入射电磁波的能量当然也少。这两种过程由于同时并存，并且可能性的大小也一样。这样效果总是原子体系吸收的电磁波的能量要大于原子体系受激辐射补充给电磁波的能量。不但不能实现放大而且能量会减少。

为了实现电磁波的受激辐射放大，需要扭转在热平衡条件下原子的分布状态。也就是说应该设法让原子体系中处于高能级上的原子数目多于低能级上的原子数目。物理学上把这种粒子分配分布称为粒子数反转分布。只有原子体系处于粒子数反转分布，才有可能使受激辐射得到实际应用。另外，客观上对实现受激辐射放大的要求也不十分迫切，加上当时科学家忙于解释和分析量子力学提出的问题和经典物理遗留下来的种种问题，以及其他社会原因，还有当时与受激辐射有关的技术如放电技术、物质结构等有关知识不完备，所以微波激射器和激光器没有得到迅速发展。

（二）微波激射器的发明

20 世纪 40 年代，雷达的出现和应用，促进了微波电子学和微波技术的发展。二次世界大战结束后，日益成熟的微波技术基本上广泛地应用于科学研究和民用当中，这促进了微波光谱学的发展。同时由于量子力学、原子、分子物理学的发展，对物质的微观结构也有了比较深入的了解。1946 年，著名的科学家布洛赫和汉森在实验中观察到了微波的受激辐射。此时，无论在理论上还是实践条件上都比较成熟了，因此导致了微波激射器的诞生。

1951 年，美国著名科学家汤斯提出一个设想，用一种方法破坏热平衡分布，使更多的分子和原子处于高能级上，然后再用微波电磁波照射这些分子和原子，使它们受激辐射，这样就可以起到放大电磁波的作用。汤斯还设想，最后再把一部分发射的电磁波反馈到仪器中，继续来激发那些处于高能级状态的分子和原子，再让它们受激辐射，放大电磁波。这样反复不断地放大，就有可能利用受激辐射来获得微波的振荡。汤斯认为这种反复作用可以在一个微波的谐振腔内进行。根据这些想法，汤斯和他的两个助手经过三年多的努力，终于实现了利用原子、分子能级的跃迁放大电磁波和实现微波振荡的设想，制成了世界上第一台微波量子放大器或叫微波量子振荡器，简称微波激射器。他们制成的这个微波激射器是利用氨分子做工作物质而制成的，因此叫氨分子振荡器。这种振荡器的噪声比电子管、晶体管低得多。因此，如果把此分子放大器用来作为接收机前放大器，就能更大地提高接收机的灵敏度。还可利用其非常准的频率做成分子钟，可达到千年不差一秒。所以说微波激射器应用非常广泛。

（三）从微波激射器到激光器

微波激射器的研究成功给人们以巨大的鼓舞和启示，促使许多科学家都在思考一个重要问题，这就是利用相同的原理在光频波段能否实现受激辐射放大。从微波激射器到激光器，需解决一系列新问题。其中一个突出的问题就是光频谐振腔的设计和制造。根据电磁学原理，谐振腔的尺寸和它工作的电磁波的波长是同一数量级。如微波波段的波长大体是厘米数量级，而光波的波长是百万分之一厘米数量级，制造尺寸和光波的波长相当的谐振腔在技术上是无法实现的，这需要寻找一个新的解决途径。

1958年，美国科学家肖诺和汤斯提出了解决办法。他们建议不能用像微波那样的谐振腔，而应使用一种叫做开放式的光频腔。所谓开放式光频腔是用两个平行的平面镜构成的光频谐振腔，让光在两块镜子之间来回反射可以实现受激辐射。提出制造光频开放腔的建议是从微波激射器到激光器进程中关键性的一步。当然只有谐振腔还是不够的，还有一个工作物质的问题。当时肖诺和汤斯还设想用金属钾蒸汽作为工作物质，把它放在两个平行平面腔组成的光学谐振腔中，然后用钾做成的光谱灯作为激励源，让工作物质处于粒子数反转的状态。这样一旦在光谐振腔中有光发射出来，那么光就在两块镜子之间来回反射，在它来回反射的过程中不断地和处于粒子数反转分布的工作物质发生相互作用，使工作物质产生受激辐射，不断地来放大光频的电磁波，最后形成振荡，射出激光。

鉴于以上这些卓越的思想，许多人进行了实验和探索。而汤斯和肖洛本人没有能实现他们的这些想法，付之于实践的是美国著名发明家和科学家梅曼。第一台激光器的工作物质不是汤斯和肖洛原来所设想的钾蒸汽，而是用红宝石制作成的固体激光器。

对激光的研究做出贡献的还有前苏联的巴索夫和普罗霍洛夫。他们也对微波激射器的发展做出了卓越贡献，并荣获了 1964 年的诺贝尔奖。

二、激光器的构成

激光器一般由工作物质、激励能源和谐振腔三部分构成。

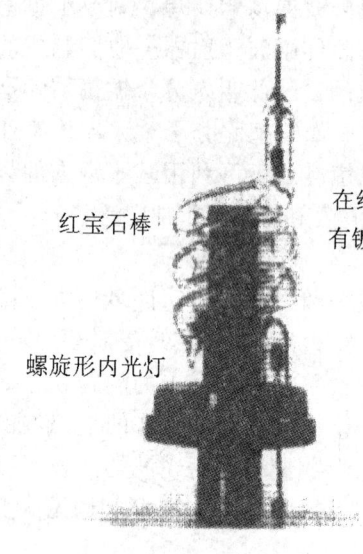

红宝石棒

在红宝石棒两端
有镀银反射镜

螺旋形内光灯

世界上第一台激光器

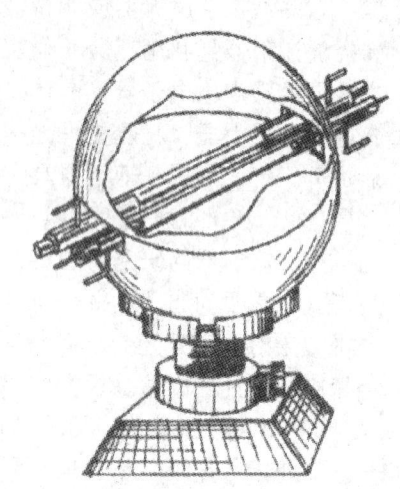

我国第一台激光器

工作物质可以是固体，如晶体、玻璃；也可以是气体，如惰性气体、二氧化碳；还可以是液体，如某些染料。

激励能源可以是光源、电磁波发生器等，它的作用在于向工作物质输入能源，使工作物质的粒子处于反转状态，它好比一个泵，源源不断地把低能态粒子抽运到高能态上去，所以有时也把它叫做泵浦源。

谐振腔一般由两块反射镜（其中一面可部分透光）按一定方式组合而成，置于工作物质的两端。谐振腔的作用，一是使那些与谐振腔轴向不平行的光经反射后逸出腔外，以保证获得方向严格平行的受激发射光；二是使工作物质发出的光在反射镜间多次往返而持续放大。

三、激光器的工作过程

激光器的工作过程大致如下（见下图）。

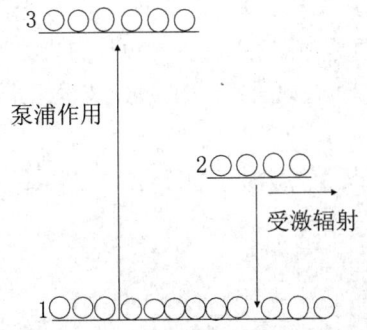

工作物质在激励能源的作用下，不断地使处于低能态 1 的粒子抽运到高能态 3 处。由于高能态 3 的粒子很不稳定，会很快转移到能态 2 上，在能态 2 上的粒子相对稳定一些，因此粒子大量聚集在能态 2，致使能态 2 上的粒子数多于在能态 1 上的粒子数，从而实现了能态 2 和能态 1 之间的粒子数反转分布。这里的激励光源如同抽水泵，能态 2 则好比蓄水池。粒子数在反转分布后就会产生受激放大。开始时受激辐射的光强度很弱，但反射镜的每一次反射，都使它得到加强，当激光在谐振腔内往返足够次数，使得光放大的梯度等于或大于腔内各种损耗时，就能够在谐振腔内建立起稳定的光振荡，其中一部分将通过那面具有一定透光率的镜子输出谐振腔，这就是我们所得到的激光。

四、激光器的种类

激光器的种类很多。按激励方式，可分为光激励激光器、电激励激光器等。按所输出激光的波长范围，可以分为远红外激光器（波长为 25 微米～100 微米）、中红外激光器（波长为 2.5 微米～25 微米）、近红外激光器（波长为 0.75 微米～2.5 微米）和可见光激光器（波长为 4000 埃～7500 埃）等。不过最重要的还是工作物质的不同，工作物质确定了之后，它的激励方输出的波长范围也就基本上确定了。按所用工作物质，现在的激光器可以分为固体激光器、半导体激光器、气体激光器和液体激光器几大类。

30 多年来激光器技术有了长足的进步。激光频率由原来的几个发展到现在的几千个，并且有了频率连续可调的激光器；脉冲激光输出的能量从几毫焦耳发展到几千、几十万焦耳，连续输出的激光输出功率从毫瓦数量级发展到千瓦、万瓦数量级，大功率脉冲激光器的输出功率甚至可达 10 亿千瓦以上。

我国第一台红宝石激光器是 1961 年 9 月由王之江领导的小组研究成功的，1963 年 7 月又制成了 6328 埃的氦氖激光器。1964 年 9 月，第一个激光专业研究所——中国科学院上海光学精密机械研究所宣告成立，开辟了高功率激光包括激光受控核聚变研究的新领域。这一切表明，在激光研究的初始阶段，我国的激光技术与前苏联、美国是并驾齐驱的。遗憾的是，后来由于众所周知的原因，发展的步子一度放慢了。不过现在，我国激光技术已进入世界先进水平的行列。

第四节 激光的应用及其发展

一、激光的应用

激光具有独特的优点，所以它在国民经济和科学技术等方面得到了广泛的应用，成为现代科学技术中一个重要的组成部分。激光在金属加工、测距、通信、全息照相、精密测量、医学、化学、生物学等领域中显示出巨大的应用潜力。

（一）工业加工

打孔、切割、焊接、热处理等是机械加工的基本环节。现代工业的机械加工要求越来越精密，过去传统的一些加工方法必须加以改进。使用激光作为工具的激光加工是一种新型的超级加工技术。激光加工有许多优点，加工效率高、质量好、适合多种材料的精密加工。例如：生产钟表时用的钻石轴承，过去要用七道工序，采用激光加工只需一道工序即可，而且质量大大提高，成品率可由原来的80%左右提高到95%以上。激光切割、激光焊接技术在多个领域中得到了广泛的应用，尤其在微电子工业中应用最为突出。在集成电路生产中，1平方厘米的硅片，需要制造出几十个集成电路硅片，这要求要有良好的划片工具，把小小的硅片划成几十个小硅片，过去是用金刚石刀在硅片上刻成。这种加工方法有许多缺点，用力不当很易损坏硅片；划线宽，浪费了材料；划片工人长期在显微镜下工作很辛苦。而现在用激光技术划片，不仅速度提高，质量也好。

目前，激光打孔、切割、焊接、热处理等加工技术受到世界各国的普遍重视，得到了迅速发展。

（二）激光在通信中的应用

激光在通信中的应用有激光通信和光纤通信两个方面。

激光通信就是用激光作载波（运载工具）来传输信息的一种通信方式。它与无线电通信相比只是多了"电—光"（发送端）和"光—电"（接收端）的转换过程，其他都相似。

激光通信有许多优点，如通信距离远，保密性好；不受电磁干扰；信息容量大等。但激光通信也存在着缺点，如恶劣环境条件的适应能力差；瞄准困难；不能越过障碍等。因此，它在实际应用中受到了限制。

光纤通信在信息科学技术中已介绍，是利用光通过光导纤维传递信息，光可用激光或非激光。光纤通信具有很多优点，是很有发展前景的通信手段。

（三）在农业上的应用

通过激光诱变育种，可培育出优良品种，促进种子的发芽和生长，提高作物的产量。利用激光处理过的水浇地，水容易渗透到植物的细胞膜里去，节省水资源。除此之外，科学家还在其他方面大力开展激光在农业上的应用。

（四）在医学上的应用

利用激光手术刀进行外科手术，具有出血少，不易感染等优点。

激光在眼科方面可治疗视网膜病变、青光眼、近视眼等。

激光在牙科治疗中可去除牙腐质，熔化珐琅质等。

激光还可用于治疗皮肤病、血管瘤、色素肿瘤等。

（五）激光在信息处理方面的应用

激光在信息处理方面的应用内容十分广泛，包括激光全息照相、激光圆盘（光盘）、激光印刷、激光打印等。在此重点介绍激光全息照相。

普通照相在感光底片上所记录的只是物体各点反射光的强度；而全息照相通过物光和参考光得到的干涉图像，不仅记录了物体反射光的强度，而且也记录了反射光的相位。

全息照片除了作为艺术观赏物外，还可用于激光防伪和信息贮存。全息照相的贮存量很大，例如，在1平方厘米的全息底片面积上大约可贮存1亿位信息。如果进一步采用三维存贮方法，可以在1立方厘米的体积内贮存1万亿位的信息。全息贮存不仅容量大，而且速度快，它的贮存和取出时间一般只有百万分之一秒。由于全息贮存方法的出现，有希望制成光计算机。

除此之外，激光还有很多应用。如激光测量，利用激光单色性和相干性好，不仅能够精确地测量长度，而且可以测速度、角度、角速度，并能定位、测形变等。

激光还在实现受控的热核反应、分离同位素等方面有着广阔的前景。就核聚变来说，氢的原子核发生聚变的时候，所产生的能量比重核裂变时能量要大得多，但是实现氢核聚变需要一定的条件。这个条件主要是很高的点火温度，这个温度一般说来要上亿度，同时还要使这些核原料能保持一段时间，以便使它充分发生核聚变反应。要想实现这个条件，只能利用激光的高能量、高方向性的特点来实现受控核反应。

二、激光应用的发展动态

在激光技术应用方面，国际上竞争激烈的是新型激光武器的研制，其次是激光在通信、医学、热加工及生物工程等方面的应用。

由于激光武器具有快速、反应灵敏、命中率高、抗电磁干扰等优异性能，在光电对抗、防空和战略防御中可发挥独特的作用。它既是一种威慑力量，又是战略防御手段，而且激光武器的发展还会推动传统工业的技术改造。因此，发展激光武器技术是 21 世纪的重要主题之一，它将对以后的军事装备现代化，促进激光产业乃至其他传统产业的发展产生重大影响。

鉴于激光武器的重要地位和作用，美、俄和其他一些国家都很重视激光武器的研究和开发。尤其是美、俄两国投入了巨额资金、制定了宏大计划、组织了庞大的科技队伍，展开了激烈的竞争。美国从 1960 年代初到 1983 年底，仅政府的投资累计就达 23 亿美元。从 1984 年财政年度起，经费为每年 10 亿美元左右。目前研制的有激光致盲武器、防空激光武器、反卫激光武器和反弹道导弹激光武器等。

激光在通信方面的应用主要是光纤通信。光是光纤通信的光源，作为现代通信三大支柱之一的光纤通信将在以后获得重大发展，其关键元件之一的激光源，必将得到发展。其发展方向是大功率半导体激光器。

激光在遗传工程中的应用是今后发展的又一个重要领域。众所周知，遗传工程是 1970 年代分子遗传学取得一系列重大成就的基础上发展起来的一门新兴学科。这一技术是在分子水平上对脱氧核糖核酸（DNA）遗传物质进行人工操作，以改变生物本性。遗传工程是在体外直接对遗传物质操作，可以完全摆脱传统有性生殖过程的种属限制，实现种间遗传物质的交流，甚至可以把动物、植物、微生物乃至人的基因重组在一起。遗传工程在定向改变生物方面具有预见性和准确性，从而为人类创造和培育出有用的动物、植物和微生物新品种以及治疗人类遗传病提供了前所未有的有效手段和无限美好的前景。因此，世界各国都十分重视遗传工程的发展。

激光微束照射是把激光引入光学显微镜聚集成微米级的光点，对细胞靶体进行精细而奇妙的显微外科手术。这种手术因比常规显微操作具有定位准确、操作简便、可对细胞靶体进行选择性损坏而不损伤其临近部位等优点而越来越受到生物界、医学界和光学界的重视，至今已发展成激光生物界中的一个领域。过去激光微束照射主要用于细胞生物学和细胞遗传学方面的一些基础研究。进入 1980 年代后，随着生物工程，特别是遗传工程的发展，激光微束照射技术开始向基因工程、细胞工程等高技术生物领域渗透，并已取得了良好的开端。当前国外在这方面的新进展有：

（1）利用微束照射技术进行细胞打孔，直接导入外源遗传物质来代替常规的化学法和人工显微注射细胞法，其操作效率比显微注射法提高 10 倍，其成功率比化学法提高三个数量级。目前，日本、美国和德国等国的科学家在这方面已经取得了可喜的研究成果。

（2）利用激光诱导细胞融合，实现体细胞杂交。这种方法与传统的利用促融剂（聚二乙醇等）法相比具有无毒性、对融合位点或融合对象有选择性以及可监视融合全过程等优点。这一成果有可能为快速生产医用单克隆抗体提供新的方法。

（3）利用激光显微切割技术来切割染色体实现基因定位和基因分离，从而改变生物遗传性。

（4）利用激光光谱、偏振、干涉、光学信息处理等技术来研究生物大分子结构和功能，研究生物分子反应动力，利用激光落斑法研究肌纤维受外界刺激的形成过程，用激光显微差分全息法观察不同种类肌纤维交联点运动情况等，近年来也日趋活跃。

当前激光技术在生物领域的应用还处于起步阶段，但可以预料，随着近代科学的不断发展和各个学科的相互渗透，激光技术很有可能在不远的将来为生物工程，乃至为人类做出杰出的贡献。

激光技术在医学中的应用，最活跃的两个领域是眼科激光技术和激光成血管细胞技术。据估计，眼科仍然会占据所有激光处理的60%。无论从创新还是数目而言，激光眼科技术仍将是一个重要领域。激光成血管细胞技术将包括疏通被阻塞的心脏血管和其他主要血管以及精密内窥镜和控制系统。

除此之外，激光在消费类电子产品中的应用范围也日益扩大。例如，CD、VCD、SVCD、DVD 等将在今后有较大的发展，它们将成为激光产业的重要组成部分。

三、我国的激光技术及应用

我国激光技术及其应用取得了长足的进步。我国科技工作者在努力提高常用激光器性能的同时，不断研制新型激光器，并十分注意激光技术的应用。他们不仅进行常规激光器的开发应用，而且在最新的激光应用领域进行研究。如用激光微束照射技术在外源基因导入、细胞融合和染色体切割诸方面都做了不少工作，与国外相比不算晚，有些还是同步的。在推广激光技术方面也取得了很大成绩。我国采用激光打孔技术，每秒可加工十几个钟表轴承，效率比机械打孔提高将近 100 倍；利用激光焊接技术已解决一批原先无法解决的特殊零件的微型焊接问题，如超细金属丝的温度传感器、心脏起搏器等的特殊焊接。激光切割技术已在我国汽车工业、飞机制造业投入应用。此外，在材料加工、精密计量、准直导向、无损检测通信测距、光谱分析、信息处理等许多方面，激光技术已得到应用，并获得了好的经济效益。1999 年，上海冶金研究所研制的 5 微米 ~8 微米半导体量子级激光器，在理论、结构设计、材料生长、材料与器材表征方面都具有难度极大的开创性，成功地生产了一批高难度激光器所需的优质材料，并建立了我国首台表征中远红外激光器的发射光谱测量系统，创造性地解决了表征方法和技术方面的难题，正确地表征了激光器的光学特性。其测量结果与美国朗讯公司的贝尔实验室的发射光谱测量结果相吻合，达到了世界先进水平。这种激光器可用于现代通信、环境保护、国家安全等领域。今后我国将在激光材料、激光元器件以及光学、机械配套部件等方面进行研究开发，并对当前先进的自由电子激光、X 光激光、化学激光、准分子激光、r 激光等进行基础研究。

第七章

第8章

生物工程

生物工程的渊源可以追溯到公元前的酿造技术，但作为利用生物学原理和现代工程技术的一门综合性应用学科是在 20 世纪 70 年代初开始兴起的。生物工程不仅推动了现代科学技术的发展，而且对工业、农业、人类健康产生了极其深刻的影响，作为 21 世纪现代科学技术的核心，生物工程为有效解决人口、粮食、能源、环境等问题开辟了新的途径。

第一节　概　述

一、生物工程

所谓生物工程，一般是指以生物学（特别是微生物学、遗传学和细胞学）的理论和技术为基础，结合现代工程技术，充分运用分子生物学的成就，自觉地操纵遗传物质，定向地改造生物或其功能，以生产大量有用代谢产物或发挥它们独特生理功能的一门新兴技术。

生物工程通常包括四大分支，即基因工程（遗传工程）、细胞工程、发酵工程（微生物工程）和酶工程（生化工程）。基因工程和细胞工程是生物工程的核心。

二、生物工程的发展历史

生物工程的发展主要经历了以下几个阶段：

1. 创建发酵原理。微生物学奠基人巴斯德在 1857 年提出的"在化学上不同的发酵是由生理上不同的生物所引起的"重要论断，为发酵技术的发展奠定了坚实的理论基础。

2. 发明纯种培养技术。1881 年，德国细菌学家科赫发明了营养明胶上划线以分离细菌纯种的方法，后改用更实用的琼脂来取代明胶，有力地推动了纯种分离技术的发展；1882 年，丹麦的汉逊纯化了酵母菌，并把它广泛应用于酿酒行业上。

3. 发现酶及其催化功能。1897年，德国化学家布赫纳用磨碎酵母菌的细胞汁对葡萄糖进行酒精发酵获得成功，并由此开创了酶学研究的新纪元。

4. 建立深层通气培养技术。1942年，由于第二次世界大战中救护伤员的迫切需要，推动了青霉素深层液体发酵技术的发展，并导致在发酵工程中建立具有革命性和普遍意义的生物反应器技术。

5. 体外基因重组技术的问世。1973年，美国斯坦福大学医学院的科恩等人和旧金山大学医学院的博耶等人将大肠杆菌中两种不同特性的质粒片段用内切酶和连接酶进行剪切和拼接，获得了第一个重组质粒，然后通过转化技术将它引入大肠杆菌细胞中进行复制，并发现它能表达原先两个亲本质粒的遗传信息，从而开创了遗传工程的新纪元。

6. 固定化酶和固定化细胞技术的出现。1969年，日本的千畑一郎等首先将固定酶应用于氨基酸的拆分工作，1973年，他又进一步利用固定化细胞连续生产冬氨酸，开创了固定化酶和固定化细胞工业应用的新局面。

7. 细胞和原生质体融合技术的建立。1962年，日本的冈田善雄利用病毒的促融作用，首次诱导了瘤细胞的融合；1974年，高国楠利用PEG（聚乙二醇）完成了植物细胞原生质体融合的实验；1979年，生达利用操作简便、快速和无毒的电脉冲技术完成了植物细胞原生质体的融合，从此，这类新兴的细胞融合技术就在动、植物和各种微生物新种的培育过程中发挥着越来越重要的作用。

第二节　酶工程

一、酶及酶工程

（一）酶及其特性

酶是由生物体内细胞产生的一种生物催化剂。由蛋白质组成（少数为RNA），能在机体中十分温和的情况下，高效率地催化各种生物化学反应，促进生物体的新陈代谢。

酶具有如下特性：

（1）高效性：酶的催化效率比无机催化剂更高，使得反应速率更快；

（2）专一性：一种酶只能催化一种或一类底物，如蛋白酶只能催化蛋白质水解成多肽；

（3）多样性：酶的种类很多，大约有4000多种；

（4）温和性：是指酶所催化的化学反应一般是在较温和的条件下进行的。

（二）酶工程及其发展

酶工程就是将酶或者微生物细胞、动植物细胞、细胞器等在一定的生物反应装置中，利用酶所具有的生物催化功能，借助工程手段将相应的原料转化成有用物质并应用于社会生活的一门科学技术。

它包括酶制剂的制备，酶的固定化，酶的修饰与改造及酶反应器等方面内容。实际上，人类有意识地利用酶已经有好多年历史了，也经历了几个发展阶段。

1. 人们直接从动植物或微生物体内提取酶做成酶制剂，用于产品生产，这种方法直到现在仍被使用。例如，现在我们使用的洗涤剂，大部分是加酶的，其去污力大大加强了。此外，在制造奶酪、酿造啤酒中，酶制剂都可以得到直接的应用。

2. 通过大规模微生物的培养，从中提取酶。由于从动植物中提取酶较麻烦，数量也有限，人们普遍看好通过微生物大规模培养，然后从中提取酶，以获取大量酶制剂的方法。目前，很多的酶，如淀粉酶、糖化酶、蛋白酶等等，主要是来自于微生物的。所以酶工程离不开微生物发酵工程，也可以说是发酵工程的产物。

3. 固定化酶。在 70 年代以后，伴随着第二代酶——固定化酶及其相关技术的产生，酶工程才算真正登上了历史舞台。固定化酶正日益成为工业生产的主力军，在化工医药、轻工食品、环境保护等领域发挥着巨大的作用。不仅如此，还产生了威力更大的第三代酶，它是包括辅助因子再生系统在内的固定化多酶系统，它正在成为酶工程应用的主角。酶在生物体内的含量是有限的，不管是哪种酶，在细胞中的浓度都不会是很高的，这是由于生物机体生命活动平衡调节的原因。可是这样就限制了直接利用天然酶更有效地解决很多化学反应。利用基因工程的方法可以解决这一难题。只要在生物体内找到了某种有用的酶，即使含量再低，只要应用基因重组技术，通过基因扩增与增强表达，就可能建立高效表达特定酶制剂的基因工程菌或基因工程细胞。把基因工程菌或基因工程细胞固定起来，就可以构建出新一代的生物催化剂——固定化工程菌或固定化工程细胞。把这种新型的生物催化剂称为基因工程酶制剂。新一代基因工程酶制剂的开发研制，无疑使酶工程如虎添翼。固定化基因工程菌、基因工程细胞技术将使酶的威力发挥得更出色。

二、酶工程的应用

酶工程的应用，主要集中于食品工业、轻工业以及医药等领域。

1. 食品工业中的应用。酶在食品工业中最大的用途是淀粉加工；其次是乳品加工、果汁加工、烘烤食品及啤酒发酵。与之有关的各种酶有：淀粉酶、葡萄糖异构酶、乳糖酶、凝乳酶、蛋白酶等。

2. 轻工业中的应用。酶工程在轻工业中的用途主要包括：洗涤剂制造（增强去垢能力）、毛皮工业、牙膏和化妆品的生产、造纸、感光材料生产等。

3. 医药中的应用。酶除了用作常规治疗外，还可作为医学工程的某些组成部分而发挥医疗作用。如在体外循环装置中，利用酶清除血液废物，防止血栓形成和体内酶控药物释放系统等。另外，酶作为临床体外检测试剂，可以快速、灵敏、准确地测定体内某些代谢产物，也将是酶在医疗上一个重要的应用。

4. 能源开发中的应用。利用酶工程技术从生物体中获得燃料是科学家正在探寻的一条新路。例如，利用植物、农作物、林业产物废物中的纤维素、半纤维素、木质素、淀粉等原料，制造氢、甲烷等气体燃料以及乙醇和甲醇等液体燃料。

5. 环境工程中的应用。在现有的废水净化方法中，生物净化常常是成本最低而最可行的。利用微生物体中酶的作用，可以将废水中的有机物质转变为可利用的小分子物质，同时达到净化废水的目的。人们利用基因工程技术创造高效菌种，并利用固定化活微生物细胞等方法，在废水处理及环境保护工作中取得了显著的成效。

第三节　发酵工程

一、微生物

微生物是一切肉眼看不见或看不清的微小生物的总称。它包括各种个体微小、构造简单的低等生物。人类到 17 世纪后期才对它有了极其肤浅的认识。步入 19 世纪后，由于法国的巴斯德和德国的科赫等人在研究方法、理论概念和研究成果上的重大突破，才使微生物学以崭新的面貌为世人所瞩目并获得迅猛的发展，并以它对医疗保健、工业发酵、农业生产和环境保护等的深刻影响而推动了人类社会的进步。

微生物由于其个体微小，因而衍生出一系列与之相关的极其重要的共同特性。体积小、面积大；吸收多、转化快；生长旺、繁殖快；适应强、易变异；分布广、种类多。由于微生物的这些特性，使得它们能够在解决人类面临的粮食危机、能源匮乏、资源紧缺、生态恶化和人口爆炸等种种危机中发挥其不可替代的独特作用。例如，通过以菌促肥、以菌治虫、以菌抗病、以菌防霉、以菌代粮（利用单细胞蛋白作饲料和粮食）等措施来直接或间接增产粮食；通过

"能源微生物"把自然界蕴藏量极其丰富的纤维素等生物量转化为酒精、氢气或甲烷等措施，以大量提供新的补充能源；通过微生物的生化转化将纤维素等可再生资源转化成各种化工、轻工和制药等工业原料；通过细菌冶金技术把低品位的矿石、尾矿和矿渣中的铜、镍、铀等重要元素变成宝贵的资源；通过微生物的降解作用来净化污水，利用微生物来生产易降解塑料，利用微生物生产肥料、杀虫剂或农用抗生素以取代各种易导致环境恶化的化学农药或肥料；通过大力发展由微生物产生的抗生素、维生素、多肽类药物，以及疫苗、菌苗等生物制品，进一步控制人口数量和提高人类的健康水平。

二、发酵工程

（一）发酵工程的概念

发酵工程（又被称为微生物工程）是指采用工程技术手段，利用生物（主要是微生物）和有活性的离体酶的某些功能，为人类生产有用的生物产品，或直接用微生物参与控制某些工业生产过程的一种技术。现代意义上的发酵工程是一个由多学科交叉、融合而形成的技术性和应用性较强的开放性的学科。

（二）发酵工程的主要程序

在实际生产中，发酵工程是与其它生物技术（如基因工程、杂交瘤技术、酶工程等）联系起来应用的，一般生产某种生物制品的主要程序如下：

（1）对微生物产生的生物活性物质及其菌株进行筛选。例如，生产青霉素就要筛选出能产生青霉素的青霉菌，才可能将其用于生产。

（2）发酵条件的控制。许多产品都是蛋白质、多肽类物质（如抗生素、激素、酶等药品），对发酵过程的温度、pH 值，以及某些微生物酶的作用十分敏感，需要严格的监测控制。

（3）分离提纯。因为发酵液中产物的浓度很低，含量只有 $0.001\% \sim 0.01\%$ 左右，即一立升中只含几毫克，最高也只有 10 毫克～20 毫克，为了获得纯净的生物制品，科学家们研究出了多种精细分离技术。可以根据产品的性质和纯度要求不同，采用不同的提纯方法。

（三）发酵工程的应用

随着微生物新性能的发现，发酵工程技术应用前景十分喜人。除了已应用于化工、食品、医药、环保和能源等领域的微生物发酵工程技术之外，科学家们还在开发新的应用菌种和新的应用技术。例如，利用微生物来解除毒害。美国在对越南作战中，曾施放了一种化学毒物——枯叶剂，这种化合物含有二羟基喹林，毒性大，而且很难分解。受害地区不仅植物枯死，变为"不毛之地"，对人和牲畜危害也极大。现已研制出能够分解枯叶剂的微生物，使其毒性消除。

甲基汞曾是用作稻田的有效农药，但其毒性是导致人患水俣病的祸根，日本科学家已找到一种能分解有机汞的微生物。研究人员将这种微生物基因植入具有传播性能的药剂质体上，广泛喷施到有毒的田地水域，抗汞的质体使其他微生物也具有了解汞毒的性能，从而降低了汞毒危害。

利用微生物生产能降解的生物塑料。这种对环境无污染的生物塑料用时有形，弃之无踪，它们是用工程细菌（或植物）产生出的天然高分子物质制成的。可用于包装农药、作为农用地膜，有的在医学上可用来修复骨骼和血管等。尽管依靠微生物生产塑料的费用是石油化学产品的数倍，但是它的优点是可以生物降解或水解，并减少对石油的依赖，也可减少对环境的污染，所以很有发展前途。

科学家们现已发现一种单细胞绿藻，在这种细胞中含有甘油和一种具有经济价值的生化物质 β - 胡萝卜素。科学家们认为，大规模生产这种绿藻，从这种绿藻中提取用于食品工业的天然色素和维生素 A 原的 β - 胡萝卜素，比生产甘油在经济上可行。另外，科学家们还从淡水、盐水、海水以及潮湿地表，发现一种单细胞红藻，经过大规模培养，可从中提取花生四烯酸和多糖以及藻红蛋白等物质。花生四烯酸是一种人体必需的脂肪酸，是前列腺酶的天然前体；这种多糖是一种流体增稠剂，可用于回收石油；藻红蛋白是一种天然色素，能够用于食品工业和化妆品工业。这些微生物的发现与研究，充分表明发酵工程乃至整个生物技术，蕴藏着极大的发展潜力。

三、发酵工程的发展历史

发酵工程经历了"农产手工加工—近代发酵工程—现代发酵工程"三个发展阶段。

发酵工程发源于家庭或作坊式的发酵制作（农产手工加工），后来借鉴于化学工程实现了工业化生产（近代发酵工程），最后返璞归真以微生物生命活动为中心研究、设计和指导工业发酵生产（现代发酵工程），跨入生物工程的行列。

原始的手工作坊式的发酵制作凭借祖先传下来的技巧和经验生产发酵产品，体力劳动繁重，生产规模受到限制，难以实现工业化的生产。于是，发酵界的前人首先求教于化学和化学工程，向农业化学和化学工程学习，对发酵生产工艺进行了规范，用泵和管道等输送方式替代了肩挑手提的人力搬运，以机器生产代替了手工操作，把作坊式的发酵生产成功地推上了工业化生产的水平。发酵生产与化学和化学工程的结合促成了发酵生产的第一次飞跃。

通过发酵工业化生产的几十年实践，人们逐步认识到发酵工业过程是一个随着时间变化的（时变的）、非线性的、多变量输入和输出的动态的生物学过程，按照化学工程的模式来处理发酵工业生产（特别是大规模生产）的问题，往往难以收到预期的效果。从化学工程的角度来看，发酵罐（也就是生产原料发酵的反应器）中培养的微生物细胞只是一种催化剂，按化学工程的正统思维，微生物当然难以发挥其生命特有的生产潜力。于是，追溯到作坊式的发酵生产技术的生物学内核（微生物），返璞归真而对发酵工程的属性有了新的认识。发酵工程的生物学属性的认定，使发酵工程的发展有了明确的方向，发酵工程进入了生物工程的范畴。

第四节　细胞工程

一、细胞

自然界除了病毒这类最简单的生物以外，不论低等的或高等的动物和植物都是由细胞组成的。细胞是一切生物体的基本结构单位，是生物的基本功能单位。

科学家们几百年来的研究，已充分揭示出了一切生命构成的基本单位都是小小的细胞。1665 年英国科学家罗伯特·虎克，用自己制造的光学显微镜，首次观察到由软木切成的薄片上，有许多排列有序的呈蜂窝状的小室。虎克把这一个个小室叫做细胞。罗伯特·虎克的这一发现，开始把人们对生物结构的研究引入了细胞这个微观世界。

1838～1839 年间，德国科学家施莱登和施旺共同创立的细胞学说，使千变万化、千姿百态的生物界通过都具有细胞结构这一共同特征而统一起来，并从细胞的活性，首次科学地触及了自然界最复杂、最高级的物质运动形式——生命运动过程。

（一）细胞的基本结构

现在人们已经知道，地球上现存的约有 3000 多万种生物，已被人定名的 100 多万种动物和 40 多万种植物，以及各种各样的微生物都是由细胞组成的。各种生物有着各自不同的细胞，它们的形态五花八门，大小千变万化，但从基本结构来看，可以分为两类：一类是原核细胞，另一类是真核细胞。原核细胞只有细胞膜、细胞质和一个相当于细胞核的拟核区。真核细胞比原核细胞复杂，它是由细胞膜、细胞质和细胞核三部分组成。

1. 细胞膜。是紧贴在细胞质外面的一层薄膜，有保护细胞内部和控制与外部进行物质交换的作用。它是一种选择性很强的透过性薄膜，细胞内外的水分子可以自由通过，而其他物质的分子、离子都不能自由进出。细胞膜能够根据细胞活动变化的需要，把营养物质选择吸收进来，并不断将细胞新陈代谢等过程中产生的废物，排泄到细胞外面去，从而保证了细胞生命活动的物质需要。

2. 细胞质。是一种无色透明的胶状物质，在细胞膜内。细胞质中有一些没有分化的基质和具有一定结构及功能的细胞器（包括：质体、中心体、线粒体、高尔基体、溶酶体等）。每种细胞器的结构和功能各不相同，它们对细胞的呼吸、物质运输、合成及细胞分裂等生命活动都起着重要作用。其中某些细胞器只是某类生物所特有的。例如，中心体是动物细胞和某些藻类所特有的细胞器；质体是植物细胞特有的细胞器。

3. 细胞核。是细胞的重要组成部分，它主要由核膜、核仁、核液和染色质等组成。细胞核在细胞的中央，周围是细胞质。细胞核多为球形或椭圆形，外面包着核膜，里面分布着一些容易被碱性染料染成深色的物质，因此，这些物质就叫染色质。在细胞分裂期，染色质高度螺旋化，变短变粗，形成条状的染色体。染色体是由 DNA 和蛋白质组成，具有特定的形态结构，能自我复制，是生物遗传物质的主要载体。

细胞这三个组成部分的构造和作用虽然各不相同，但它们之间是互相联系，密不可分并协调一致的。细胞只有保持完整，才能正常地从事生命活动。细胞的分裂是生物生殖作用的基础，细胞数量的增加就是生物的生长，一切生命过程都与生物细胞的活动分不开。

（二）细胞的化学成分

构成细胞的化学元素主要有碳、氢、氧、氮、磷、硫，此外还有少量的钙、钾、镁、铁、氯、铜等。构成细胞的化合物有无机化合物的水和无机盐，及有机化合物的糖类、脂类、蛋白质、核酸等。

二、细胞工程

细胞工程是指利用在细胞水平上的遗传操作（即细胞融合、核质移植、染色体或基因移植）、组织培养和细胞培养等方法，快速繁殖和培养出人们所需要的新物种的技术。细胞工程可分为细胞融合、细胞核移植、细胞器移植、细胞和组织培养、染色体工程等。

（一）细胞融合

细胞融合又叫体细胞杂交，就是将遗传性状不同的生物体细胞用适当的方法融合在一起，形成具有原来二种细胞某些特性的新细胞。众所周知，有些植物间，特别是不同科属植物间是无法正常杂交的，也就是说，一种植物上的某种优良品质无法通过传统的杂交方法转到另一种植物上，这就给育种带来了很大的困难，因为要找到既适合于杂交又有所需优良性状的植物实在太不容易了。

而细胞融合技术为解决这一育种难题提供了机会。植物细胞在进行体细胞杂交之前，必须先去除细胞壁，由两种异源细胞的原生质体进行融合，植物原生质体仍然保留了植物的全能性，也就是说，只要条件合适它就可以长成一棵完整的植株。目前应用植物体细胞杂交技术已获得了用传统的杂交技术无法获得的新的杂交植物，如西红柿马铃薯、蘑菇白菜等。细胞融合，打破了有性杂交的局限性，扩大了杂交范围与变异幅度，也为生物进化、细胞遗传、细胞分化、细胞病理等方面的研究，开辟了广阔的前景。

（二）组分移植技术

将体细胞的组分（包括细胞核，或者细胞质、染色体，以至基因物质）直接移植到另一个细胞（体细胞或者卵细胞）中去，形成杂交细胞。这种细胞工程，较整个细胞的融合形成杂交细胞，更便于达到工程设计的目标，实施也更简便一些。

核移植是把一个细胞的细胞核移植到另一个细胞里去的过程。它是在显微镜下进行的。科学家将一种细胞的细胞核与另一种细胞的细胞质，重新组建成一个核质杂种细胞。这项技术由于移植的细胞种类不同，而分为两类，一类是用体细胞进行核质移植技术，另一类是核移植卵技术，就是用体细胞的细胞核替换受精卵中的细胞核，形成核质杂种卵。核移植技术已经在鱼类、两栖类动物和哺乳类动物身上试验成功。

（三）细胞和组织培养

细胞和组织培养技术就是取出生物体的一部分组织或细胞，使其在试管、培养皿等环境中生长、繁殖的技术。这种细胞工程技术已广泛用于名贵花卉、蔬菜、果树的优良品种的快速繁殖上。快速繁殖技术可以比普通的营养繁殖提高效率几百乃至几千倍以上。

植物离体细胞在培养中可以发生各种变异，在人为的诱发下，这种变异频率会大大提高，这是培育优良植物品种的重要手段。目前国内外已培育出许多种类的突变体，如色素突变体、抗性突变体、温度敏感型突变体、营养缺陷型突变体、激素自型突变体等等。

（四）染色体的变异

染色体就是细胞核中的一些成对出现的条状体，它们在本质上是由 DNA 和蛋白质组成的。各种生物所具有的染色体数目和结构是相对稳定的。但是，由于外部环境的影响，生物染色体的数目和结构也会发生变化。在生产实践中用人为的方法，使细胞染色体发生变异是常用的技术之一。染色体的变异有两种：一种是细胞中个别染色体增加或减少；另一种是细胞中的染色体组成倍地增加或减少。染色体一旦发生改变组型并能稳定保留下来，这种有新组型染色体的

第八章

生物就有了新的性状，而且生存力也比较强。我们可以应用改变植物染色体倍数的方法，来培育新品种。

三、细胞工程的应用

细胞工程在农业、医学等领域中具有广泛的应用。

（一）农业生产

利用细胞工程技术进行作物育种。我国在这一领域已达到世界先进水平，已培育出的水稻品种或品系有近百个，小麦有 30 个左右。如培育的小麦新品种，具有抗倒伏、抗锈病、抗白粉病等优良性状。

在经济林木繁殖中，采用组织培养技术可比常规方法提前数年进行大面积种植，特别是有些林木的种子休眠期很长，常规育种十分耗费时间。据不完全统计，现已研究成功的林木植物试管苗已达百余种，如松属、桉树属中的许多种，还有泡桐、槐树、银杏、茶、棕榈、咖啡、椰子树等。

（二）医学领域

用单克隆抗体检测出多种病毒之间非常细微的株间差异，鉴定细菌的种型和亚种，诊断异常准确，这是传统血清法或动物免疫法所做不到的。例如，抗乙型肝炎病毒表面抗原（HBsAg）的单克隆抗体，其灵敏度比当前最佳的抗血清还要高 100 倍，能检测出抗血清的 60% 的假阴性。

过去制备疫苗均是从动物组织中提取，产量低而且很费时。现在，通过培养、诱变等细胞工程或细胞融合途径，不仅大大提高了效率，还能制备出多价菌苗，可以同时抵御两种以上的病原菌的侵害。用同样的手段，也可培养出能在培养条件下长期生长、分裂并能分泌某种激素的细胞系。

（三）畜牧业生产

生物工程广泛应用于畜牧业生产。从优良母畜和公畜中分别分离出卵细胞与精子，在体外受精，然后再将人工控制的新型受精卵种植到种质较差的母畜子宫内，繁殖优良新个体。综合利用各项技术，如胚胎分割技术、核移植细胞融合技术、显微操作技术等，在细胞水平改造卵细胞，有可能创造出高产奶牛、瘦肉型猪等新品种。特别是干细胞的建立，更展现了美好的前景。

第五节　基因工程

一、基因

现在我们通用的"基因"一词，是由英文"gene"音译而来。"基因"是丹麦的植物学和遗传学家威·约翰逊于1909年首先提出来的，是用它来表达孟德尔的"遗传因子"这一概念的。1910年美国学者摩尔根等科学家通过研究，进一步明确提出基因位于细胞的染色体上（认为染色体上排列着许多基因，它们既有分工又相互协调地控制着细胞的分化和性状的发育），从而创立了基因学说。但是，当时人们还没有弄清楚基因到底是什么。直到1953年美英学者沃森和克里克揭示出DNA分子的"双螺旋结构模型"之后，人们才在以后的研究中，越来越清晰地认识了"基因"及其在遗传中的作用。

DNA分子的双螺旋结构的主要特点是：DNA分子是由两条脱氧核苷酸长链盘旋构成的；DNA分子中的脱氧核糖和磷酸交替连接，排列在双螺旋结构的外侧，构成基本骨架，碱基排列在内侧；两条链上的碱基通过氢键连接起来，形成碱基对，每10对碱基形成一个完整的螺旋周期。

DNA分子在生物体中所具有的功能是：能够进行自我复制，亲代能把自己所有的DNA分子复制一份传给子代；并能够控制生命物质——蛋白质的合成，使亲代的性状在后代的蛋白质结构上反映出来。正是因为DNA具有这种神奇的本领，才使生物体能够在生长发育、传宗接代的过程中，保持性状的相对稳定，使后代出现与亲代相似的特征。每个DNA分子含有很多基因，每个基因能控制生物体的一种性状。现代遗传学认为，基因是控制生物性状遗传物质的功能单位和结构单位，是有遗传效应的DNA片段，这段DNA能按照中心法则合成蛋白质，而其它的DNA则不能。

二、基因工程

（一）基因工程的概念

基因工程，就是指在分子水平上（在生物体外），用人工方法将甲种生物的遗传物质与乙种生物的遗传物质重新组成一体，这种人为的进行遗传物质（DNA或RNA）的重组，就是基因操作或DNA重组。

基因工程的发展可以说主要是源于两方面的基础理论研究：①限制性内切酶的研究。1972年美国斯坦福大学以科恩为首的研究小组，运用限制性内切酶和DNA连接酶，首次实现了DNA的重组。②基因载体的研究。1973年，以科恩为首的研究小组，将外源基因插入质粒载体，并导入到大肠杆菌细胞，实现了基因表达，首次取得了基因转移的成功。从此宣告基因工程的诞生。

（二）基因工程的基本步骤

第一步是制备所需的目的基因。目的基因就是人们依据工程设计中所需要的某些DNA分子的片段。它含有一种或几种遗传信息的全套遗传密码，但是它在细胞内的含量很少。因此，要获得一定量的目的基因，是一件十分复杂细致的工作。目前实现分离、合成目的基因的方法有多种，如超速离心法、转录酶法、合成法和分子杂交法等。

第二步是将目的基因与选好的载体连在一起，即重组。首先选择目的基因所适合的基因运载工具——载体，然后在生物体外使目的基因的 DNA 分子片段与载体的 DNA 结合起来，形成重组体。为此要用限制性内切酶在特定的切点上把载体的 DNA 分子切开，而后用 DNA 连接酶把目的基因与载体 DNA 在切断处连接起来，形成一个完整的 DNA 分子。这是基因工程中最重要的一步。

第三步是进行基因转移。即将重组的 DNA 分子，向选定的生物受体细胞（或叫宿主细胞、寄主细胞）中转移（亦称为转化），让重组的 DNA 分子在受体细胞中自主复制、转录、翻译得以表达。

第四步是筛选。引入受体细胞的外源 DNA 分子，往往只有极少部分能实现复制表达功能。因此，施行的最后一步是必须进行一番细致的筛选工作，把转化了的和没有转化的细胞区分开来。在转化的受体细胞中，外源 DNA 所携带的遗传信息得到了表达（这主要是看外源基因能否指导蛋白质合成），受体细胞就具有了新的遗传性状，这就达到了工程的预期目的——改变了生物的遗传特性或者造出了某种新的生命类型。

（三）基因工程的发展历史

1866 年，奥地利遗传学家孟德尔神父发现生物的遗传基因规律；1868 年，瑞士生物学家弗里德里希发现细胞核内存有酸性和蛋白质两个部分。酸性部分就是后来的所谓的 DNA；1882 年，德国胚胎学家瓦尔特弗莱明在研究蝾螈细胞时发现细胞核内包含有大量的分裂的线状物体，也就是后来的染色体；1944 年，美国科研人员证明 DNA 是大多数有机体的遗传原料，而不是蛋白质；1953 年，美国生化学家沃森和英国物理学家克里克宣布他们发现了 DNA 的双螺旋结构，奠定了基因工程的基础；1980 年，第一只经过基因改造的老鼠诞生；1996 年，第一只克隆羊诞生；1999 年，美国科学家破解了人类第 22 组基因排序列图；未来的计划是可以根据基因图有针对性地对有关病症下药。

三、基因工程的应用

目前，基因工程技术正以令人目不暇接的速度迅速发展，给传统生物技术带来了彻底的革新，其应用范围不断加深扩大，前景十分广阔。

（一）基因诊断和治疗

基因诊断也叫 DNA 诊断，是通过从患者体内提取样本后，用基因检测方法来判断患者是否有基因异常或携带病原微生物的诊断方法。随着医疗卫生事业的发展，传染性疾病日益被控制，遗传性疾病逐渐发展成为防治重点之一。从分子水平上来看，人类各种遗传性疾病都是由于基因缺陷或突变，不能正常地进行表达而导致的。为了医治这类先天性的疾病，科学家们采用基因工程技术，从分子水平上对有缺陷的基因进行矫正，把正常的基因转入病患者的细胞中，取代病变基因，从而表达所缺乏的产物，或者通过关闭或降低异常表达的基因等途径，达到治疗某些遗传病的目的。这种分子水平上的医疗技术就是当今最新的"基因治疗"。

（二）医药领域

胰岛素是治疗糖尿病的药物。以前胰岛素是从动物的胰脏中提取的，每25千克动物胰脏可得1克胰岛素，根本不能满足人类的需要。现在应用基因工程将胰岛素基因转入大肠杆菌中进行大量生产，则不受胰脏资源的限制，而且生产过程也简便得多。

生长激素是动物脑垂体分泌的激素。运用传统的生物技术方式要用50万只羊的下丘脑才能获得5毫克生长激素，成本相当高。现在通过基因工程，将人工合成的人生长激素抑制素基因重组一个高效表达载体在大肠杆菌中表达，在计算机严格控制下，只需要10升这种重组的大肠杆菌培养液就可以获得5毫克生长激素。

乙型肝炎疫苗用来防治乙型肝炎。乙型肝炎疫苗自从1982年开发出来投入市场后，由于当时的疫苗是从带有病毒的血液中分离出病毒作为抗原，因而受到血液来源和技术的限制，制成的疫苗数量很少，价格十分昂贵，而且无安全保障，所以未能得到广泛使用。1989年美国首先用基因工程生产出乙肝疫苗，这种疫苗既安全又可大量生产，能满足人类的需求。我国于1992年开始用基因工程生产乙肝疫苗。

（三）农业领域

种植业是农业的基础，培育高产、优质、抗病虫、耐逆境的作物良种，始终是农业技术应用的一项重要的战略目标。生物技术的发展，打破了远缘杂交上的许多障碍，人们已经并正在陆续创造一批前所未有的作物新品种。现在的遗传育种基因工程技术把一些有用的优良或特殊性状的基因转入到农作物中，缩短育种时间达几万倍。目前已经培育出了抗病毒、抗除草剂、抗虫、高蛋白的各种农作物品种，这对提高整个农业产业的水平具有重要意义。

（四）工业领域

科学家们已经用转基因工程把多种细菌甚至动物的某些基因转到微生物中，构建一些新的超微生物，用来消除有毒的工业废弃物。美国的一家生化公司的科研人员正在利用超微生物吞噬掉极毒的多氯代联苯，这些多氯代联苯是工业废弃物中常见的毒物。超微生物能够把多氯代联苯转化为水、二氧化碳和无害的单细胞物质。完成转化作用之后，超微生物便会自行死亡，其机体将成为其他微生物的食物。

（五）环境保护领域

利用基因工程制成的 DNA 探针能够十分灵敏地检测环境中的病毒、细菌等污染。利用基因工程培育的指示生物能十分灵敏地反映环境污染的情况，却不易因环境污染而大量死亡，甚至还可以吸收和转化污染物。基因工程与环境污染治理基因工程做成的"超级细菌"能吞食和分解多种污染环境的物质。通常一种细菌只能分解石油中的一种烃类，用基因工程培育成功的"超级细菌"却能分解石油中的多种烃类化合物。有的还能吞食转化汞、镉等重金属，分解DDT 等毒害物质。

（六）军事领域

生物武器已经使用了很长的时间，细菌、毒气都令人闻之色变，但是现在传说中的基因武器更加令人胆寒。基因武器只对具有某种基因的人（例如某一种族）有杀伤力，而对其他种族的人毫无影响，这种武器的使用无疑会使遭受基因武器袭击的种族面临灭顶之灾。

四、蛋白质工程

蛋白质是一类重要而复杂的生物大分子，它广泛地存在于所有生物（动物、植物和微生物）的机体之中。蛋白质和另一类生物大分子核酸是构成生命的最直接相关的主要组成部分，同时也是各种生命现象，如催化反应、代谢调节、机体运动、物质运输、遗传控制、生长发育等的物质基础。由染色体上核苷酸碱基序列所编码的遗传信息（遗传密码子）最终也是通过蛋白质来传递信息的。因此，蛋白质也是一种信息大分子，具有很高的信息容量。生物体内的蛋白质的种类极其繁多，分布极广，所担负的任务也是多种多样的。

众所周知，构成生物体新陈代谢的几乎全部的化学反应都是在活性蛋白质——酶的催化下进行的。现在，已知的酶主要是蛋白酶。此外，高等动物的免疫反应，也主要是通过蛋白质即抗原和抗体来完成的。运动时的肌肉收缩依靠的是蛋白质的相互作用，运输氧和二氧化碳依靠的是血红蛋白。具有代谢和调节功能的是多种蛋白质激素，如胰岛素、胰高血糖素和生长激素等。具有物质运输和能量转移功能的生物膜就是通过各种膜蛋白和三磷酸腺苷酶来实现其功能的。又如胶原蛋白、角蛋白可构成皮肤、毛、角、蹄等，在肌体中起保护作用。与遗传控制功能有关的各种核酸酶类，诸如核糖核酸酶、脱氧核糖核酸酶、DNA 聚核酶、连接酶等等，也都是蛋白质。因此，有人把核酸称为"遗传大分子"，而把蛋白质称为"功能大分子"。

第八章

　　蛋白质既是一种十分重要的生命活性物质，也是一类与人们生活息息相关的、有着十分广泛用途的物质。蛋白质首先是人类赖以维持生命的重要营养来源之一。对于一个正常成年人来说，每日摄入最少 2g/kg 体重。人们可从各种肉、蛋、粮食、奶、鱼和豆类等主要食品中获取所需的蛋白质营养。若摄取不足就会产生营养不良症，严重影响人们的身体健康。另外，蛋白质可用来治疗和诊断某些疾病，人们早已将很多血浆制品（全部是蛋白质制品）作为药品用于各种疾病的治疗，如淀粉酶、脂肪酶、蛋白酶和纤维素酶用于帮助消化，治疗某些消化不良性疾病；蛋白酶用于减轻各种炎症；胰岛素用于治疗严重的糖尿病；人胎盘血丙种球蛋白用于治疗和防治各种传染性疾病，增强机体免疫力；用乳酸脱氢酶同工酶的检定可作为心肌梗塞诊断的指标；转氨酶作为肝病变的指标等等。还有食品工业和轻工行业中主要应用蛋白质或蛋白质的性质制造各种产品；如酿造业需用酵母的蛋白质、酶来将糖转化为乙醇（酒，尤其是啤酒），利用蛋白酶来增加酱油的鲜味；凝乳酶用于奶酪的生产；葡萄糖异构酶用于果糖的生产等。用于人类衣着的羊毛、纺织品和皮革主要组成是蛋白质。酪蛋白、血清蛋白、胶原蛋白和明胶是某些胶粘剂的主要成分；蛋白酶也用于皮革鞣化；淀粉酶用于织物的脱浆；碱性蛋白酶用于加酶洗涤剂等。

　　总之，蛋白质领域的科学知识，以及蛋白质制品的利用，会随着科学技术的发展而有更大的扩展。

　　蛋白质工程是 20 世纪 80 年代初发展起来的第二代基因工程。这项工程是借助于计算机的图像显示及辅助设计等现代技术，运用 DNA 合成和定向突变等基因工程手段，有目的地改变蛋白质分子的结构，以获得改变了特性或具有全新功能的蛋白质。蛋白质工程主要包括通过基因工程技术了解蛋白质的 DNA 编码序列，蛋白质的分离纯化，蛋白质的序列分析和结构功能分析。利用计算机辅助设计突变区，对蛋白质的 DNA 进行突变改造，或利用蛋白质工程技术修饰改造现在已有的蛋白质、酶、多肽激素、疫苗等，使之具有某些新的特性，以满足人类的需要。

　　蛋白质工程是新兴的生物高技术，也是复杂的综合性技术，它汇集了当代分子生物学各个领域，以及物质结构乃至计算机和信息论的理论和技术。它具有广阔的发展前景。所以自 20 世纪 80 年代中期以来，仅仅 10 年的时间里，蛋白质工程已获得了显著的进展，尤其是它将科学理论和精确的结构信息结合起来，在改造和剪裁蛋白质分子，改变其性质和功能方面已获得了显著的进展。

第八章

第六节　生物技术的热点领域和带来的思考

生物技术是应用生物学知识，开发利用生物潜能，获得新产品和新服务的技术。目前，随着人类文明的进程及各项科学技术的发展，生物技术虽然在医学、制药、食品和农牧业等领域开拓了一个美好的前景，但同时带来的有关人类安全性及一系列社会问题（如道德、法律及伦理等）也是不容忽视的，如何保证它走向正轨并服务于人类才是公众及政府应该关注的重点，确保生物技术为人类造福而不是损害人类。

一、克隆技术

（一）克隆与克隆技术

克隆是英文"clone"或"cloning"的音译，而英文"clone"则起源于希腊文"Klone"，原意是指幼苗或嫩枝，以无性繁殖或营养繁殖的方式培育植物，如杆插和嫁接。

现在，克隆是指生物体通过体细胞进行的无性繁殖，以及由无性繁殖形成的基因型完全相同的后代个体组成的种群。克隆也可以理解为复制、拷贝，就是从原型中产生出同样的复制品，它的外表及遗传基因与原型完全相同，也就是说克隆是一种人工诱导的无性繁殖方式。

但克隆与无性繁殖又是不同的。无性繁殖是指不经过雌雄两性生殖细胞的结合，只由一个生物体产生后代的生殖方式，常见的有孢子生殖、出芽生殖和分裂生殖。由植物的根、茎、叶等经过压条或嫁接等方式产生新个体也叫无性繁殖。绵羊、猴子和牛等动物没有人工操作是不能进行无性繁殖的，科学家把人工遗传操作动物繁殖的过程叫克隆，这门生物技术叫克隆技术。

克隆是将含有遗传物质的供体细胞的核移植到去除了细胞核的卵细胞中，利用微电流刺激等使两者融合为一体，然后使这一新细胞分裂繁殖发育成胚胎，当胚胎发育到一定程度后，再被植入动物子宫中使动物怀孕，便可产下与提供细胞者基因相同的动物。

克隆技术不需要雌雄交配，不需要精子和卵子的结合，只需从动物身上提取一个单细胞，用人工的方法将其培养成胚胎，再将胚胎植入雌性动物体内，就可孕育出新的个体。这种用单细胞培养出来的克隆动物，具有与单细胞供体完全相同的特征，是单细胞供体的"复制品"。英国科学家和美国科学家先后培养出了"克隆羊"和"克隆猴"。克隆技术的成功，被人们称为"历史性的事件、科学的创举"。有人甚至认为，克隆技术可以同当年原子弹的问世相提并论。

（二）克隆技术的应用及思考

克隆技术已展示出广阔的应用前景，概括起来大致有以下四个方面：①培育优良畜种和生产实验动物；②生产转基因动物；③生产人胚胎干细胞，用于细胞和组织替代疗法；④复制濒危的动物物种，保存和传播动物物种资源。

1. 克隆技术的益处。

（1）遗传育种。在农业方面，人们利用克隆技术培育出大量具有抗旱、抗倒伏、抗病虫害的优质高产品种，生长周期短，遗传性状稳定，大大提高了粮食产量。

（2）濒危生物保护。克隆技术对保护物种，特别是珍稀、濒危物种来讲是一个福音，具有很大的应用前景。从生物学的角度看，这也是克隆技术最有价值的地方之一。

（3）医学领域的应用。当今，医生几乎能在所有人类器官和组织上施行移植手术。但器官移植中的排斥反应仍是最为头痛的事。排斥反应的原因是组织不配型导致生物相容性差。如果把"克隆人"的器官提供给"原版人"作器官移植之用，则绝对没有排斥反应之虑。克隆技术还可用来大量繁殖有价值的基因，例如，可以生产出治疗糖尿病的胰岛素、使侏儒症患者重新长高的生长激素和能抗多种病毒感染的干扰素等等。

2. 克隆技术的弊端。

（1）生态领域。克隆技术导致的基因复制，会威胁基因多样性的保持，生物的演化将出现一个逆向的颠倒过程，即由复杂走向简单，这对生物的生存是极为不利的。

（2）文化层面。克隆人是对自然生殖的替代和否定，打破了生物演进的自律性，带有典型的反自然性质。与当今正在兴起的崇尚天人合一、回归自然的基本文化趋向相悖。

（3）道德、伦理层面。通过克隆技术实现人的自我复制和自我再现之后，可能导致人的身心关系的紊乱。人的不可重复性和不可替代性的个性规定因大量复制而丧失了唯一性，丧失了自我及其个性特征的自然基础和生物学前提。不同的国家、不同的种族几乎都反对克隆人，原因就是这是另一种生育模式，现在单亲家庭子女教育问题备受关注，就是关注一个情感培育问题，人的成长是在两性繁殖、双亲抚育的状态下完成的，身份和社会权利难以分辨。在克隆人研究中，如果出现异常，有缺陷的克隆人不能像克隆的动物随意处理掉，这也是一个麻烦。因此在目前的环境下，不仅是观念、制度，包括整个社会结构都不知道怎么来接纳克隆人。根据信息克隆生物有早衰性，"多莉"也是，因而已逝世。

克隆技术可以用来生产"克隆人",可以用来复制人,因而引起了全世界的广泛关注。对人类来说,克隆技术是悲是喜,是祸是福?唯物辩证法认为,世界上的任何事物都是矛盾的统一体,都是一分为二的,克隆技术也是这样。如果克隆技术被用于复制像希特勒之类的战争狂人,那会给人类社会带来什么呢?即使是用于复制普通的人,也会带来一系列的伦理道德问题。如果把克隆技术应用于畜牧业生产,将会使优良牲畜品种的培育与繁殖发生根本性的变革。若将克隆技术用于基因治疗的研究,就极有可能攻克那些危及人类生命健康的癌症、艾滋病等顽疾。克隆技术犹如原子能技术,是一把双刃剑,剑柄掌握在人类手中。人类应该采取联合行动,避免"克隆人"的出现,使克隆技术造福于人类社会。

二、转基因食品

转基因食品,就是指科学家在实验室中,把动植物的基因加以改变,再制造出具备新特征的食品种类。利用分子生物学技术,将某些生物的一种或几种外源性基因转移到其他的生物细胞中去,从而改变其遗传物质(DNA)并有效地表达特有的性状的产物。以转基因生物为原料加工成的食品就是转基因食品。

转基因食品有如下几种类型:①增产型;②控熟型;③高营养型;④保健型;⑤新品种型;⑥加工型。

世界上第一种基因移植作物是一种含有抗生素药类抗体的烟草,1983年得以培植出来。又过了十年,第一种市场化的基因食物才在美国出现,它就是可以延迟成熟的番茄作物。一直到1996年,由这种番茄制造的番茄饼才得以在超市出售。

生活中最常见的几种转基因食品包括:西红柿、大豆、玉米、大米、土豆等。转基因技术能够提高农作物的抗病虫害和抗杂草能力,减少农药和除草剂的使用,使农作物的生产成本大大降低。还可以培育出营养成分更高,有晚熟和保鲜功能的转基因农产品。一些人对转基因生物的大量应用也提出了质疑,他们提醒人们注意,人为对自然界的干预是否潜在着尚不能预知的危险?大量应用转基因生物会不会破坏生物多样性?甚至可能对人类健康造成伤害?

转基因优点:①解决粮食短缺问题;②减少农药使用,避免环境污染;③节省生产成本,降低食物售价;④增加食物营养,提高附加价值;⑤增加食物种类,提升食物品质;⑥促进生产效率,带动相关产业发展。

转基因缺点:①可能对蝴蝶等昆虫造成伤害;②可能影响周边的植物的生长;③可能使昆虫或病菌在演化中增加抵抗力,或产生新的物种,之后一样有

第八章

可能会伤害作物。

安全性评估：对于转基因食品的安全性，目前国际上没有统一说法，争论的重点在于转基因食物是否会产生毒素、是否可通过 DNA 蛋白质过敏反应、是否影响抗生素耐性等方面。

第9章
空间科学技术

　　自古以来，人类就有飞向空间和其它天体的伟大理想。人类对宇宙的认识，由近及远，由小到大，即经历了从陆地到海洋，从海洋到大气层，再从大气层到外层空间的逐步扩展过程。人类的活动领域的每一次飞跃，都大大增强了人类认识和改造自然的能力，促进了社会的进步和发展。

　　从20世纪50年代以来，空间科学技术发展十分迅速，它已成为现代高科技领域中的带头科学。空间科学技术的发展程度和水平已经是衡量一个国家综合国力的显著标志之一。

　　空间科学技术是一门综合性、尖端的现代科学技术。它由空间科学和空间技术两个密切联系的部分组成。空间科学包括：空间化学、空间物理学、空间天文学和空间地质学及其若干分支学科。空间技术包括：航天器技术、运载器技术、发射场和地面测量跟踪技术等。目前，主要以研究空间技术为主。

第一节　概　　述

一、概念

（一）空间

　　外层空间简称空间，是地球大气层之外的空间区域，又称宇宙空间。1981年，在罗马召开的国际宇航联合会第三十二届大会上，把陆地、海洋、大气层和外层空间分别称为人类的第一、第二、第三和第四环境。众所周知，陆地为地球表面未被海水浸没的部分；海洋为地球表面广大的连续海水水体；大气层指地表以外包围地球的气体。包围地球的大气在距地表数千公里的高度上仍有极少量存在，这就给大气层（第三环境）和外层空间（第四环境）的划分带来问题。联合国外层空间法律委员会曾多次讨论过外层空间的边界问题，但至今尚无确切定义。通常大致可以把外层空间的下边界定在距地表100公里～120公里的高度。在此高度以上，作用于飞行器上的空气动力已很微弱，而在此高度以下空气动力对飞行器的飞行可起明显作用。人类进入第四环境比进入第二、第三环境要困难得多。它必须闯过以下四道难关：①克服地球引力；②克服真空；③适应剧烈变化的温度环境；④暴露在有害辐射之中。

（二）航空、航天、航宇、宇宙航行

（1）航空——在地球表面的大气层里航行。

（2）航天——在大气层以外，太阳系以内的范围里航行。

（3）航宇——在太阳系以外的宇宙空间里航行。

（4）宇宙航行——航天和航宇合称为宇宙航行。

（三）空间技术

空间技术又称航天技术。它是研究和解决如何使空间飞行器（又称航天器）进入外层空间并在那里有效工作、探索、开发和利用外层空间以及地球以外天体的综合性工程技术。空间技术，是人类进入新环境和开拓人类新疆域的新技术。空间技术是现代科学技术中内容最为广泛、最为复杂和对人类社会影响最大的一项技术，也是一项知识密集度最大和投资最大的高技术。

二、空间技术的发展

（一）空间技术的发展

1. 火箭。齐奥尔科夫斯基是前苏联的科学家，毕生从事航天领域的研究。他在 1903 年发表的《利用喷气工具研究宇宙空间》论文中，就论证了火箭这种喷气工具用于星际航行的可能性，推导出火箭在无引力场和真空中飞行速度的计算公式（后人称为齐奥尔科夫斯基公式）。齐奥尔科夫斯基还提出了多级火箭的概念，指出了液体火箭是航天器最合适的运载工具。

戈达德是世界上首先实现液体火箭成功发射的美国科学家。在 1919 年发表出版的《到达极大高度的方法》这部著作中，他阐述了火箭运动的基本数学原理，讨论了用火箭把有效载荷送往月球的可能方法。他把理论研究和实验结合起来，经过长达 7 年的努力，于 1926 年 12 月 16 日成功地发射了世界上第一枚液体火箭。这是一枚用液氧和汽油作为推进剂的无控制火箭。

1942 年，现代火箭的初型——德国的 V_2 火箭飞行试验首获成功。它是一种有控制的弹道式液体火箭，推进剂为液氧和酒精。它的问世标志着近代火箭技术进入了工程和实用的阶段。第二次世界大战结束后，前苏联和美国在 V_2 火箭技术的基础上，迅速发展了各自的火箭技术，先后进行了洲际弹道式导弹的全程飞行试验。这表明现代火箭已有能力将人造卫星送入环绕地球运行的轨道，外层空间对人类来讲将不再是可望而不可及的。

2. 人造地球卫星。1957 年 10 月 4 日，前苏联利用洲际弹道式导弹改制成的运载火箭，成功地发射了世界上第一颗人造卫星，由此开创了人类航天的新纪元。第一颗人造卫星虽然质量只有 836 千克，主要用于进行科学探测，但它遨游太空则是人类征服地球引力束缚的伟大创举，是一项具有划时代意义的成就。

继前苏联之后，美国也于 1958 年 2 月 1 日把美国的第一颗人造卫星送入太空。该卫星首次发现了在地球周围空间存在着大量被地球磁场俘获的带电粒子区域，即地球辐射带。

我国于 1970 年 4 月 24 日把中国的第一颗人造卫星——"东方红 1 号"卫星成功地送入环绕地球运行的轨道。中国成为世界上继前苏联、美国、法国、日本之后第五个自行研制发射人造卫星的国家。

随着空间技术的不断发展，卫星技术进入了实用阶段。1964 年 8 月 19 日美国发射了世界上第一颗地球静止轨道通信卫星——"辛康 3 号"。实现了远距离、大范围的实时通信。

气象卫星是广泛应用于国民经济和军事领域的一种卫星。它的使用是空间技术进入实用阶段的又一标志。卫星气象观测系统已成为世界天气监视网的主要组成部分。

侦察卫星是军事上应用最广的一类卫星。自从出现以来发展迅速，已成为有能力发射这类卫星的国家获取情报的有效工具，成为现代作战指挥系统和战略武器系统的重要组成部分。

3. 载人航天。人类要走向宇宙，就需要在载人航天技术上有所突破。1961 年 4 月 12 日，前苏联发射了世界上第一个载人航天器——"东方 1 号"载人飞船。宇航员尤·阿·加加林驾驶该飞船绕地球飞行 1 圈后安全返回地面，完成了有史以来人类首次太空飞行，实现了人类遨游太空的理想。自那时起，载人航天活动通过载人飞船、航天飞机和空间站取得显著进展和重大突破。

1969 年 7 月 20 日至 21 日，美国航天员 N. A. 阿姆斯特朗和 E. E. 奥尔德林驾驶阿波罗 11 号飞船的登月舱成功地降落在月球赤道附近的静海区，并在月球上作了实地考察。美国进行的载人登月飞行，把载人航天活动推到一个新高峰。地球之外的另一个天体上有了人类的足迹，这是人类走向宇宙的伟大奇迹。正如阿姆斯特朗在向月面迈出第一步时所说："对一个人来说，这是一小步。对人类来说，这是巨大的一步。"

1971 年 4 月 19 日前苏联把世界上第一个空间站——"礼炮 1 号"送入轨道。1973 年 5 月 14 日美国发射了天空实验室空间站。空间站是可供多名航天员巡访、长期工作和居住的载人航天器，又称航天站或轨道站。它能为人类在空间现场直接参与利用开发空间资源创造效益提供适当的环境和条件。

空间站与其它航天器相比，不仅技术复杂、规模庞大，而且解决了人在空间长期停留和工作的问题。航天员在空间站上进行了生物学、航天医学、天文观测和工程技术等研究和对站体的修复活动试验；完成了多项需要长期工作的科学研究课题，包括植物在太空环境下从播种、发芽、生长、开花到结果的全过程研究；开展了材料加工实验和半导体材料工业化生产试验等工作。空间站的实践证明，人的能动作用对空间开发是一个至关重要的因素。世界各主要空间国家，无一例外地都把 21 世纪初建立长期性空间站作为国家高技术发展的重要目标之一。

1981 年 4 月 12 日，即人类首次实现载人航天 20 周年之际，美国"哥伦比亚号"航天飞机首次升上太空。该航天飞机将火箭、飞船、飞机的功能集于一身，绕地飞行了 54 小时，共 36 周，安全返回地面。航天飞机的问世又揭开了空间技术新的一页。

4. 空间探测。利用空间技术开展空间探测是人类向空间扩张、认识和研究太阳系和宇宙的最有效手段。从 20 世纪 50 年代末期以来已发射了相当多的空间探测器，对地球的卫星月球以及太阳系的内行星和外行星进行逼近探测，包括从它们近旁飞过和在其上软着陆，取得了一系列成就。

（二）中国空间技术的发展

中国从 20 世纪 50 年代后期开始发展空间技术。经过 50 多年的努力，取得了举世瞩目的成就，已跻身于世界先进行列。空间技术在国防建设、经济建设中的应用逐步扩大，它在促进经济发展，带动科技进步，增强国防实力，提高我国的国际地位等方面，正在发挥愈来愈大的作用。1970 年 4 月 24 日，中国的第一颗人造卫星——"东方红 1 号"卫星成功地进入环绕地球运行的轨道。1975 年 11 月 26 日，中国首次发射成功了返回式遥感卫星。1981 年 9 月 20 日，中国又首次成功地用 1 枚运载火箭把 3 颗卫星送入各自的运行轨道。1984 年 4 月 8 日中国发射了地球静止轨道试验通信卫星。1988 年 9 月 7 日，中国的第一颗气象卫星——"风云 1 号"卫星成功地进入距地面高度为 901 千米的太阳同步轨道。1997 年又发射了"风云 2 号"静止气象卫星。1999 年 11 月 20 日我国在酒泉卫星发射中心成功地进行了第一次载人航天飞行试验。2003 年 10 月 15 日成功发射了"神州五号"载人宇宙飞船，中国成了第三个实现载人航天的国家。2005 年 10 月 12 日我国发射了"神州六号"载人飞船 2007 年 10 月 17 日成功发射"嫦娥一号"探月卫星。2008 年 9 月 25 日—30 日，我国准备发射"神州七号"载人飞船。中国空间技术取得的业绩，是中华民族智慧的结晶，为中国赢得了国际声誉。卫星普查系统是中国各类卫星应用系统中最先从试验阶段转入实用阶段的系统。14 颗返回式遥感卫星拍摄的卫星照片和其他一些卫星传送的大量信息经国家经济、科研、军事等部门处理分析后，获得了许多用其它手段取不到或难以取到的对地遥感资料。卫星通信系统自20世纪80年代中期以来发展迅速并很快转入实用阶段。利用卫星通信系统使我国的通信、广播和电视传输的面貌大为改观，促进了经济、文化、教育等事业的发展。卫星气象系统的应用，卓有成效地改善了我国天气预报工作，并在洪涝监测、森林草原火情监测、农作物估产、港口建设等方面发挥了重要的作用。

中国空间技术发展的速度较快，取得的进展显著，这是举世公认的事实。但就总体而言，中国的空间技术在诸多领域中与世界先进水平还有一定的差距。为此，中国在1986年制定的"863"计划中，要求中国的空间技术实行有限跟踪、适度发展、发挥优势的方针，重点研究性能先进的大型运载火箭天地往返系统和载人空间站系统及其应用这两个主课题。

第二节　运载器技术

众所周知，脱离地球并不是一件容易的事情，因为地球有一种巨大的吸引力（宇宙万物间存在着普遍的作用力——万有引力），把人和靠近它的一切东西牢牢地吸引在自己的周围。在地面上抛起的物体，发射出去的炮弹，最终都会落回地面，就是因为地球引力将它们吸向地心的缘故。那么，人造天体为什么能环绕地球及其它行星转动，而不会落回到地面上来呢？这是因为它具有很高的速度。

一、三个宇宙速度

（一）第一宇宙速度

人造地球卫星在地球表面附近环绕地球作匀速圆周运动必须具有的速度，叫做第一宇宙速度，其数值等于7.91千米/秒。

（二）第二宇宙速度

如果人造天体的速度比第一宇宙速度大，那么它绕地球飞行的轨道将是一个椭圆。速度增大到某一数值时，人造天体就会挣脱地球对它的引力，沿抛物线进入太阳系。达到这一数值的速度，就是第二宇宙速度，又叫做"脱离速度"，第二宇宙速度的数值等于11.19千米/秒。

（三）第三宇宙速度

如果人造天体的速度比第二宇宙速度还大，这时连太阳的引力也吸引不住它了，它将沿双曲线轨道飞出太阳系到银河系中。这个速度称为第三宇宙速度，又称为"逃逸速度"，第三宇宙速度的数值等于16.65千米/秒。

第
九
章

二、运载器

运载器又称运载工具，是将动能和势能传递给航天器（是在空间各种轨道上运行工作的各种人造天体的总称），使航天器进入预定轨道。目前有两类运载器：多级运载火箭和空间运输系统，迄今使用最多和最普遍的运载器是多级运载火箭。

三、运载火箭

由上述可知，"冲出地球，飞往宇宙"靠飞机是不行的，因为，目前最先进的超音速飞机的速度是每秒钟 0.6 千米，离第一宇宙速度差距太大了。因此，到宇宙空间去，要用火箭。

火箭飞行的依据是"动量守恒定律"。在火箭飞行时，火箭内部的氧化剂和燃料在极短的时间内发生爆炸性的燃烧，产生大量高温、高压的气体从尾部喷射出去。喷出的气体具有很大的动量，按动量守恒定律，火箭就获得数值相等、方向相反的动量，因而发生连续反冲现象。随着气体的不断喷出，火箭的质量越来越小，它的速度越来越大。当燃料烧尽时，火箭即以获得的速度继续飞行。那么，火箭的速度是由什么决定的呢？俄国的科学家齐奥尔科夫斯基给出了一个确定火箭所能达到的最大速度公式，该公式忽略了重力和空气阻力对火箭运动的影响，因此又称为火箭的理想速度公式

$$V = v \ln \frac{m_0}{m}$$

这就是著名的齐氏公式，也称火箭运动方程式。其中 V 是火箭的最大速度；v 是火箭的喷气速度；m_0 是火箭的初始质量；m 是燃料用完后火箭壳体的剩余质量。由方程式可知，火箭速度的增加，与火箭的喷气速度成正比，与火箭质量比 m_0/m 的自然对数成正比。当火箭的喷气速度充分增大达到技术限度后，再要增大 V，只能靠增大 m_0/m 的比值。由于单级火箭 m_0/m 比值较小，故要实现宇宙速度就必须采用多级运载火箭。

四、多级运载火箭

多级火箭的概念也是俄国科学家齐奥尔科夫斯基首先提出的。

多级火箭是由称为子级的个体火箭经串联或并联组合而成的一个飞行整体。串联式多级火箭各子级火箭依次同轴配置、依次相继工作；并联式多级火箭又称捆绑式火箭，各子级火箭沿横向连接，发射时各子级火箭发动机同时点火工作。除串联式和并联式外，还有串并混合式火箭。下面仅对串联式多级火箭作

一简单介绍。

串联式多级火箭是由两个以上的子级火箭连结而成，从下到上，最底下的子级称为第一子级，往上便是第二子级、第三子级等，航天器安装在最上面的子级火箭的头部，是箭头的有效载荷。串联式多级火箭的工作原理是：首先第一子级火箭发动机点火，第一子级火箭托着整个火箭起飞。到第一子级火箭推进剂燃完时，整个火箭已达到一定的速度和高度，这时，第一子级火箭的任务已完成，依靠火箭上的分离装置，使第一子级火箭与第二子级火箭分离。第二子级火箭发动机在空中点火后，在第一子级火箭发动机给火箭加速的基础上，使第二子级火箭继续加速上升。依此类推，即每个子级火箭在完成任务后就被抛掉，直到带有航天器的末级火箭开始工作。这样就可实现 m_0/m 的比值增大，从而使航天器获得空间飞行所要求的宇宙速度。

五、火箭发动机

火箭发动机，可以说是火箭的"心脏"。它使用的燃料有两种，一种是固体燃料，我们称固体火箭发动机；另一种是液体燃料的火箭发动机，我们称为液体火箭发动机。

固体火箭发动机结构简单，可以在短时间内产生大的推力，使用方便，工作可靠，可长期贮存，机动性好，但喷气速度较小，工作时间短，推力大小的调节和多次起动有困难。

液体火箭发动机的结构比较复杂，由燃烧室、涡轮泵和活门自动器组成。具有性能高，工作时间长，适应性强，受环境影响小，易于做到多次起动和便于调节推力等特点，可满足航天器对发动机系统的各种要求。

第三节　航天器技术

航天器是在空间各种轨道上运行工作的人造天体的总称，为运载器运送的有效载荷。各类科学卫星、应用卫星、空间探测器、载人飞船、航天飞机和空间站都是航天器。航天器是进行空间活动的主体，航天器技术是对航天器进行设计、制造、发射、跟踪和控制的技术。航天器技术在空间技术中占主导地位。

一、航天器的分类

航天器在外层空间的运动方式主要可分为两种：一种是环绕地球运动；另一种是飞离地球引力场在行星际空间运行。

航天器按是否载人，分为无人航天器和载人航天器。它们按用途、飞行方式还可以进一步分类，如图 9 - 1：

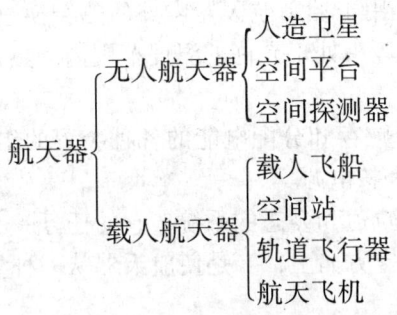

图 9 - 1

二、航天器内部系统简介

航天器在外层空间高真空、强辐射、超低温、冷热交变等严峻环境下，要完成一定的空间任务，需要有不同功能的若干分系统。组成航天器的各分系统，一般可分为专用系统和保障系统两类。

（一）专用系统

专用系统又称为航天器的有效载荷，用于直接执行特定的航天任务。不同用途的航天器的主要区别在于装有不同的专用系统，专用系统随航天器的任务不同而异，大致可分为探测仪器、遥感仪器和无线电转发器三类。以人造卫星为例，科学卫星使用天文望远镜、宇宙线探测器、光谱仪、粒子探测器等探测仪器，探测空间环境和观察宇宙天体。对地观测卫星使用可见光相机、多光谱扫描仪、无线电侦察设备等遥感仪器，获取地球上的各种信息。通信卫星使用通信转发器和通信天线，传递各种无线电信号。单一用途的航天器只装有一种类型的专用系统，多用途的航天器装有几种类型的专用系统。

（二）保障系统

保障系统又称为航天器的通用载荷，用来保障专用系统正常工作。保障系统一般包括：结构系统、热控制系统、电源系统、姿态控制系统、轨道控制系统、无线电测控系统和计算机系统。载人航天器还必须有返回着陆系统、生命保障系统和应急救生系统，以保证航天员的生命安全和载人航天器安全返回地球。

（1）结构系统，它的作用是安装、连接各种仪器设备和动力装置，使它们成为一个整体，承受地面操作、运输、运载器发射和航天器轨道运行、返回地面过程中的各种力学和空间环境。

（2）热控制系统又称温度控制系统，用于控制航天器内外的热交换过程，保障航天器内部的各种仪器设备在复杂环境中处于允许的温度范围内。热控制系统是航天器必具的一个系统。

（3）电源系统为航天器中用于生产、贮存和分配电能的各种装置的组合。电能的来源有化学电源、太阳电池阵电源和核电源。

（4）姿态控制系统是控制航天器运行轨道和姿态的系统，它的任务一是使航天器相对于某个参考系的姿态保持在给定方向上，二是使航天器从一种姿态转变为另一种姿态。

（5）轨道控制系统用于保持或改变航天器的运行轨道（指航天器在自由飞行段其质心的运动轨迹），完成导航、导引和控制三方面的任务。

（6）无线电测控系统包括无线电跟踪测量、遥测和遥控三部分。跟踪测量部分主要有信标机和应答机，它们不断发出信号，以便地面测控站跟踪航天器并测量其轨道。

（7）返回着陆系统用来保障返回型航天器脱离原来的运行轨道进入地球大气层并在地面安全准确着陆。返回着陆系统需由制动发动机、返回控制装置、启动减速装置等组成。

（8）生命保障系统是载人航天器必备的系统，是用于维持载人航天器密闭舱内大气环境，保障航天员安全生活和工作的综合措施和设备。

（9）应急救生系统为载人航天飞行用于保障航天员在意外情况下，能迅速脱离出原来的运载器或航天器，并及时撤往另一航天器或返回地面的装置。它是载人航天器保障航天员生命安全的应急工具。

（10）计算机系统用于存贮各种程序，进行信息处理和协调管理各系统的工作。航天器上的计算机系统要处理复杂的数据、多变的信息，完成繁杂的任务。

三、各种航天器简介和应用

（一）人造地球卫星

人造地球卫星是在环绕地球的空间轨道上运行的无人飞行器。在各类航天器中，人造地球卫星的技术较为简单，发展最早，寿命短，完成任务单一，不能重复使用。

人造地球卫星是航天器中发射数量最多的一种，约占航天器总数的90%。人造地球卫星根据不同的用途可分为科学卫星、技术试验卫星和应用卫星。科学卫星用于进行科学探测和试验、研究，它主要包括空间物理探测卫星、天文卫星和科学试验卫星。技术试验卫星用于进行新技术试验或为应用卫星进行试验。应用卫星直接为国民经济和国防建设服务，按用途分有通信卫星、气象卫星、地球资源卫星、导航卫星、侦察卫星等，下面简单介绍几种应用卫星。

1. 通信卫星。通信卫星大多数运行于地球静止轨道，因此也称地球静止通信卫星（它在距赤道上空 35 786 千米的轨道上自西向东以每小时 11 070 千米的速度运行，它绕地球一周的时间恰好是 24 小时，与地球自转一周的时间完全相等，而此轨道平面与赤道平面的夹角保持为零度，使卫星相对地面静止不动）。一颗通信卫星发出的微波能覆盖地球表面 1/3 以上的地区。在赤道上空均布三颗这类通信卫星，就能实现全球范围（两极地区除外）的实时微波通信。现在，在太平洋、印度洋、大西洋上空就各有一颗国际通信卫星，这些卫星和地面上的卫星地面站一起组成了一个全球通信网。通过这个通信网可以将在任何一个国家进行的比赛、演出等实况及时传到世界各地。

通信卫星承担了世界上全部电视转播业务和 2/3 的跨洋电信业务，为社会提供的服务业务有：电话、电报、电视、广播、传真、数据传输、移动通信、电子邮件、遥检索、遥诊治、遥汇兑、计算机联网、航天器通信等，为人类进入信息社会作出了贡献。

2. 气象卫星。气象卫星的主要任务是收集地球表面的气象资料。它能获取到昼夜连续的、全球范围的气象资料，彻底改变了传统的用人观测气象的落后状况，也填补了占全球五分之四面积的海洋、沙漠、高原等人烟稀少地域的气象观测的空白。利用气象卫星获得的观测信息，可提高天气预报的准确性，特别是对灾害性天气的监视和预报的作用更为明显，从而减少灾害的损失。气象卫星云图能够形象直观地表示出机场、海港和航线上的天气状况，对保证飞机和舰船的安全航行有很大的意义。

目前，全世界已建立了统一的气象卫星系统。它是由五颗地球静止轨道气象卫星和两颗太阳同步轨道气象卫星组成。有了这个系统，世界各地随时随地都能准确收到气象预报，这给人类的生产和生活带来了极大的方便。

3. 地球资源卫星。地球资源卫星是在气象卫星的基础上发展而来的一种卫星。地球资源卫星能迅速、全面、经济地提供有关地球的情况，它所提供的地物图像和数据已广泛用于地质、地理、测绘、海洋、水文、渔业、农业、森林、城市管理规划、环境监测等领域，对资源的开发和发展国民经济起到重要的作用。

利用地球资源卫星对地球进行考察的优点是：第一，居高临下，视野广阔，能提供大面积照片；第二，不受地理条件和国界的限制，过去人类难于进出的"禁区"，如南极、北极、高山、沙漠、原始森林，以及浩瀚的海洋，如今都尽收眼底；第三，连续工作，测量迅速。卫星每隔 18 天就可以把整个地球拍摄一次，每天可拍 80 多张照片，而且可以在不同的季节对同一地区进行反复勘测，这对于观测随季节变化的农作物特别有利。

世界上已有许多国家利用地球资源卫星找到了铁、镍、锂、铜及石油等矿产，例如：美国阿拉斯加的油田、巴基斯坦的铜矿、波利维亚的锂矿、夏威夷近海的淡水资源等。我国利用资源卫星在西藏地区发现了过去地图上遗漏的咸水湖和干湖泊，并用它测绘了全国领土面积，节省了大量人力、物力和时间，获得了反映最新动态的资料。

4. 导航卫星。导航卫星主要为飞机、舰船以及水下潜艇等确定航向。采用卫星导航不受气候变化、白天黑夜以及航行距离的限制，导航精度高，误差小，对交通、运输、测量、救援、作战等方面均有重要意义。

导航卫星全球定位系统是一种以卫星为基础的无线电导航系统。该系统由 18 颗 ~ 24 颗分布于 6 个轨道的卫星组成。同一轨道面上两颗卫星的赤纬差为 120 度，两轨道面间的赤经差为 60 度，全球各地用户随时可见 4 颗以上的卫星，捕获卫星上发出的距离码，并计算出自己的位置，其定位时间短、精度高。其三维定位精度达十几米（军用），粗定位精度 100 米左右（民用），测速精度优于 0.1 米/秒。

双星定位系统，具有将通信与导航结合在一起的能力。它是利用两颗同步定点卫星，使用户与中心站通过卫星测距定位。这种系统可进行双向信息交换，简化了用户设备，增加数据通信功能，使导航、定位、通信三者有机结合在一起，增加了中心站的运行控制功能，便于商业应用。这种系统可用于各种交通管理系统，例如：长途载重汽车、内河和近海航运及铁路系统，保证了公路和铁路系统的安全运行；利用相对定位进行大地测量，可用于矿产和石油部门，发挥救援、救急通信及边远农村地区通信和寻呼功能。总之，建立这一系统对于国际通信、交通运输、灾害防治以及全国范围的时间同步都有很大作用。

5. 军用卫星。军事卫星用于军事侦察、通信以及为军事服务的气象、地测和导航等。军事侦察卫星是军事上应用最广、发展最迅速的一类卫星。根据执行任务和侦察设备的不同分为照相侦察卫星、电子侦察卫星、海洋监视卫星和预警卫星。军用卫星是现代战争中获取战略情报的有效工具。

（二）空间探测器

空间探测器又称深空探测器，按探测目标的不同分为对月球进行探测的月球探测器以及对月球以外的天体和空间进行探测的行星和行星际探测器。空间探测器需要有比人造地球卫星更大的速度才能克服或摆脱地球引力的束缚，实现深空飞行。

空间探测的主要方式有四种：①是从目标星附近飞过，进行近距离观测；②是成为目标星的卫星，绕目标星飞行，进行长期的反复观测；③是在目标星表面硬着陆，利用坠毁前的短暂时间进行探测；④是在目标星上软着陆，进行实地考察，也可将取得的样品送回地球研究。

月球是最靠近地球的天体，是空间探测的首要对象。1959 年前苏联以拍摄月球背面图像为目标，发射了 3 个月球号探测器，首次揭露了月球背部的真面目。1969 年 7 月 20 日至 21 日，美国宇航员驾驶"阿波罗 11 号"飞船的登月舱成功地降落在月球赤道附近的静海区，并在月球上作了实地考察。科学家根据许多月球探测器和载人登月飞船所取得的大量资料，已经绘制出颇为详尽的月球背面图。

人类探测太阳系的行星，首先是火星和金星。1971 年前苏联"金星 7 号"探测器的着陆器在金星表面软着陆成功。金星探测器探测表明，金星表面是一个高温高压的世界。1989 年 5 月 4 日，美国的"麦哲伦号"太空船飞向金星，进入预定的椭圆轨道绕行金星，测绘了金星表面的详细地图。

1971 年 12 月前苏联的火星 3 号探测器首次实现了航天器在火星表面的软着陆。1996 年 12 月，美国发射了火星探测器"探路者"，它携带着"索杰纳六轮火星车"向地面传送大量的科学数据、图片、岩石、土壤的化学分析，它的寿命比科学家原定的"一星期"多了一年。"探路者"不仅探测到几次尘暴，而且还拍摄了蓝色的火星日落现象。火星的地质情况也颇令人惊异，富含二氧化硅的岩石表明，这颗行星的演变过程比人们过去普遍设想的更为复杂，滚圆的卵石、歪歪斜斜的岩石以及遍布各地的沟壑，都表明火星上曾经有过洪水泛滥。美国"凤凰号"火星探测器于 2007 年 8 月从美国佛罗里达州卡纳维拉尔角发射，经过 4.22 亿英里的长途跋涉于 2008 年 5 月 25 日在火星北极成功着陆。"凤凰号"火星探测器的任务是分析冰冻层是否曾融为液态水，挖掘火星土壤样本，分析土壤是否存在有机化合物，从而使科学家进一步推断火星现在或者以前的环境是否适宜生命存在。

1972 年 3 月美国发射了第一个探测外行星的探测器——先驱者 10 号。这个探测器于 1973 年 12 月飞近木星，然后利用木星的引力场加速飞向土星，再利用土星的引力场加速飞行。它于 1983 年飞过海王星轨道。它于 1986 年越过冥王星的平均轨道，成为脱离太阳系的第一个航天器。1997 年 10 月 15 日，美国发射了航天史上耗资最高、规模最大的"卡西尼号"土星探测器，于 2004 年 7 月抵达土星。土星是拥有卫星最多的行星，"卡西尼号"在土星身边至少要呆 4 年，对土星进行 27 项不同的探测。"土卫 6"是唯一一颗具有充足大气的卫星，在"卡西尼号"于 2004 年 7 月进入土星系之后，它向"土卫 6"表面投放了一个以荷兰天文学家"惠更斯"的名字命名的大型探测器。

（三）空间站

自1971年4月19日前苏联把世界上第一个空间站——"礼炮1号"送入轨道以来，至今全世界已发射了10个空间站，包括前苏联的"礼炮1～7号"与"和平号"空间站，美国的天空实验室空间站和正在建立的国际空间站。目前空间站正向永久性方向发展。

空间站的作用很大，它是观测地球和观测天文的最佳场所。空间站上有暴露在空间的平台，平台上安放各种观测仪器，通过无线电遥控来观测地球大气和海水的对流状况，收集有关气象、板块运动、火山爆发的资料。由于在太空不受大气影响，可以直接观测遥远的星系、太阳系内各行星和太阳、月亮等，可以进行太空科学实验，目前开展的是材料实验和生命科学实验。在地球表面，两种金属材料混合成合金时，重力会使较重的材料下沉，较轻的材料上浮，因此，无法制成真正的均质合金，但在空间站上可以，因为空间站是在几乎真空的太空中，不存在地球的引力，金属的重量几乎等于零，这样，就可以制成十分均匀的真正合金。在空间站，科学家可以生产出某些地面不能制作和提纯的药物，如某种疫苗、病毒和干扰素，它们将为一些不治之症提供新的预防和治疗药物。空间站还可以当作宇宙开发基地，回收燃料用完的人造卫星，修复偏离轨道的人造卫星。空间站还可以成为人类前往月球、火星和星际旅行的中转站。空间站上有许多触角，这些触角叫泊接口，有了它，可以停靠太空船，这些太空船负责运送宇航员、食品和实验器材等。

（四）航天飞机

航天飞机是一种可以从空间轨道上整体返回，具有在指定机场跑道上着陆能力的、带翼的多次重复使用的载人或不载人的航天器。航天飞机由三大部分组成：轨道飞行器、外储箱、助推器。

美国是最早发展航天飞机的国家。1981年4月12日，"哥伦比亚号"航天飞机在美国佛罗里达州的肯尼迪航天中心发射场发射成功。"哥伦比亚号"航天飞机在轨道上运行了大约36圈后，最后水平着陆在美国加利福尼亚州爱德华空军基地。到目前为止美国共发射了"哥伦比亚号"、"挑战者号"、"发现号"、"阿特兰蒂斯号"和"奋进号"五驾航天飞机。前苏联发射过一架无人驾驶的航天飞机——暴风雪号。

在航天飞机出现之前，载人往返天地的任务都是由载人飞船承担的。载人飞船是在返回型卫星的技术基础上，结合载人的特点发展而形成的，它是一次性使用的航天器，而航天飞机是一种多次重复使用的航天器。

航天飞机可完成发射高轨卫星、进行空间科学试验、对地观察、释放和捕获低轨道卫星和装运空间试验室等多种多样的任务。目前正在组建的国际空间站，就是用航天飞机运送材料来组装的。可以说航天飞机的空间活动已成为世界空间活动的重要组成部分。

第四节 发射与测控技术

实施航天器的发射入轨、运行管理和返回着陆，只有航天器和运载器是不够的，还需要其它地面设备和技术手段的配合。这些用于实施航天器发射、测控等活动的一整套地面设施和设备的综合体称为航天基地。航天基地的任务是把航天器顺利地发射上天；把航天器和运载器的实际飞行过程和工作状态数据准确无误地测量、记录下来；对航天器和运载器的飞行过程进行有效地控制；对返回地面的航天器及时予以回收。航天基地是由航天发射场和航天测控网组成。

一、航天发射场

航天发射场为发射航天器的特定区域。场内设置有装配、贮存、检测和发射运载器、航天器以及测量飞行弹道、发送控制指令、接收和处理遥测信息的整套试验设施和设备。发射场通常建在人口稀少，地势平坦，视野开阔，地质、水源、气候和气象条件适宜的内陆沙漠、草原和滨海地区。发射场应尽量选在低纬度地区。同时，发射场的位置还应考虑航天器的轨道要求和地球自转的因素。

航天发射场通常由测试区、发射区、发射指挥控制中心、综合测量设施、各勤务保障设施和一些管理服务部门组成。

测试区也称技术阵地。运载器和航天器从工厂运送到发射场后，首先，在测试区进行一系列检查、装配和测试。而后，测试合格的运载器和航天器被转运到发射区。发射区也称发射阵地，是发射场内具有发射设施和发射功能的专门区域，用于进行运载器和航天器的发射前准备和发射。发射控制室与指挥控制室、安全控制室、计算中心、设备保障室一起组成对航天器发射实施指挥、监控和管理的发射控制指挥中心。发射控制室里面安装有供发射管理人员使用的各种仪表设备，发射期间利用这些设备操纵并监视发射台上的各项工作。指挥控制室用于指挥、协调、控制和监视发射场各试验系统，室内设有供各类人员使用的指挥控制台、终端设备、电视设备、指挥通信设备，还有显示发射作业计划、气象、运载器飞行状态、测控设备状态和各种时间参数的大型显示屏。安全控制室用于对航天器的发射和飞行进行安全控制，室内设有安全控制台、通信设备和显示运载器飞行的瞬时坐标、速度、加速度和落点的大型显示屏，还有航天器入轨参数的显示设备和其它记录设备以及报警装置。计算中心实时计算、记录、处理发射和飞行过程中的各种测量信息，并把计算结果送到各个控制室、测控站和航天测控中心。发射控制中心通常建在发射方向的侧方和后方。

二、航天测控网

航天器由运载器携带离开发射台，在进入空间轨道之前，需飞行几百千米甚至几千千米，在进入轨道之后，又要作长时间的飞行。显然，单靠人的眼睛不可能把整个飞行过程从头到尾看得一清二楚，需要借助于雷达、光学跟踪仪器设备等来扩大人类的视野。这种用于对运载器和航天器进行跟踪测量并控制其运动和工作的专用地面系统就是航天测控和数据采集网，简称航天测控网。航天测控网由航天测控中心和分布在各地的若干航天测控站组成。航天测控网通过对运载器进行跟踪测量、监视控制和接收它们发送来的各种数据，检查和控制它们的运动和工作，接收来自它们的专用信息，与载人航天器的宇航员进行通信联络，实现了地面与航天器之间的远距离联络。航天测控网与运载器和航天器上设置的跟踪、遥测、遥控分系统实现了地面与飞行器之间的远距离联络，形成一个通信和数据传输的综合体，即航天测控系统。

航天测控网是航天测控系统的地面部分，其中，航天测控中心为运载器和航天器飞行的指挥控制机构，是航天测控网的信息采集、交换、处理和控制的中枢。航天测控中心内有多台大型高速计算机和各种软件，用来实时处理或事后处理各测控台站送来的数据；具有各种先进的有线和无线通信设备，用于保证测控中心与各测控站、发射场、回收区之间的通信联络和数据传输；设有各种显示设备和装置，通过文字、指示器、曲线和图像直接显示各测控站的工作状态以及运载器和航天器的运行、工作情况，便于控制指挥人员实时下达指挥命令和控制指令。航天测控网中的各测控站承担直接测量、接收信息和将测控中心下达的控制指令发送给运载器和航天器的任务。各测控站设有光学和无线电等类型的外弹道测量设备，用来对运载器和航天器进行跟踪并测量它们的运动参数、确定它们的轨道和位置，并备有无线电遥控遥测设备，用来接收运载器和航天器各系统工作情况等信息和发送控制指令。运载器和航天器接收到控制指令后，将按指令要求完成有关动作。

第五节　空间技术的应用及展望

一、空间技术的应用

空间技术的发展为人类开辟了通向宇宙空间和开发利用空间资源的道路，同时也使空间技术在国民经济、社会生活、国防建设等方面得到了广泛的应用。

（1）人们利用空间站的特殊环境（高真空、超洁净以及微重力环境），制备出多种地面上不能获得或难以获得的高级材料。例如，现在已在空间制造出均匀、高纯度、无条纹的砷化镓半导体材料；制取了高质量的特种玻璃，为制造高级光导纤维和光学玻璃制品的优良材料；以及铝铅合金、铝锌合金和非晶态金属等。此外，利用空间的微重力环境给药理学研究带来很大的便利，生产出某些地面不能制作和提纯的药物，例如，利用空间条件已生产出治疗糖尿病的 β 细胞、可溶解血栓的尿激酶、征服癌症的抗体或干扰素等几十种药物，有的已开始了地面临床试验。

（2）应用空间技术开发新能源——太阳能。在宇宙空间收集太阳能不受昼夜交替、天气阴晴、季节变化等因素的影响，其前景广阔是毋庸置疑的（见第四章第二节）。

（3）空间技术为信息的获取和传递提供了其它技术所不能代替的重要手段。利用通信卫星传递信息；利用地球资源卫星探测矿藏资源、调查森林覆盖率、水文地质情况以及农业收成等；利用军事卫星进行侦察、导弹预警、海洋监视等；利用气象卫星提供天气预报监视地球上的风云变幻。

（4）应用空间技术进行科学研究。例如，空间天文观测，使我们对于太阳系、银河系、河外星系等庞大的天体系统的认识有了质的飞跃。

（5）应用空间技术开发月球及其它行星资源。月球上有丰富的物质资源，月球的引力小，且有一个真空、无菌的环境，是进行材料科学和生命科学研究的良好场所。在月球上建立组装、展开、补给、维修和发展航天器的基地，使月球成为飞往其它行星的中转站，从而使星际航行的技术困难大为减小、费用大大降低。

二、空间技术的展望

在未来的年代里，空间技术的发展将具有许多新的特征。在探测方式上，将要采用更多更新的手段，并进行协同探测；在研究形式上，将采取全球性、长期性的国际合作。日地科学研究将进入新的高潮，特别是把日地系统——太阳、行星际介质、磁层、电离层和大气层所组成的系统，作为一个有机整体来研究。人类要登上遥远的火星，预计在 21 世纪里，人类将有能力踏上火星，进行综合性科学考察。在月球上建立科学基地，人类可以到月球旅游、居住，把月球作为人类生存和发展的新疆域。在空间生命科学的研究中，人类将会进一步地共同努力去寻找太阳系外的其它行星上的生命现象。

在 21 世纪里，人类为了真正地永存，必然要向空间和其它天体上扩展。如果人类能在广阔的宇宙空间建立起自给自足的永久住所，则任何自然的或人为的末日性灾难降临地球时，都不会使人类被消灭。

空间技术发展的前景是广阔的，人类会不断努力地探索浩瀚无际的宇宙空间，从中得到难以预计的新发现，来丰富自然科学的宝库。

第 10 章

海洋技术

海洋作为我们地球的主要特征之一，像一幅巨大的蓝色地毯，覆盖着地球表面的71％。海洋如此浩瀚，它对地球自然界的一切变化过程都产生重大影响。海洋控制着自然界中的水、二氧化碳及其他物质的循环，调节着地球上的温度，维系着人类赖以生存的适宜气候；海洋孕育了地球上的生命，维持众多生物的生存，并且保障亿万年来生物的进化，使得今天地球上的生物如此丰富多彩，充满勃勃生机；海洋还主宰大地构造和运动，使地球历经沧桑变迁……。

海洋不仅在地球自然界中占有十分重要的地位，而且也是人类的一个巨大资源宝库。它为我们提供了食物（鱼、虾等海洋生物）、能源（潮汐能、波浪能、海水温差能）、矿藏（石油、天然气、金属矿物等）、化工原料（食盐、碘、溴等）以及广阔的空间。

人类开发利用海洋由来已久，过去很长时间，人们开发利用海洋主要限于海洋渔业、盐业和海运业。20 世纪 60 年代以来，随着现代科学技术进步和对海洋资源的不断发现，海洋开发进入了一个新时期。海洋开发区域由过去的海岸带逐渐向外海和大洋推进，海洋开发规模和领域也不断扩大，除了传统的渔业、盐业和海洋运输业之外，又开发了许多新的领域，如海洋油气、海洋化工、海水养殖、海水淡化和滨海砂矿等。

由于海洋水深浪大，永远处于动荡不安的状况，环境险恶，开发利用十分困难。如果没有装备先进的调查船、精良的探测仪器、遥感遥测技术、全球定位系统和深潜器等一系列高新技术和装备，要想了解神秘的海洋是非常困难的。

海洋技术就是研究、开发、利用海洋资源和保护海洋环境的技术。它是 20 世纪后半期才逐渐形成的一个崭新领域。它与海洋的资源分布、开发需求、环境状况以及各种先进的高新技术的引入和渗透密切相关。

第一节　海洋探测技术

人们要认识海洋、开发海洋，就要面对那从数十、数百到数千米巨厚而深邃的海洋水体，而想要透过覆盖在海底岩石上的海水层看到神秘的海底世界，必须依靠现代的高新技术和装备。例如：在大洋中航行、勘测、定位与测深是最基础的工作，应用卫星全球定位系统，卫星综合导航技术，现代自动测深制图技术，可以快速精确地确定船位，勘测海底地形，并自动制图。应用多普勒测流技术，可以走航连续地测得多层海流，了解深海水层流态结构。用现代声学技术可在大洋中自动测验波浪，勘测海底地层结构。为直接观测海底现象及获取深海各类样品，需应用深潜技术等。

一、导航与定位技术

在海洋上进行航行及海洋开发活动，就要求船舶沿一定的航向或航线航行，同时要求及时地确定船舶或观测点所在的位置，这项技术称为海上导航定位技术。

海上导航定位有多种技术途径。古老的海上定位方法是利用六分仪观测天体或陆地标志来推算船位，称为天文定位或地物定位，误差较大。近年来由于空间技术的发展，出现了子午仪卫星导航系统、全球定位系统、卫星综合导航定位系统，大大提高了导航能力及定位精度。

子午仪卫星导航系统，也称海军导航卫星系统，是利用多普勒测量原理进行导航和定位的一种典型的系统。该系统是一个轨道卫星系统，由 6 个子午卫星组成，卫星不断发射供多普勒频移测量用的电磁波信号，频率分别为 150 兆赫和 400 兆赫，在 400 兆赫载波上调制有时间信号和计算卫星空间位置用的"广播星历"。地面测站上的多普勒接收机在观测多普勒频移的同时，也接收这些信号。利用观测到的多普勒频移，以及卫星的瞬间位置和测站坐标之间的数学关系，可以计算测点的位置。

全球定位系统的英文缩写是 GPS，它是由空间卫星、地面监控和用户接收设备三个部分组成。具有全球覆盖、全天候、连续实时、高精度三维定位的特点，其用户数不受限制，应用领域极为广泛。有了这项现代化高新技术，无论何时何地，不管是风平浪静还是波涛汹涌，它都能保障在数秒钟之内准确地测出海上动态目标（船只、平台等）的位置、速度和时间信息。正因为 GPS 具有这种高超的"技艺"，所以能在沧茫大海上为人们指点迷津，在水天一色的汪洋大海中带领人们按设计的航线进行远航。

卫星综合导航定位系统是以卫星导航系统作为基础，利用计算机将各种导航定位系统联结起来。典型的综合导航定位系统，一般都具有下述多种功能：①能编制航海或定位实施计划，进行航线计算与跟踪；②具有对各种导航定位系统传感器进行组合，对各系统提供的导航定位信息实施综合统计处理、提供最佳位置信息的功能；③具有利用自动雷达标绘仪对本船和周围其他船舶进行同步监视、实施自动避碰的功能；④具有利用自适应舵进行控制，使船舶能沿计划航线保持航向的功能；⑤具有处理与导航定位有关的其他信息并（如根据气象预报选择航线）进行综合应用的功能。

二、水声技术

电磁波在海水中传播时衰减很快，而声波却可以在海水中传播到很远的距离，因此声波就成为在海洋中进行信息传递的重要手段。通常把研究和开发海洋所用的声学技术叫做水声技术，如多普勒海流计、海洋声学层析法、多波束测深技术等。

海流测量是海洋调查的重要内容。20 世纪 60 年代初期，美国科学家研制出声学海流计，它是根据声学多普勒原理制成的测流仪器，其工作原理是通过测量声波在流动液体中的多普勒效应来测量海流。用它可以测量海流的深度剖面。多普勒海流计的优点在于不干扰流场，可以测得湍流和弱流，还能在走航中连续同时测量多层海流，精度高。

海洋声学层析法是 20 世纪 70 年代末才开始研究的一种监测大面积海洋动力特性的新方法，其工作原理类似于医学上的 CT。该方法的基本特征是在大面积海域的边上布设一定数量的声源和水听器，测量各点之间声信号传播时间和往返传播时间差，并把数据送入计算机，用求逆法算出该海域内各处的温度、流速等。

多波束测深技术在海洋地貌研究中的广泛应用，是近十几年来海洋地质研究方法的重大发展，由于它探测迅速、测绘详细、经济效益高，因此越来越受到海洋界的高度重视。多波束测深仪是声波探测技术与现代电子技术和计算机技术相结合的产物，它由探头、处理机和工作站三个基本部分组成。它在走航过程中可实时获得高分辨率和三维立体的海底地形地貌图像，具有全球海洋探测能力（50 米～1000 米），是当今最先进的海底探测技术设备。

三、潜水器

潜水器作为向深海延伸的一种重要的技术手段，可使科学家直接观测海底，获得较精确详尽和具体的第一手感性资料。一般有常压载人深潜器、无人潜水器。常压载人深潜器是主要用于海底考察、搜索、打捞、水下作业和救生的潜水设备，其作业深度已超过 6000 米。无人潜水器是一种遥控的无人水下装置。它的最大特点是，操纵人员可在母船上通过电视屏幕并凭借潜水器上的仪器设备，操纵并控制它的水下活动。不需要操纵人员直接进入高压寒冷、黑暗的海底环境，因此，可在不危及操纵人员安全的情况下完成艰巨、复杂的观测和作业任务。发生故障时，它会自动浮到水面以免造成财产损失。无人潜水器的另一个特点是重量轻、体积小，具有良好的机动性。它是技术更先进的潜水员代替系统，主要用于深海作业，最大深度已超过万米，如日本的"海沟号"，在太平洋马尼亚纳海沟创深潜 10911.4 米的新纪录。

第二节　海洋遥感技术和地理信息系统

海洋遥感技术与地理信息系统，这一重要的高新技术手段，在海洋资源的调查和开发，海洋环境的研究与监测，海洋灾害的预报等方面，得到越来越广泛的应用。

一、海洋遥感技术

海洋遥感技术是指从远距离、高空以至太空平台上，利用可见光、红外、微波等波段的探测仪器，收集海面的电磁波信息，通过信息感应、传输和处理，从而认识海面物质和状态的技术。它是通过研究海洋及其环境的电磁波谱特征来识别观测对象的。

海洋主要是由运动着的水体组成。海洋范围大，海上环境恶劣，进行海上调查，传统的方法是只能沿航线及其附近海区进行观测，所获数据在规模、范围、频度等方面均受到限制，资料不够完全。至于想得到全球大洋或某一海区内同一时期的观测数据，几乎是不可能的。海洋遥感技术则为海洋探测提供了一种重要手段。人们可利用飞机或卫星从空中或太空对海洋进行观测。

海洋遥感技术与传统的地学研究方法相比较，具有综合、动态、快速等特点。遥感探测的范围大，因为飞机或卫星飞得高，观测的面积就大，在太空飞船上可以把半个地球拍摄在一张相片上，这就为地学的宏观研究提供了非常有利的条件；遥感获得的信息量大，可以接收到可见光、红外和微波谱段的数据，提供多种信息，便于综合研究；遥感获得信息的速度快、周期短，能反应动态变化，有利于动态监测；遥感方法不受地面条件的限制，对于自然条件恶劣和难以到达的地区，能较顺利地获得资料。

海洋遥感技术，在海岸带及近海，可用于地形测量与制图、沿海滩涂测绘与研究、沿岸悬沙运动及港湾河口沉积演变、海岸演变及动态观测、海洋初级生产力（海水中叶绿素）观测及渔情预报、海洋油溢及其他污染监测、海冰观测及预报等等。在大洋中，遥感技术可提供大尺度海洋物理场的信息（温度场、风浪场、海流系统），以及海平面及海底重力场等方面资料，成为研究全球范围海洋现象的必要手段。

二、地理信息系统

地理信息系统（简称 GIS），是综合处理和分析空间数据的计算机系统。地理信息系统，不同于其他管理系统（如情报检索系统，商业信息系统等）。主要的差别在于它处理的对象是空间实体，其工作过程，主要是通过空间实体的空间位置与空间关系来进行的。而管理信息系统则没有空间概念。该系统主要用于某一区域内的地学、社会现象和过程的分析与管理。当然地理信息系统也适用于海洋数据的处理和分析。由于地理信息系统是一个跨学科的技术系统，具有信息共享、综合分析、辅助决策等特点，成为资源与环境综合评价、规划、管理、决策的现代化手段。

地理信息系统的工作对象是空间实体，它可用来管理与分析空间数据。经过几十年的发展，地理信息系统的应用范围已涉及地球科学的各个领域，而在海洋研究方面的应用，才刚刚开始。在地理信息系统的多目标数据库、分析模型和应用软件的支持下，可以查询和检索有关信息，进行海洋环境污染的监测与评价，辅助海洋渔业资源的决策与管理，研究海底地形演变，海洋数据管理等。

第三节　丰富的海洋资源

辽阔的海洋是一个天然的聚宝盆，在这个聚宝盆中蕴藏着人类取之不尽、用之不竭的资源，它们是海洋生物资源、海洋矿藏资源、海洋能资源、海水资源和海洋空间资源等。

一、海洋生物资源

（一）海洋生物资源种类繁多

占地球表面约71%的海洋，是鲸类、鱼类、虾蟹类、贝类、海藻类等生物和通过显微镜才能看得到的微小生物的生活栖息场所。这些生存于海洋中的生物大约有20万种，其中动物18万种，植物2万种。海洋中动物有1.9万种鱼类，对虾等甲壳类2万多种，贻贝等软体动物8万多种，还有海参、乌贼、海蜇、海豹、海龟、海鸟、鲸等，种类繁多。海洋植物有人们熟悉的紫菜、海带、裙带菜等。这些海洋生物资源，有许多可以直接食用，营养价值很高，还有许多具有很高的医疗价值或可成为精细化工产品的原料。

海洋中生物资源的贮量相当可观，据专家估算，在不破坏资源的情况下，海洋每年能向人类提供 30 亿吨水产品，可养育 300 亿人。目前，海洋生物资源的开发利用程度还很低，仅达到海洋初级生产力的万分之三左右，因此，我们要利用先进的技术，充分开发海洋生物资源。

（二）采用高新技术开发海洋生物资源

海洋渔业生产是人类最早的活动之一，随着社会的发展和现代科学技术的进步，电子技术和激光技术在渔业生产中的应用，使海洋捕捞技术飞速发展，海洋捕捞效率大大提高。

目前，先进的海洋捕捞技术有探鱼仪，它发出的超声波在水中传播，当遇到鱼群、海底或其它物质时，产生不同的反射回波，接收、放大反射回波，再经分析就能显示有无鱼群，这样不论白天黑夜、天气阴晴，只要打开探鱼仪就能有效地发现鱼群。

随着海洋捕捞技术的发展，海洋渔业资源日渐减少，因此世界各国都十分重视开发海洋牧场，科学合理地利用海域的渔业资源。海洋牧场是采用人工繁殖的苗种，在人为的舒适环境中经过中间培育，待幼鱼苗身体强壮时，再放到海中养殖，摄食海水中的天然饵料生物生长发育，最后科学合理地进行捕捞。

近年来，随着科学技术的进步，特别是海洋工程技术的发展，人类才真正全面重视了海洋药物的重要性。目前，世界各国的科学家研究海洋药物取得了很大进展。他们已从 230 种海藻中提制各种抗生素；从鲨鱼中提取维生素 A、D、E 等；从鲸、金枪鱼中分离出胰岛素等等。

二、海洋矿藏资源

海洋矿藏资源的开发近年来正以迅猛之势在世界范围内展开，成为各国争取海洋资源利益的一场战略竞争大战。在海洋矿藏资源中，最有经济意义、最有发展前景和高技术含量最多的是海洋油气资源、大洋锰结核、海底热液矿床以及滨海砂矿的开发。

（一）海洋油气资源

海洋石油、天然气，是指蕴藏在海底地层中的石油与天然气。20 世纪 80 年代以来，由于现代高科技的发展，海洋石油、天然气的勘察与开采得到了飞速发展，其产值在海洋经济总产值中名列首位（占 74% 左右），对缓解世界石油供不应求的状况起着越来越大的作用，现在海洋石油的产量已占世界石油产量的50% 左右。

我国海洋石油物探工作开始于 1959 年，改革开放以前，我国主要以勘探为主，改革开放以后我国引进了国外的先进技术和设备，使我国的海洋石油勘探开发的总体水平有了很大的提高。目前，据专家估算，我国的近海石油地质储量达 90 亿吨～140 亿吨。

寻找海洋油气资源，一般是先对海区进行广泛的地质调查，如那些沉降幅度大、沉积地层厚的盆地，往往是形成油气的最有利的地区，接着在该地区进行勘探，确定蕴藏油气的位置、面积、地层厚度、岩石类型、地质构造等科学数据。目前，应用最多的勘探方法是地球物理勘探，它是通过在调查船上设置一定的仪器和设备，探测可能存在石油和天然气的地层和构造。最常用的方法有重力、磁力和地震勘探。

无论是海洋油气的勘探还是开采，都需要钻探海底地层。海上钻井装置一般有两大类：一类是固定式钻井装置，这是最早开发出来的钻井和采油装置技术，既能用于钻井勘探，又可直接进行采油生产；另一类是活动式钻井装置，此类技术既可保证钻井的平稳性，又具有可移动作业和适应各种水深的优点，近年来这类钻井技术发展十分迅速。

（二）锰结核

锰结核是一种分布在大洋中的锰铁矿氧化物矿石，主要分布在水深 2000～6000 米的海底表层。其形态各异，大小不同，表面颜色常呈黑色或深棕红色。现已探明储量约 3 万亿吨，其中含锰 4000 亿吨，可供人类用 3 万年；含镍 164 亿吨，可用 2.5 万年；含铜 88 亿吨，可用 980 年。不仅如此，深海锰结核现在还在快速生长，仅太平洋的锰结核，每年就能生成 1000 万吨。

锰结核不是深埋在海底深处，而是像露天煤矿那样，铺在海底表层，所以，开采起来很方便，受到世界各国的重视。美国 1979 年在夏威夷建立了一家锰结核矿的加工提炼厂，每天处理 50 吨锰结核。我国目前也已基本上具备了开发大洋锰结核的条件，十几年后可望实现生产性开采。我国已经在太平洋几个海区进行了 200 万平方公里范围的调查，圈划出 30 万平方公里的远景矿区。1990 年 8 月，我国向联合国国际海底管理局筹委会正式提出申请，作为先驱投资国，1991 年，在筹委会第九届春季会议上得到批准。这样，我国得到了一块开采海域，成为 21 世纪深海矿产开采的一个基地。

（三）海底热液矿床

海底热液矿床是 20 世纪 80 年代才受到人们重视的新矿种。热液矿床有固体状和软泥状两种，其形成的原理基本相同，只是由于地理环境的不同，因而形成矿床的状态不同。热液矿床是由大洋底裂谷处的热液作用而形成的硫化物和氧化物矿床，矿床中富含铜、铅、锌、锰、铁、镉、钼、钒、锡、金、银等十几种金属。

（四）滨海砂矿

滨海砂矿主要来源于陆上岩矿碎屑，经地表流水搬运到滨海地带，在海岸水动力的反复作用下，使比重大的矿物在有利的地貌部位富集而形成具有工业价值的矿物资源。世界沿海国家的滨海砂矿分布十分广泛，且具有储量大、工业品位要求低、开采方便、选矿工艺简单和投资少等特点。现已发现和开发利用的滨海砂矿有钛铁矿、金刚石、锆石、金红石、独居石、锡砂矿、石英砂等。

三、海洋能资源

海洋能，顾名思义，它是海洋所具有的能，包括潮汐能、海流能、波浪能、温差能和盐差能等。它是一种可再生的巨大能源，可作为新能源开发，保证人类长期稳定的能源供应。海洋能开发对环境无污染，能满足保护大气、防止气候和生态环境恶化以及社会发展对能源的要求。因此，海洋能作为洁净能源，在今后能源供应向多样化发展的进程中，必然受到人们的青睐。

潮汐能，它是海水在月球和太阳等天体引力作用下，进行的有规律升降运动所具有的能量。人们称白天海面的涨落为"潮"，而夜间海面的涨落为"汐"，合起来统称潮汐。据估算，全世界海洋的潮汐能约有 30 亿千瓦，其中可供发电的约为 260 亿万度。大海的潮汐能极为丰富，涨潮和落潮的水位差越大，所具有的能量就越大，人们利用潮水涨落产生的水位差所具备的势能进行发电。

波浪能，是由风引起的海水周期性运动所产生的能量。人们把上下运动和水平运动的波浪能转换为高速旋转运动的机械能，进而带动发电机发电。

海洋温差能，又称为海洋热能。人们利用海洋表层温水与深层冷水之间的温度差所具备的潜在热能，把工作液变为蒸汽然后驱动发电机发电。通常，将海洋热能转换为机械能时采用三种循环系统：闭路循环系统、开路循环系统和混合循环系统。海洋温差发电具有连续供电、无环境污染、不占用陆地空间以及与海水淡化和增养殖场进行综合利用的优点，但海洋温差发电成本较高。

四、海水资源

全球数量巨大的海水，其体积为 13.7 亿立方千米，约 1.37×10^9 亿吨，占地球总水量的 97%。海水本身就是一座资源宝库，海水中溶解有 80 多种金属和非金属元素，其中约有 17 种元素是陆地上所稀缺的。目前，海水资源的开发主要着重两方面：一方面是海水的淡化；另一方面是从海水中提取化学元素，例如：钾、镁、溴、碘、铀、锂和氘等。

（一）海水淡化

海水中数量最大的资源是水。随着世界人口的增加和工业、农业的迅速发展，陆地淡水供应日渐不足，时至今日，水源危机已成为世界性问题，促使人们把注意力转向海洋，希望从海洋里获得淡水。

第十章

海水淡化,是把海水、苦咸水等高含盐量的水,转化为生产、生活用水的脱盐过程。目前,世界公认的淡化技术和淡化方法多达几十种,其中几种最主要的方法已被实践证明是行之有效的。

(1)闪急蒸馏。就是把加热到一定温度的海水引至一个压力较低的设备中,海水便急速蒸发,蒸汽急速离开海水,盐则留在液体中。当蒸汽冷凝下来便得到淡水。

(2)多效蒸馏。把海水引入第一蒸馏器,由加热蒸汽加热,产生的蒸汽称为二次蒸馏汽,被引入下一个蒸发器作为加热蒸汽使用,浓海水也进入下一个蒸发器蒸发。串联蒸发器的个数叫做效数。最末一效与减压系统相连,以保证海水沸点由首效逐次降低,从而实现前一效中二次蒸汽对后一效浓海水的加热作用。

(3)太阳能蒸馏。这是海水淡化的新技术,是应用集热技术将太阳能转变成热能,供给海水淡化中所需全部或部分能量制取淡水的方法。可分为直接法和间接法两种。它的优点是不需要能源费用,投资少,越是在干旱缺水的季节,淡水的产量越高。

(4)电渗析法。在海水淡化装置中插入两根电极,在两极之间放入一种特种薄膜。这样就把海水淡化装置隔成三室,一个叫阳极室,一个叫阴极室,一个叫中间室。当接通电源后,海水中的盐分会向两个电极"靠"去,使得两个极室的海水愈来愈浓,而中间室的海水逐渐被淡化。

(5)反渗透法。用人造半透膜把水和海水分开。海水是盐水溶液,水分子会透过膜渗透到海水中,使海水稀释,并且产生一种叫渗透压的压力。然后,向海水加一个大于渗透压的压力,这时,海水中的水分子就会被挤迫出海水,透过半透膜,到淡水这边来。可以说有了海水淡化技术,海洋就成了人类取之不尽用之不竭的淡水库。

(二)海水化学资源

海水中约80%的盐分是氯化钠,因此,氯化钠是海洋水体中除水本身以外最巨大的化学资源。盐是人类不可缺少的食用品,人体内若缺少食盐,就不能进行正常的血液循环和新陈代谢。盐也是"化学工业之母",是现代化工业的基本原料,离开盐、酸、碱、氯气及化肥等上万种化工产品就根本无从谈起。

在海水中,除氯化钠之外,还蕴藏着极其丰富的钾盐资源。钾对农作物生长发育起着非常重要的作用。

镁在海水中的含量,仅次于氯和钠。目前,世界上镁的产量有一半来源于海水。镁在航天工业和汽车制造业中占有重要地位,高纯度的氧化镁晶粒,是炼钢炉用的优质耐高温材料,因此,世界各国都非常重视海洋镁资源的开发和利用。

溴具有"海洋元素"之美称，因为地球上99%的溴都蕴藏在汪洋大海之中。溴不仅是一种贵重的药品原料，而且还可用于制备阻燃剂和高效灭火剂。

碘是工业、农业和医药保健的重要资源。它不仅是药用元素，也是人类生命活动中不可缺少的元素，在食品添加剂、消毒剂、感光材料等制备方面也有着广泛用途。

在当今世界上，无论是发达国家还是发展中国家，都把发展核能作为解决未来能源的战略决策。但陆地上核能资源有限，故人们把眼光转向海洋，从海水中提取铀和重水这些核能的原料。海水中铀的含量达40多亿吨，是陆地上的数千倍，一般采用吸附法和离子交换法提取铀。海水中含有数量相当可观的重水，如果人类正在致力研究的受控热核聚变得以解决，从海水中大规模提取重水一旦实现，海洋就能为人类提供取之不尽用之不竭的新能源。

五、海洋空间资源

海洋空间资源是海洋水体、水面及其上覆空间、海床、底土的总称。它和土地资源一样，既有自然属性，又有社会经济属性，是进行海洋开发利用的载体。

海洋有着辽阔、深邃的空间，人类很早就把它作为一种资源加以利用。不过早期只限于海上运输，修建海港码头和海滨游泳场等。随着现代科学技术的发展，人们利用海洋空间来修建：①人工岛和海上城市、海上工厂；②海底隧道、海上机场和跨海大桥；③贮藏基地和海洋倾废场；④海底军事基地等等。这样不仅不占用陆地，而且还可以减轻环境污染。

海洋空间利用的有利条件是地价便宜，无需搬迁人口，海底隐蔽性好，有利于建造军事基地。另外，海中温度比较稳定，适用于建造海底食品仓库，贮藏危险品。海洋空间利用已从传统的海洋工程向近海工程和深海工程发展，由传统的海上交通运输，发展到在海上建起大型人工岛和各种海上设施。辽阔的海洋空间资源，为未来的海洋开发和解决"人口、资源、环境"三大问题提供了良好条件。

第四节　海洋管理与保护

海洋是个聚宝盆，它赋予人类食物、能源和矿物等财富。如果人类不合理开发利用，破坏其自然规律，将会引起一系列的危害，在经济上蒙受重大损失，有时甚至是不可弥补的损失。因此，加强海洋管理与保护刻不容缓。

第
十
章

一、海洋管理

海洋管理指的是政府对海洋空间及其环境和资源的研究、开发利用活动的计划、组织及控制活动。其管理的主要内容有海洋权益管理、海洋资源管理和海洋环境保护。其最主要的目标是要从海洋整体环境出发，特别要考虑到当今人类活动对海洋的影响，及全球海洋变化，对海洋进行科学的管理，使管理适应于海洋的自然状况和自然演变趋势。

海岸带与海洋环境有其自然的演变规律，海洋资源的开发，要依据该海区环境资源的特点。人类若不合理地开发利用，破坏其自然规律，将会引起一系列的危害，在经济上蒙受重大损失，有时甚至是不可弥补的。如天然平衡的海岸，不合理地修筑海岸工程，会造成沿岸上游一侧泥沙严重堆积，而下游一侧强烈冲刷，在港湾、河口区不合理地围滩造地，减少潮流量，将引起河口、航道严重淤积；沿海过度的捕捞，可使海洋水产资源枯竭等等。因此，必须本着开发、治理、保护相结合的原则，按其自然规律进行海洋管理。

海洋管理的目的是维护国家的海洋权益、合理开发利用海洋资源、保护海洋环境等。海洋管理具有很强的科学技术性，要建立在对海洋科学认识的基础上，如适应全球环境变化的海洋管理。因此，需要许多科学研究工作者相配合。另外，海洋管理离不开各种现代化的技术手段。海洋管理具有一定的国际性，海洋是相通的，是海洋将世界各地区连在一起。

（一）海洋权益管理

海洋权益是指国家在海洋上的合法权力和利益，主要包括领土主权、司法管辖权、海洋资源开发权、海洋空间利用权、海洋污染管辖权，以及海洋科学研究权等。

海洋亦属国土范畴，海洋权益是国家主权的重要组成部分。随着陆地资源的不断减少，人们已把目光转向海洋，认识到随着科学技术的发展，海洋具有巨大的经济潜力，海洋产业在国民经济中所占有的份额将日益增大，海洋成为国家利益不可缺少的一部分。海洋权益合法性的基本依据，是《国际海洋法》。任何国家的海洋权益要求，都必须符合《联合国海洋法公约》和其他有关国际法规，仅依据本国国内法而与国际法原则冲突的权力、利益要求，均是不合法的。

（二）海洋资源管理

海洋资源管理是通过管理机构和法规政策、规划等来实现对海洋资源的管理。尤其是海洋法规，是有效地进行海洋资源开发、保护、管理的依据和准则。具体而言：①要利用高技术手段，对海洋进行科学研究，查明海洋各部分环境资源属性，为制定海洋资源法规提供依据；②要制定海洋资源综合开发规划和方针、政策，指导海洋资源合理开发利用；③进行海洋资源的权属管理，确保国家对管辖海域的各种矿产资源、生物资源以及动力能源的占有、使用和处理的权利；④要加强对海洋资源开发新领域的探索，促进海洋新产业的发展。

二、海洋环境的保护

随着沿海经济的迅速发展，海洋环境污染的威胁日益加剧。海洋污染有石油类污染、有机污染、富营养化和重金属污染等。例如：油轮的海上泄漏事故和油井的井喷事故，都造成了对海洋的污染。石油流入海面后，一部分挥发了，一部分沉入海中，吸收海水中的大量氧气，使海洋生物因缺氧而窒息死亡。现在，人们把没经过处理的工业废液排向海洋，在这些废液中有许多重金属，海洋生物吸收以后，如果我们再吃这些海洋生物，重金属会在人体内积聚，达到一定程度后，会使人生病。农业废液中含有大量的氮和磷等营养元素，以及各种有机物，它们倾入海洋中，会使海水表层营养盐浓度提高，这样会导致浮游生物急剧分裂繁殖，蔓延形成赤潮。因此，加强海洋环境管理与保护刻不容缓。预防海洋环境污染损害的最主要措施是控制和减少污染物的入海量。污染物质入海的途径主要是：陆源废弃物直接排放入海；人类有意识地向海洋倾倒废弃物；海上船舶排污和海损事件造成的石油和其它有害物质流失入海；海洋石油勘探开发过程中造成的石油污染等。

由于海洋污染日益严重，国际组织已陆续制定了各种保护海洋环境的法律、法令和国际公约。如《国际防止海上油污染公约》、《国际干预公海油污事故公约》、《国际油污损害民事责任公约》、《国际防止倾倒废物及其他物质污染海洋公约》、《联合国海洋法公约》等。我国也先后颁布了《中华人民共和国海洋环境保护法》、《中华人民共和国海洋石油勘探开发环境保护管理条例》，以及保护海洋生物资源的各种法规。

海洋环境的保护除了通过法律手段外，还应依靠先进的科学技术手段，提高海洋环境监视监测技术，利用航空遥感技术和海洋观测浮标技术对海洋污染状况长期进行监视。利用卫星进行海洋污染监视监测，解决海面溢油、海洋倾废、临海排污及赤潮现象等问题。发展各种适用的海洋污染防治技术，重点发展对石油、化工、交通、造纸、冶金行业向海洋排放的废弃物的治理技术、城市生活污水处理技术、海面溢油清理技术等，逐步减少污染物的入海量。

近几十年来，随着工业、农业的迅速发展，以及化石能源的大量使用，大气中的二氧化碳以及其它微量气体含量大大提高，从而增强了温室效应，使全球气温升高，导致海平面的上升，产生了厄尔尼诺和拉尼娜现象，对海洋沿岸地区和一些小岛国，特别是近岸低地人们的生产和生活带来极大的危害和巨大的经济损失。

海平面变化对海岸带造成的危害非常严重，首当其冲的就是三角洲和低平的海岸平原，因为这里的海拔较低，人口稠密，经济发达。由于海平面上升，风暴潮的活动频率和强度有可能增强，这将扩大沿岸低地的受害面积。其次是砂质海滩侵蚀加强，砂质海滩大都是旅游业发达的地区，具有十分重要的经济地位。海平面上升后，除引起岸线向陆地后退外，入海河流河口段的水面随之上升，河床将发生加积，河流入海泥沙必将减少，从而引起附近海岸的侵蚀。还有，海平面上升将增加对防波堤、闸等港口建筑物的水柱压力，这样势必要进行加固和增加设施。码头、仓库、桥梁等亦须改造或改建，以适应新的较高的海平面。另外，海平面上升后，盐水将循河流侵入到更深的内陆，使河口段广大地区水质变坏，给都市供水造成困难，影响工业生产和和居民的日常生活。海平面上升后将破坏现在的海滨生态系统，影响候鸟栖息及若干水产品的繁殖。但影响最大的是有可能使海滨盐沼和红树林大量消失。它们是生态系统中重要的因素，对保护野生生物资源、水产品繁殖以及海岸防护均有重要意义。海平面上升，将导致各河口水位和洪水位升高，风暴潮的高潮位亦将升高，现有堤坝将不再能够抵御洪水和风暴潮的侵袭，势必加剧灾害造成的损失。

为防止和减轻海平面上升造成的危害，应加强海洋的管理和保护，并采取一些相应措施：首先，要控制和减少温室气体的排放量。这需要世界各国共同努力，改变能源结构，不断减少化石燃料的燃烧，控制氟、氯、碳的排放。同时，防止森林的破坏，大力植树造林，以及营造沿海防护林等，这对改善自然环境，减轻海平面上升带来的灾害将起到重要保护作用，是一条防患于未然的措施。其次，要加强海平面的观测、分析和预测。应用海洋卫星监测海洋，具有监测范围大、准、同步的特点，它可以随时提供地面上无法测到的全球海洋表面的海况情报，及时预报海洋灾害。最后一项是采用各种必要的工程措施，例如：建造和加固海岸的防潮堤坝；加固加高河流下游的防洪堤坝，适应海平面上升引起的新的水文状况；保护海岸湿地、滩涂、珊瑚礁、红树林和岸外沙坝等促淤护岸的自然体；限制和禁止人口、工业和集镇向低海拔地区迁移。

为了让全世界公众认识到海洋在人类生活中的重要性，提高地球上每一个公民保护海洋的自觉性，联合国宣布 1998 年为国际海洋年，其主题是海洋——人类共同的遗产。世界各国通过电影、电视、录像、光盘、图片、报纸、刊物、广播和国际互联网向公众宣传普及海洋知识。

第11章
现代科学技术中的
法律问题

第一节　科技与法律的关系

一、法律对科学技术发展的影响

随着时代的发展和社会生活的日益丰富，法律规范所调整的范围越来越大，法律的社会作用日益加强。这就使法律同科学技术之间的联系更加密切，法律对于科技发展的影响和作用，也就愈来愈明显。

1. 通过法律可以为科技进步创造一个良好的社会环境。对于科技发展和进步来说，稳定的政治环境是前提，优越的经济环境是基础，良好的法律环境是保障。国家可以通过法律手段制裁一切破坏人们正常科技活动的行为，打击那些迫害科技人员的违法犯罪行为，维护科技活动的正常秩序和科技人员的合法权益，以及用法律协调和指引科技活动和科技人员的行为，为科技进步提供一个良好的社会条件。

2. 是保障科技人员的正当权益和维护科技领域社会秩序的重要手段。在当今的市场经济社会中，科技人员所创造的技术成果，不仅是他们的劳动成果，也可以是一种商品，它不仅具有使用价值，而且具有社会价值；它同其他商品一样能够进行转让，并在转让中遵循有偿原则。这样，科技人员通过技术市场和技术合同制度转让自己的商品——技术成果，取得合理的报酬，应该是理所当然的。除此之外，科技人员还可以利用知识产权法、技术合同法等法律、法规来保护自己的合法权益。因此，法律是保障科技人员的正当权益和维护科技领域社会秩序的重要手段。

总之，有关科学技术的法律，能够疏通"科技—技术—生产"的循环渠道，保障科技成果的转让和应用，保障有效地把精神产品转化为物质产品，把科技知识转化为社会生产力。

二、科学技术发展对法律的影响

科学技术对法律的影响是十分广泛而深刻的。这种影响表现在物质影响、观念影响、方法论影响等方面。

（一）科学技术对法律的物质影响

1. 科技的发展促进了许多法律、法规的产生以及整个法律体系的发展。因为科技成果一旦投入市场并应用于生产，新的社会关系就相继出现，法律问题也就接踵而来，这就要求以相应的法律来调整相关的社会关系。如现代科学技术的发展，导致了像航空法、原子能法等法律门类的出现，许多新的法律纷纷登上法律制史的大舞台。因此，科技立法的兴起和科技法学研究的开展，都是现代科学技术发展的要求和必然结果。

2. 科技知识及研究成果被大量运用到立法过程中，使法律的内容日趋科学化，科技成果成为许多法律规范的依据。如我国《婚姻法》关于禁止直系血亲和三代以内的旁系血亲通婚的规定，就是以医学、遗传学和其他生物科学原理为根据的。

3. 科学技术的发展，对一些传统的法律部门提出了一系列新的问题。如现代医学的突飞猛进，人工授精、试管婴儿、基因工程等新技术的成功，不仅使传统的伦理道德受到极大的冲击，而且在法律上也使抚养关系和继承关系多元化。由于科学技术的迅速发展，使民法、刑法、国际法等法律部门也面临着种种挑战，要求各个法律部门作相应的改革和更新。

（二）科学技术对人们的法律思想的影响也是十分深远的

就对立法起着指导作用的法律意识而言，常常受到科技发展的影响或启迪。如随着生理学、医学的发展，人们对于自然人死亡的法律鉴定提出了更严格的要求，一些国家在法律上已经接受了"脑死亡"的概念。同时，由于科学技术发展的影响，促进了人们的法律观念的更新，出现了一些新的法律思想、法学理论。例如：近年来出现的法律信息论、法律系统论、法律控制论等，就是这一方面的论证。另外，由于科学技术的发展，对于缩小各个法系的差别以及对于各法学理论派别的产生、分化和发展也发生着重要的影响。

（三）科学技术的方法论对法律的影响

科学技术的方法论在法律方面的影响和应用是一个比较复杂的问题。长期以来，法学界对此意见纷呈，莫衷一是。但很多国家已开始将科学技术方法应用于法律问题。如比利时的一位统计学家早就应用概率论来研究犯罪、自杀、婚姻等法律问题。其后的事实进一步证明，概率论的出现为解决法律领域的数据统计的准确性问题，提供了一种科学的方法。现在，西方有些法学家将行为科学引进法学领域，运用控制论、系统论等多种科学方法来研究法官行为等方面的问题。近年来，我国有的科学家提出了"法治系统工程"的研究课程，还有人在探索计算机在法律领域中的应用问题。这些迹象显露出我国法学在方法论上开始注意吸收科技成果的新趋势。实际上，自然科学的某些常用的方法早已在我国立法和司法实践中得到了运用。例如，法律草案的局部试行效果鉴定，改造罪犯的新措施的试点对比，就是生物学中分组对照控制实验方法的法学翻版。现在的问题是，需要提高运用自然科学方法的严谨程度和自觉程度，并应充分考虑到法律问题上的一些不能控制、不可度量的干扰因素以及社会现象的复杂性。

第二节　科　技　法

一、科技法的含义

科技法是我国法律体系中的一个重要组成部分。对于科技法的含义，目前尚无统一的、精确的解释。国家科学技术委员会发布的《中国科学技术指南》中曾对科技法作了如下表述："所谓科技法指的是调整科学技术活动中社会关系的法律规范的总称。"《科技法学》认为："所谓科技法，是指国家调整因科学技术所产生的各种社会关系法律法规的总称。"总之，这两种表述，有一个共同的特点，就是从调整某一社会关系领域的法律规范类别的角度来定义科技法。

在一般意义上，我们不妨将科技法这一称谓，解释为调整科技活动领域社会关系的法律规范的总称。不过，这样表述只是为了讨论的方便，它并不能把科技法的全部特征予以囊括。对于这一解释，需作两点说明：

1. 这一解释表明了科技法的一个社会功能，即表明科技法是用以调整科技活动领域中的社会关系。所谓社会关系是人们在社会生产和社会生活中结成的关系。社会生产包括物质资料的生产、精神产品的生产和人类自身的生产（即种的繁衍），社会生活包括经济生活、政治生活、日常生活等各个方面。一切社会规范，包括政治的、法律的、宗教的、礼仪习俗的，都是用以调整社会关系的。科技法作为一种法律规范，也是调整社会关系的，只不过它调整的范围仅限于科技活动这一社会活动领域内的社会关系。当然科技法除了具有这一社会功能外，还有其它功能。

2. 科技活动领域是十分广阔的社会活动领域。这一领域中的社会关系，就法律规范体系的调整而言，除了科技法加以调整外，民法、行政法、劳动法、经济法、刑法等也都参与调整。我们不能说科技法调整因科技活动引起的全部社会关系。例如，科技领域内的犯罪所引起的社会关系，只能由刑法去加以调整，不属于科技法调整的范围。一般来说，科技活动领域内的社会关系，有的主要由科技法加以调整，如与科技的研究、开发以及科技成果的享有、使用、转让等有关的社会关系；有的则由科技法和其他部门法共同参与调整，如有关科技领域的劳动工资关系、行政管理关系等；有的则由其他部门法调整，科技法本身不参与调整。由此可以看出，作为一个部门法的科技法，它是调整科技活动领域内的社会关系的，但不能把凡是调整科技活动领域的法律规范统统归之于科技法部门，如同调整经济领域社会关系的法律规范不能统统归结为经济法部门一样。

二、科技法学范围

科技法学属于法学中的部门法学。所谓部门法，是指将一国现行有效的全部法律，按其调整的领域、调整的方法以及划分部门法的有关原则，划分为不同的门类，每一门类即是一个部门法。在我国，科技法是新兴的一个部门法，是随着科技体制改革的深入、技术市场的发育以及科技本身的发展而出现的。科技法学的研究范围是相当广泛的。

首先，任何部门法学都有其相应的理论，并不仅限于注释或阐明现存相关法律条文。科技法学必然要研究有关科技法的原理，包括科技法的概念、原则、体系、渊源、特征、结构、规范、功能、运行、科技法与其他部门法的关系、科技法与其他现象（如科技道德、科技政策、科技与经济和社会的协调发展等）的关系诸问题。

其次，科技法不仅本国有，外国也有；不仅现在有，过去也可能有。正因为如此，科技法学不仅要研究本国的科技法，也要研究外国的科技法；不仅要研究现行的科技法，也要研究已作为历史的科技法。此外，还应对本国的与外国的、现行的和历史的科技法进行双边的或多边的、宏观的或微观的、纵向的或横向的比较研究，从中概括出科技法发展的规律并吸取有益的营养。

最后，科技法已不再仅是国内法现象，已经随科技产业的国际化趋向而不断涌现国际性的科技法，如双边或多边的国际科技合作协定、国际技术转让中形成的缺席和惯例、国际性组织协商通过的协定或条约等。毫无疑问，科技法学也应当研究国际性的科技法律制度，借以促进国际科技交流与合作，解决有关国际争端问题。

就一个国家的科技法来说，其范围也是很广泛的。在我国，目前称之为科技法的法律规范，除了集中存在于科技进步法、专利法、技术合同法、科技奖励法、计算机软件保护和计算机数据等信息立法，以及有关生物工程、核能、机电、工程技术等领域的立法以外，许多科技法律规范还存在于宪法、劳动法、民法、经济法、行政法、环境法等立法之中。这些法律规范无疑都属于科技法学的研究范围。

总之，科技法学的研究范围是很广的。它既要研究科技法本身，又要研究相应的理论、事实以及与科技法相关的法律法规；既要研究本国的科技法，又要研究外国的科技法；既要研究现行的科技法，又要研究已成为历史的科技法。当然，科技法学的研究领域不管如何广阔，其研究对象则始终是科技法这一特定的社会现象及其规律。

三、科技法的基本功能

科技法作为一个部门法，是由不同部门、不同时期制定的许多法律、法规组成的。各种具体的科技法律、法规或具体的科技法律制度，各有其特定的使命和独特的功能。在这里不一一具体分析，而只就科技法整体的主要功能（人们常称之主要作用）作一探讨，所以称之为科技法的基本功能。

科技法的基本功能有二，即规范功能和社会功能。

1. 科技法的规范功能。科技法的规范功能主要表现为指引功能、预测功能、评价功能、强制功能、教育功能和激励功能。

（1）指引功能指的是它能够指引行为人的行为。分为个别指引和规范指引。

（2）预测功能是行为人可根据科技法律规范来预测可能采取的行为及预测自己的行为在法律上是有效还是无效，是受法律的肯定还是否定。

（3）评价功能主要发挥于人们的行为之后，在实际生活中起的是一种判断、衡量的尺度作用。所有评价都是依法做出的，是对实际行为的一种事后评价。

（4）强制功能主要体现为对违法犯罪行为的制裁。不仅对制裁违法犯罪行为具有现实意义，而且对于预防违法犯罪，增进社会成员的安全感也具有重要的意义。

（5）教育功能不仅具有教育人们守法的意义，而且具有教育人们尊重科学、尊重客观规律、尊重知识和人才、提高人们的科技意识和法律意识的意义。科技法的教育功能所给予人们的影响往往是潜移默化的，往往是通过影响人们的心理、观念进而影响人们的行为的。

（6）激励功能指科技法对于一切有利于科技进步、有利于科技成果的合理使用和推广的行为，都予以肯定、支持、表彰或奖励。

2. 科技法的社会功能。科技法的社会功能是指科技法应当或者能够对社会发挥的影响。相对于规范功能来说，科技法的社会功能是较为复杂的问题。因为前者是与科技法的规范性特征相联系的，而规范性这一法律的外部特征是较

第十一章

为容易认识的，所以科技法的规范功能也是较为容易分析的。科技法的社会功能则与它的社会目的相联系，而科技法的社会目的则要靠抽象思维和理论升华才能把握，所以分析科技法的社会功能也就较为困难和复杂。

这里综合各不同角度，将科技法的社会功能概括为以下相辅相成的四个方面：

（1）保障和促进科学技术进步；

（2）保障和促进科技成果的合理使用和推广，防止科技进步的消极后果；

（3）保障和促进国际间的科技交流与合作；

（4）协调人和自然的关系。

上述四个方面的内容并不是孤立的，而是相互联系的，它们可以归结为一句话：促进科技进步和社会生产力的发展，使科技造福人类与社会。

科技法一般通过下列形式体现其社会功能：

（1）确认科技进步在社会发展中的地位；

（2）确认国家发展科技的目标、任务、方针、政策、原则和制度；

（3）确认科技发展中的各种关系以及这些关系中的主体、客体和事实的法律地位；

（4）划定各种主体在法律上的权利、义务或职权、职责的范围；

（5）保护以上所确认的法律地位以及所划定的权利义务关系或职权职责关系；

（6）管理、调整和监督科技关系和科技活动；

（7）规定人们行为的法律后果，藉以激励合法行为、制裁违法行为；

（8）规定解决法律关系主体间纠纷或其他法律问题的机构、方式和程序，以保障法律的实施等。

四、我国科技法的渊源

科技法的渊源是指科技法律规范的各种表现形式。一般来说，科技法的渊源可以分为制定法、习惯法、判例法和其他。如国际条约、国家政策等。

在现代中国，法律的主要渊源是制定法，即由各种国家机关在各自权限内制定和颁布的各种规范性法律文件。此外，习惯在个别情况下经国家认可而具有法律效力；判例具有相当影响力，但迄今未正式宣布为具有法律渊源性质；国家政策和国际条约被视为特定意义上的法律渊源。以下对此简单介绍一下。

（一）制定法

制定法是我国法律的主要渊源，也是科技法的主要渊源。具体说，制定法又可以分为以下几种：

（1）宪法。《宪法》是我国的根本法，是国家最高权力机关通过最严格的程序制定的、具有最高法律效力的规范性法律文件。它不仅是科技法部门的重要渊源，也是其他法律部门的重要渊源。宪法中规定了发展科学技术和社会生产力是国家的任务，还规定了国家发展自然科学和社会科学事业，奖励科学研究成果和技术发明创造，从事科学研究是公民的自由权利之一等。

（2）法律。作为科技法的渊源的法律，包括全国人民代表大会通过的基本法律和全国人民代表大会常务委员会通过的基本法律以外的其他法律。如《科学技术进步法》、《民法通则》中有关知识产权的规定、《专利法》、《技术合同法》、《海洋环境保护法》、《水污染防治法》、《大气污染防治法》，等等。作为科技法的渊源，无论是基本法律还是基本法律以外的其他法律，其法律效力仅次于宪法，而高于行政法规和地方性法规。

（3）行政法规。作为科技法渊源的行政法规，是指国家最高行政机关——国务院所制定的规范性法律文件。在我国法律渊源体系中，行政法规是极为重要的一种，其数量多，修改和变化较快。它的法律效力次于宪法、法律，而高于地方性法规和其他行政规章。现行行政法规很多，如《自然科学奖励条例》、《技术合同法实施条例》、《专利法实施细则》等。

（4）地方性法规。地方性法规是我国科技法的重要渊源之一。目前，各地国家权力机关及其常设机关根据本地科技发展的具体情况和实际需要，制定了大量的地方性科技法规。如《广东省技术市场管理规定》、《上海市自然科学基金试行条例》等。各地的地方性科技法规在推进本地区科技进步，为全国性科技立法积累经验等方面，都具有重要意义。

（5）自治条例和单行条例。自治条例和单行条例也是我国科技法的重要的法律渊源之一。在推动少数民族自治地区的科技进步、培养少数民族的科技干部、发展少数民族地区的科技文化等方面都做出了巨大的贡献。

（6）政府规章。政府规章即国务院各部委和地方政府的规章，也是我国科技法的重要渊源。

（7）中央军事委员会的规范性法律文件。我国的中央军事委员会是全国武装力量的领导机关，中央军委主席对全国人大及其常委会负责。由中央军委所发布的有关科技方面的规范性法律文件，也是我国科技法的渊源之一，如《国防科学技术进步条例》等。

（8）特别行政区的规范性法律文件。从已颁布的《香港特别行政区基本法》和《澳门特别行政区基本法》来看，特别行政区的规范性法律文件，不同于一般的地方性立法，因此应单列为渊源之一。

第十一章

（二）国家政策

对于国家政策是不是我国的法律渊源之一的问题，历来存在着争议。我国近些年的法学著作中普遍不承认政策是法律渊源之一。但在实践中，政策被执法和司法工作所普遍遵循。我国科技方面的立法尚不健全，许多科技活动主要遵循国家的科技政策；现有的许多科技立法，也主要是国家科技政策的描述，还不够具体和规范。由此看来，将国家政策列为我国的科技法渊源之一，在目前是合乎实际情况的。

应当指出的是，国家科技政策和政策性文件同党的政策和党内政策性文件要相区别。另外，随着国家法律的完善和健全，使用政策以处理法律问题的现象应逐渐减少，政策被当作法律发挥作用的范围也应逐渐缩小。但是，由于社会生活变动不居，而法律具有相对稳定性，政策则具有灵活性、适时性，因而政策的指导作用仍不会消失，尤其是在指导国家行为方面。

（三）判例

我国的法律渊源主要是各种具有不同效力层次的制定法，但在执法和司法的实际工作中，上级机关先前对类似案件的处理对本案有极大的影响力和参考价值。应注意的是从法律上或理论上讲，前例对本案并无约束力。但在科技法上一般认为判例应当成为科技法的渊源之一，理由如下：

（1）判例在我国的执法、司法实践中，尤其是在法院的审判工作实践中，已具有相当大的影响力。

（2）我国科技法制建设尚处于起步阶段，许多问题尚处于"无法可依"的状况。解决这类问题，可以依据有关政策性规定进行，但有些问题可能尚无相应政策，或有关政策太笼统而不便执行，难以解决实际问题。在这种情况下，创造一些判例便显得极为必要。以判例形式积累经验，到一定时候制定为规范性法律文件，无疑是可行的。

（3）我国地域辽阔，人口众多，执法水平参差不齐，解决问题的措施之一，应当是创制适当的判例，以利各地的执法、司法人员具体掌握和运用法律。

（4）根据普通法法系国家的实践来看，判例有具体、明确、便于灵活适用等特点。当然判例不是越多越好，而主要是以判例补充制定法的不足。

（四）国际条约

国际条约是指我国与外国缔结或者我国加入并生效的国际性规范性文件。这种国际条约虽不属于我国国内法的范畴，但其一旦生效，就与我国国内法一样对我国国家机关和公民具有约束力，应当列为我国的科技法法律渊源之一。

随着我国改革开放政策的实施，我国与有关国家就科技协作、科技交流、科技进出口贸易等方面签定的条约或协议不断增多，我国所加入或承认的国际性科技协作与交流的公约也越来越多。国际条约必将成为我国科技法重要的法律渊源之一，在今后的科技发展中，尤其是国际技术合作方面国际条约必将做出重大贡献。

第三节 现代科学技术立法概况

现代科学技术各门类的立法在我国比较滞后并且非常不平衡。环境保护的立法可以说比较完善；信息科学技术方面计算机立法越来越受到重视，发展迅速；能源立法开始受到重视，其它方面立法还有待进一步加强。下面就现代科学技术立法概况，做一个简单介绍。

一、关于环境保护的立法

环境问题一旦提出，许多有识之士立即意识到环境保护必须谋求国际合作。1968 年国际科学联合会设立了"环境问题学术委员会"，开始了国际合作。1972 年 6 月，联合国召开了第一次政府间的"人类环境会议"，发表了著名的《联合国人类环境会议宣言》。1972 年第二十七届联合国大会通过决议将 6 月 5 日定为"世界环境日"。国际自然和自然资源保护联合会负责起草了《世界自然资源保护大纲》。许多国家都按照此大纲的原则和方法制定了本国的资源保护法规及相应的措施。

作为发展中国家，并且是发展较快的国家，环境问题在我国也相当严重，亦已受到国家的高度重视。1973 年召开了第一次全国环境保护会议，1979 年 9 月 13 日又公布了试行的《中华人民共和国环境保护法（试行）》，1983 年召开的第二次全国环境保护会议宣布了环境保护是我国的一项基本国策。1987 年我国正式成立了国家环境保护局，1989 年 12 月 26 日正式颁布施行了《中华人民共和国环境保护法》。此后我国又针对某些环境污染的具体问题，制定了一些专门性的环境保护单行法律，如 1982 年颁布的《中华人民共和国海洋环境保护法》，1984 年 5 月颁布的《中华人民共和国水污染防治法》，1987 年 9 月颁布的《中华人民共和国大气污染防治法》。除此之外，还颁布了大量与环境保护在关的专门性法律，如《森林法》、《草原法》、《矿产资源法》、《土地管理法》、《水法》、《渔业法》、《野生动物保护法》等。我国在不断加强环境保护立法方面可以说发展是很全面和迅速的，除上述法律外，我国在近几年还颁布了大量的环境保护行政法规、地方性法规、环境标准和地方性行政规章等。如《中华人民共和国噪声污染防治条例》、《水污染防治法实施细则》、《海洋倾废管理条例》、《北京市实施水污染防治法条例》、《大气环境质量标准》、《城市区域环境噪声标准》、《核电站环境辐射防护标准》等。除此之外我国也加入了许多国际条约，如《人类环境宣言》、《世界文化和自然遗产保护公约》、《濒危物种国际贸易公约》、《臭氧层保护公约》等。

二、关于信息技术的立法

众所周知，现在常说人类社会正步入"信息社会"，从这一点可以看出信息的重要性，各国对信息技术的立法还是比较重视的，我国关于信息技术的立法发展也是比较迅速的，尤其是关于计算机的立法工作。

关于计算机方面的立法，我国于 1991 年 5 月 24 日通过了《计算机软件保护条例》，并于 1991 年 10 月 1 日起施行。我国参加的计算机方面的国际条约有《关于计算机软件保护的示范条例》、《关于计算机软件保护国际公约》等。除此之外关于计算机的立法还有：《中华人民共和国计算机信息系统安全保护条例》、《中华人民共和国计算机信息网络国际联网管理暂行规定》、《计算机信息国际联网出入口信息管理办法》、《中国公用计算机互联网国际联网管理办法》、《计算机信息网络国际联网安全保护管理办法》等。

除此之外，关于通信方面的立法已经有了《邮政法》、《电信法》等。总之，关于信息技术的立法发展还很不平衡，关于计算机立法已出现了很多，但关于计算机犯罪、计算机数据等方面的法律，还有待于发展、完善。

三、关于能源的立法

多年来，由于我国能源分散管理、研究和开发，并且盲目认为我国自然资源非常丰富，所以，长期以来未形成一个完整统一的能源法律体系。随着我国对能源的重视，再加上浪费能源还会恶化环境，因此，我国已颁布了《节约能源法》，今后还会出现许多相应的能源法律。国际上，美国的能源法律体系比较完整。包括环境质量与保护法、节能与能源储备法、核能法等。

四、关于材料的立法

材料科学技术是现代科学技术的物质基础，地位是非常重要的，材料种类也是繁多的，但世界各国对材料的管理、研究和开发长期处于分散状态，因此也未形成一个完整统一的材料法律体系。我国材料的研究、开发等法律问题主要靠《专利法》、《技术合同法》、《保密法》等来调整，而材料的质量是靠《质量法》及各种材料的国家标准、部颁标准、行业标准、企业标准等来控制。

五、关于空间技术的立法

我国空间技术法律体系尚未形成，有关空间技术的研究和开发中出现的问题，由国家机关统一解决。关于领空的规定国际公法中有明确规定，除此之外我国还参加了《关于各国探测与利用包括月球和其他天体在内的外层空间活动所应遵守的原则条约》，简称《外空条约》。

六、关于海洋技术的立法

我国参加的关于海洋的国际条约有：《领海与毗连区公约》、《公海公约》、《大陆架公约》、《公海捕鱼与生物资源养护公约》、《联合国海洋公约》等。

我国海洋立法有《中华人民共和国海洋环境保护法》、《海洋倾废管理条例》、《渔业法》、《对外合作开采海洋石油资源条例》、《水产资源繁殖保护条例实施细则》等，但我国海洋技术立法还显得不够系统和全面，有待今后的研究和发展。

七、关于生物技术的立法

生物技术将成为 21 世纪现代科学技术的核心，但由于各种原因我国生物技术起步较晚，因此，关于生物技术的立法基本是个空白。但近几年来，我国生物技术日渐受到重视，发展也很快，出现了许多法律问题，生物技术的立法迫在眉睫。

20 世纪中叶由于基因工程的研究、开发和应用，许多国家对基因工程开始了立法。如美国在 1976 年颁布了《重组 DNA 分子实验准则》。近几年来由于克隆技术的发展，许多国家如德国、美国、英国等国家对克隆技术持谨慎态度，明确表示禁止克隆人并要求立法。阿根廷于 1998 年 3 月颁布了禁止阿根廷在人的克隆研究方面做出任何努力的法令。

参考文献

1. 潘水祥等：《自然科学概述》，北京大学出版社 1986 年版。

2. 吴三复：《现代科学技术概论》，原子能出版社 1992 年版。

3. 蔡子亮等：《现代科学技术与社会发展》，郑州大学出版社 2006 年版。

4. 钱三强等：《科学技术发展的简况》，知识出版社 1980 年版。

5. 胡炳生等：《现代科学技术基础》，南京大学出版社 2001 年版。

6. 韩小谦等：《科技、社会、人文——现代科学技术概论》，中国人事出版社 2005 年版。

7. 杨振秀：《大学生现代科技基础》，警官教育出版社 2000 年版。

8. 杨钧锡等：《信息技术》，中国科学技术出版社 1994 年版。

9. 赵春红：《现代科技发展概论》，南京大学出版社 2007 年版。

10. 陈兴实等：《计算机犯罪》，中国检察出版社 1998 年版。

11. 钱骥：《空间技术基础》，科学出版社 1986 年版。

12. 吴光宗：《现代科学技术革命与当代社会》，北京航空航天大学出版社 1995 年版。

13. 杨立忠等：《高技术战略》，军事科学出版社 1991 年版。

14. 《九十年代科技发展与中国现代化系列讲座》，湖南科学技术出版社 1991 年版。

15. 陶兴无：《生物工程概论》，化学工业出版社 2005 年版。

16. 王鸿生：《世界科学技术史》，中国人民大学出版社 1996 年版。

17. 沈同等：《生物化学（上、下）》，高等教育出版社 1990 年版。

18. 陈颖健：《当代热点科学技术浅说》，科学技术文献出版社 2003 年版。

19. 何强等：《环境学导论》，清华大学出版社 1994 年版。

20. 王仲轩：《信息技术基础教程》，清华大学出版社 2005 年版。

21. 孔繁德等：《生态保护》，中国环境科学出版社 1994 年版。

22. 柴振洪等：《环境污染控制》，中国环境科学出版社 1993 年版。

23. 高崇明等：《生物伦理学十五讲》，北京大学出版社 2004 年版。

24. 薛瑞丰：《科学技术纵横谈》，北京理工大学出版社 2002 年版。

25. 周光召、朱光亚：《共同走向科学》（上、中、下），新华出版社 1997 年版。

26. 罗玉：《科技法基础原理》，中国科学技术出版社 1993 年版。

27. 孙铁成：《计算机与法律》，法律出版社 1998 年版。

28. 张立德等：《奇妙的纳米世界》，化学工业出版社 2004 年版。

图书在版编目（ＣＩＰ）数据

新编现代科技概论/李净，唐红洁著.—北京：中国政法大学出版社，2001.11
ISBN 978-7-5620-2182-7

Ⅰ.①新… Ⅱ.①李… ②唐… Ⅲ.①科学技术－概论 Ⅳ.①N11

中国版本图书馆 CIP 数据核字(2001)第 073689 号

出　版　者	中国政法大学出版社
地　　　址	北京市海淀区西土城路 25 号
邮寄地址	北京 100088 信箱 8034 分箱　邮编 100088
网　　　址	http://www.cuplpress.com（网络实名：中国政法大学出版社）
电　　　话	010-58908435（第一编辑部）58908334（邮购部）
承　　　印	固安华明印业有限公司
开　　　本	720mm×960mm　1/16
印　　　张	15.5
字　　　数	280 千字
版　　　次	2008 年 11 月第 2 版
印　　　次	2015 年 2 月第 2 次印刷
定　　　价	23.00 元